"十四五"职业教育国家规划教材

建筑识图与房屋构造
（第3版）

主　编　陈　翔　董素芹　李渐波
副主编　李　霞　杨新云
参　编　尚美珺　张　璐

北京理工大学出版社
BEIJING INSTITUTE OF TECHNOLOGY PRESS

内容提要

本书为"十四五"职业教育国家规划教材。全书按照土木工程类专业的培养目标及教学大纲，结合国家现行制图标准、技术规范要求进行编写，除绪论外全书共分为3篇13个模块，主要内容包括建筑工程制图基本知识与技能，投影基本原理，剖面图与断面图，建筑施工图，结构施工图，室内设备施工图，建筑构造概论，基础、墙体与变形缝构造，屋面、楼板和地坪构造，楼梯构造，门窗构造，建筑防水、防潮构造和单层工业厂房构造。

本书可作为高等院校土木工程类相关专业的教材，也可供建筑工程行业相关技术及管理人员工作时参考。

版权专有　侵权必究

图书在版编目（CIP）数据

建筑识图与房屋构造 / 陈翔，董素芹，李渐波主编. —3版. —北京：北京理工大学出版社，2020.7（2024.7重印）

ISBN 978-7-5682-8804-0

Ⅰ.①建…　Ⅱ.①陈…②董…③李…　Ⅲ.①建筑制图－识图－高等学校－教材 ②房屋结构－高等学校－教材　Ⅳ.①TU204.21 ②TU22

中国版本图书馆CIP数据核字（2020）第137161号

责任编辑：江　立		文案编辑：江　立	
责任校对：周瑞红		责任印制：边心超	

出版发行	/ 北京理工大学出版社有限责任公司
社　　址	/ 北京市丰台区四合庄路6号
邮　　编	/ 100070
电　　话	/（010）68914026（教材售后服务热线）
	（010）68944437（课件资源服务热线）
网　　址	/ http://www.bitpress.com.cn
版印次	/ 2024年7月第3版第4次印刷
印　　刷	/ 河北世纪兴旺印刷有限公司
开　　本	/ 787 mm×1092 mm　1/16
印　　张	/ 18
字　　数	/ 472千字
定　　价	/ 49.00元

图书出现印装质量问题，请拨打售后服务热线，负责调换

第3版前言

党的二十大报告指出："加快构建新发展格局，着力推动高质量发展。推进以人为核心的新型城镇化，加快农业转移人口市民化。以城市群、都市圈为依托构建大中小城市协调发展格局，推进以县城为重要载体的城镇化建设。"其中，建筑作为城镇化建设的重要一环，其行业发展和人才培养是不容忽视的重要环节。"建筑识图与房屋构造"是研究投影、绘图技能、土建工程图识读和房屋构造组成、构造原理及构造方法的一门课程，在建筑工程土建类专业的教学体系当中占有十分重要的地位。本课程所介绍的内容是建筑工程预算、施工、监理等各类建设人员所必须具备的基本知识和基本技能，是学好后续专业课程的基础。

本书自第1、2版发行以来，获得了广大师生的广泛好评。为使本书内容能够更好地符合高等教育的规律和技术技能型人才的成长规律，编者在党的二十大政策方针的指导下，在第1、2版的经验基础上，充分考虑了广大使用者的意见，广泛征求相关专家的建议，并按照建筑工程最新相关标准规范，围绕"办好人民满意的教育""推进教育数字化"等原则对全书进行了完善和优化，对书中的相关内容进行了修改和删减，以更好地满足当前高等院校教育教学工作的需要。

本次修订主要对书中过期的相关规范、标准进行了修订，如对《混凝土结构施工图平面整体表示方法制图规则和构造详图》国家标准图集由11G101更新为16G101的内容等，并使知识目标、能力目标、模块小结等部分的内容更紧密地联系实践，便于学生理解和练习。本书修订后共分为3篇，包括制图识图基础、建筑工程图的识图和建筑构造等内容，其中上篇为制图识图基础，主要介绍建筑工程制图的基本知识与基本技能、投影的基本原理以及剖面图、断面图的形成与画法；中篇为建筑工程图的识读，着重介绍建筑施工图、结构施工图、室内设备施工图的图示方法、图示内容和识读方法；下篇为建筑构造，主要介绍民用建筑与工业建筑各组成部分（如基础、墙或柱、楼地层、楼梯、屋顶和门窗）的构造原理和构造方法。

本书由常德职业技术学院陈翔、内蒙古农业大学职业技术学院董素芹、山西水利职业技术学院李渐波担任主编，由山西工程职业学院李霞、南昌理工学院建筑学院杨新云担任副主编，长春科技学院尚美珺、黎明职业大学张璐参与编写。

本书编写过程中，参阅了国内同行多部著作，部分高等院校老师提出了很多宝贵意见供我们参考，在此表示衷心的感谢！

限于编者的实践经验和专业水平，修订后的教材仍有不足之处，恳请广大读者批评指正。

编　者

第2版前言

工程建设行业是国民经济的支柱性行业，在国民经济中处于重要的发展地位，需要大量有专业知识、有能力的各类人才加入这一行业中来。对于将要从事建筑行业工作的高等院校的学生来说，掌握房屋建筑的组成规律、构造原理、构造方法及房屋建筑工程图的识读方法是十分重要的。

本教材第1版自出版发行以来，经有关院校教学使用，反映较好。近年来，为了适应科技水平的发展，统一建筑制图规则，保证制图质量，提高制图效率，做到图面清晰、简明，符合设计、施工、审查、存档的要求，适应工程建设的需要，国家新修订了一批制图标准，如《房屋建筑制图标准》（GB/T 50001—2010）、《总图制图标准》（GB/T 50103—2010）、《建筑制图标准》（GB/T 50104—2010）、《建筑结构制图标准》（GB/T 50105—2010）等。为此，我们组织了有关专家学者，对本教材进行了修订。本次修订即参考上述制图标准，以第1版教材为基础，按照"建筑识图与房屋构造"的教学大纲，对教材中的相关内容进行了修改、删减和补充，以适应科学技术的发展以及教学、生产实践的需求。本次修订主要做了以下工作：

（1）对知识体系重新进行了划分，将整体内容划分为建筑识图与建筑构造两部分，对各章节体系进行了部分调整，使教材整体结构更为合理，适于教学工作的开展。

（2）按照国家最新的制图规范，对建筑识图的部分内容进行了大幅度的扩充，修订后的教材涵盖投影基本原理，建筑制图基础，剖面图、断面图，建筑施工图，结构施工图等内容，对于学生系统、全面学习识图基础知识，掌握识图技巧，提高施工图识读能力具有一定的帮助。

（3）对建筑构造部分进行了局部补充、细节修改，增加了金属、塑料门窗构造，外墙的保温与隔热，屋顶、地面的保温与隔热，门窗的保温与隔热，太阳能利用等建筑节能知识的介绍，并对部分章节内容进行了重新整合，使这部分条理更加清晰，内容更加充实，知识点更容易学习、掌握。

（4）对各章节的学习重点、培养目标、本章小结、思考与练习进行了修订，在修订中对各章节知识体系进行了深入的思考，并联系实际进行知识点的总结与概括，使该部分内容更具有指导性与实用性，便于学生学习、思考、练习。

本版教材由裴丽娜、孟胜国、陈翔统稿、定稿并担任主编，由尚美珺、江雪梅、刘中华、王宏担任副主编，参与本书编写的还有郝泳、王秀兰。

本教材在修订过程中，参阅了国内同行多部著作，部分高等院校老师提出了很多宝贵意见供我们参考，在此表示衷心的感谢！对于参与本教材第1版编写但未参与本次修订的老师、专家和学者，本版教材所有编写人员向你们表示敬意，感谢你们对高等教育改革所做出的不懈努力，希望你们对本教材保持持续关注并多提宝贵意见。

限于编者的学识及专业水平和实践经验，修订后的教材仍难免有疏漏或不妥之处，恳请广大读者指正。

编　者

第1版前言

建筑业作为我国国民经济的支柱产业之一，一直发挥着重要的作用。国民经济的飞速发展，对建筑从业人员提出了更高的要求。掌握建筑制图、识图知识，熟悉房屋的基本构造，是建筑从业人员进行建筑设计、施工管理、工程造价计价的基本要求。

为此，我们组织编写了本教材，帮助学生熟悉和掌握建筑制图、识图与房屋构造的基本知识。建筑识图与房屋构造是研究投影、绘图技能、土建工程图识读和房屋构造组成、构造原理及构造方法的一门课程，在建筑工程土建类专业的教学体系当中占有十分重要的地位。该课程不仅能帮助学生掌握房屋的构造组成、构造原理和构造方法，还能为学生认识建筑、了解建筑提供重要途径。它不仅是学好其他专业课程的基础，也是学生今后工作能力考核和专业技能考核的重要组成部分。只有掌握了本课程的主要内容，并有机地运用其他专业知识，才能熟练地掌握工程语言和常见的构造方法，更加准确地理解设计意图，进行合理施工。

本教材以"理论够用，注重实践"为主旨进行编写，包括"建筑识图"与"房屋构造"两个部分，主要内容有：建筑制图基本知识；投影基本知识；剖面图与断面图；民用建筑概述；基础与地下室；墙体；楼板层和地面；楼梯和电梯；窗和门；屋顶；变形缝；工业建筑概述；单层工业厂房的构造；建筑工程图的识读。

本教材严格依据现行国家标准规范编写而成，不仅编入了学生将来从事建设行业工作必须掌握的基础知识及原理，还插入了大量的示意图片，使阐述内容更加直观明了，具有较强的实用性。此外，本教材的编写还倡导实践性，注重可行性，注意淡化细节，强调对学生综合思维能力的培养，既考虑到了教学内容的相互关联性和体系的完整性，又考虑到了教学实践的需要，能较好地促进"教"与"学"的良好互动。

为方便教学，本教材在各章前设置了【学习重点】和【培养目标】，【学习重点】以章节提要的形式概括了本章的重点内容，【培养目标】则对需要学生了解和掌握的知识要点进行了提示，对学生学习和老师教学进行引导；在各章后面设置了【本章小结】和【思考与练习】，【本章小结】以学习重点为框架，对各章内容作了归纳，【思考与练习】以简答题的形式，从更深的层次给学生提供思考和复习的切入点，从而构建了一个"引导–学习–总结–练习"的教学全过程。

本教材由裴丽娜、王连威、陈翔任主编，由张晶任副主编，由郝泳、王秀兰、刘中华、尹平、王宏、贺涛参与编写。

本教材编写过程中得到了有关院校老师的大力帮助；很多常年奔波在施工生产一线的建筑施工技术人员和工程师，为我们提供了不少宝贵的实践资料，使本教材更加贴近教学实践，内容更加丰富，在此谨向他们表示衷心的感谢。

由于编者水平有限，书中若有不妥和疏漏之处，敬请广大读者批评指正。

编　者

目 录

绪 论 ··· 1
  一、建筑的构成要素 ·· 1
  二、本课程的研究对象和任务 ······························ 1
  三、本课程与其他课程的关系及学习
     方法 ·· 2

上篇 制图识图基础 ······································· 4

模块一 建筑工程制图基本知识与技能 ······· 4
  单元一 初识建筑工程制图基本知识 ··········· 4
    一、图纸 ··· 4
    二、图线 ··· 8
    三、字体 ··· 10
    四、比例 ··· 11
    五、尺寸的标注 ··· 11
    六、平面几何图形的画法 ································· 15
  单元二 工程图样绘制方法及步骤 ············· 16
    一、制图前的准备工作 ····································· 16
    二、绘制底稿 ··· 17
    三、加深铅笔图 ··· 17
    四、描绘墨线图 ··· 17
    五、图样校对与检查 ··· 17

模块二 投影基本原理 ································· 19
  单元一 初识投影 ··· 19
    一、投影的概念 ··· 19
    二、投影的分类 ··· 20
  单元二 三面正投影图的形成 ····················· 21
  单元三 点、直线、平面的投影 ················· 23
    一、点的投影 ··· 23
    二、直线的投影 ··· 27
    三、平面的投影 ··· 30
  单元四 基本形体的投影 ····························· 30
    一、平面体的投影 ··· 31
    二、曲面体的投影 ··· 36
  单元五 组合体的投影 ································· 41
    一、组合体的组合方式 ····································· 41
    二、组合体投影图的识读 ································· 43

模块三 剖面图与断面图 ····························· 47
  单元一 剖面图 ··· 48
    一、剖面图的形成 ··· 48
    二、剖面图的画法 ··· 49
    三、剖面图的种类 ··· 52
  单元二 断面图 ··· 56
    一、断面图的形成 ··· 56
    二、断面图与剖面图的区别 ····························· 57
    三、断面图的类型 ··· 57

中篇 建筑构造 ··· 61

模块四 建筑构造概论 ································· 61
  单元一 房屋建筑构造组成 ························· 61
    一、房屋建筑的组成 ··· 61

二、房屋各组成部分的作用及其构造
　　　　要求……………………………………62
单元二　建筑的分类与等级划分…………63
　　一、建筑的分类……………………………63
　　二、建筑的等级划分………………………64
单元三　建筑构造的影响因素和设计
　　　　原则……………………………………67
　　一、建筑构造的影响因素…………………67
　　二、建筑构造的设计原则…………………68
单元四　设计标准化与统一模数制………69
　　一、建筑设计标准化………………………69
　　二、建筑统一模数制………………………69

模块五　基础、墙体与变形缝构造
单元一　基础的类型和构造………………73
　　一、地基与基础的概念……………………73
　　二、基础的类型……………………………76
　　三、刚性基础构造…………………………79
　　四、柔性基础（扩展基础）构造…………81
单元二　墙体的类型与构造………………82
　　一、墙体的类型……………………………82
　　二、砖墙的构造……………………………83
　　三、隔墙的构造……………………………93
单元三　阳台与雨篷构造…………………97
　　一、阳台的构造……………………………97
　　二、雨篷的构造……………………………101
单元四　变形缝构造………………………102
　　一、变形缝的种类…………………………102
　　二、变形缝的设置、宽度尺寸及构造
　　　　特点……………………………………102

模块六　屋面、楼板和地坪构造
单元一　屋面组成及构造简介……………109
　　一、屋面概述………………………………109
　　二、平屋面的构造…………………………112

　　三、坡屋面的构造…………………………113
单元二　楼板类型与构造…………………117
　　一、楼板层的组成…………………………117
　　二、楼板的类型……………………………118
　　三、钢筋混凝土楼板层构造………………119
单元三　地坪层与楼地面构造……………125
　　一、地坪层构造……………………………125
　　二、楼地面构造……………………………127

模块七　楼梯构造
单元一　楼梯的组成、类型及尺度………131
　　一、楼梯的组成……………………………131
　　二、楼梯的类型……………………………133
　　三、楼梯的尺度……………………………133
单元二　钢筋混凝土楼梯…………………135
　　一、现浇式钢筋混凝土楼梯………………135
　　二、预制装配式钢筋混凝土楼梯…………137
　　三、钢筋混凝土楼梯起止步的处理………138
单元三　楼梯的细部构造…………………139
　　一、踏步面层及防滑处理…………………139
　　二、栏杆、扶手构造………………………140
单元四　台阶与坡道………………………143
　　一、台阶与坡道的形式……………………143
　　二、台阶构造………………………………143
　　三、坡道构造………………………………144

模块八　门窗构造
单元一　门窗的作用与分类………………146
　　一、门窗的作用……………………………146
　　二、门的分类………………………………146
　　三、窗的分类………………………………147
单元二　门的构造…………………………148
　　一、门的组成和尺度………………………148
　　二、平开木门构造…………………………149
　　三、铝合金门构造…………………………151

四、钢门构造……………………152
单元三　窗的构造………………………153
　　一、窗的组成和尺度………………153
　　二、窗在墙洞中的位置和窗框、窗扇的安装………………………154
　　三、铝合金平开窗构造……………156
　　四、钢窗构造………………………156
　　五、塑钢窗…………………………158

模块九　建筑防水、防潮构造……160
单元一　屋面防水构造…………………160
　　一、柔性防水屋面的构造…………160
　　二、刚性防水屋面的构造…………162
　　三、涂膜防水屋面的构造…………164
单元二　楼板层防水构造………………165
　　一、楼地层防潮……………………165
　　二、楼地层排水与防水……………166
　　三、对淋水墙面的处理……………166
单元三　墙身防潮构造…………………167
　　一、防潮层的位置…………………167
　　二、防潮层的做法…………………167
单元四　地下室防水与防潮……………168
　　一、地下室的防潮处理……………168
　　二、地下室的防水做法……………169

模块十　单层工业厂房构造…………172
单元一　外墙……………………………172
　　一、外墙的类型……………………172
　　二、砖墙与砌块墙…………………172
　　三、板材墙…………………………174
　　四、开敞式外墙……………………176
单元二　屋面……………………………177
　　一、屋面排水………………………177
　　二、屋面防水………………………179

单元三　大门、天窗与侧窗……………181
　　一、大门……………………………181
　　二、天窗……………………………183
　　三、侧窗……………………………185
单元四　钢结构厂房认知………………188
　　一、轻型钢结构工业厂房的特点与组成………………………188
　　二、门式刚架………………………189
　　三、檩条……………………………191
　　四、压型钢板外墙及屋面…………193

下篇　建筑工程图的识读……………197

模块十一　建筑施工图………………197
单元一　初识建筑施工图………………197
　　一、房屋建筑工程图的内容………197
　　二、房屋建筑工程图的有关规定……198
　　三、计算机辅助制图………………202
　　四、建筑施工图的组成与识读方法……208
单元二　建筑首页图和总平面图………208
　　一、建筑首页图……………………208
　　二、建筑总平面图…………………210
单元三　建筑平面图……………………213
　　一、平面图的形成与作用…………213
　　二、平面图的图示内容和图示方法……213
　　三、平面图的识读方法……………215
　　四、平面图识读实例………………216
单元四　建筑立面图……………………218
　　一、立面图的形成与作用…………218
　　二、立面图的命名方法……………218
　　三、立面图的图示内容和图示方法……219
　　四、立面图的识读方法……………219
　　五、立面图识读实例………………220
单元五　建筑剖面图……………………220
　　一、剖面图的形成与作用…………220

二、剖面图的图示内容和图示方法…221
　　三、剖面图的识读方法……………222
　　四、剖面图识读实例……………222
单元六　建筑详图………………………223
　　一、建筑详图的形成与作用………223
　　二、墙身详图………………………224
　　三、门窗详图………………………224
　　四、楼梯详图………………………226

模块十二　结构施工图………………229
单元一　概述……………………………229
　　一、房屋结构的分类………………229
　　二、结构施工图的内容……………230
　　三、常用构件的表示方法…………231
　　四、钢筋混凝土基本知识…………233
单元二　基础图…………………………235
　　一、基础平面图……………………236
　　二、基础详图………………………237
单元三　结构平面图……………………239
　　一、结构平面图的形成与用途……239
　　二、楼面结构平面图………………239
　　三、屋面结构平面图………………241
单元四　钢筋混凝土构件详图…………241
　　一、模板图…………………………242
　　二、配筋图…………………………242
　　三、钢筋表…………………………243
单元五　混凝土结构施工图平面整体表示
　　　　方法简介………………………243

　　一、柱平法施工图表示方法………243
　　二、梁平法施工图表示方法………246

模块十三　室内设备施工图…………253
单元一　室内给水排水施工图…………253
　　一、给水排水系统施工图常用图例…253
　　二、室内给水排水施工图的分类、组成
　　　　与表达特点……………………254
　　三、室内给水排水施工图的图示内容和
　　　　图示方法…………………………255
　　四、室内给水排水施工图的识读……256
单元二　室内采暖施工图………………258
　　一、室内采暖施工图常用图例……258
　　二、室内采暖施工图的分类与组成
　　　　内容………………………………259
　　三、室内采暖施工图的图示内容和
　　　　图示方法…………………………259
　　四、室内采暖施工图的识读………262
单元三　室内电气施工图………………265
　　一、室内电气施工图常用图例
　　　　和符号……………………………265
　　二、室内电气工程图的分类与组成
　　　　内容………………………………272
　　三、室内电气工程图的识读………274

参考文献………………………………278

绪 论

人类文明的发展历史就是建筑的发展历史，人们总是在一定的建筑空间内生活、学习和工作。"建筑识图与房屋构造"是研究投影、绘图技能、识读建筑与结构施工图和房屋构造的一门课程，在建筑工程土建类专业的教学体系中占有重要地位。

一、建筑的构成要素

建筑的发展经历了从原始到现代，从简陋到完善，从小型到大型，从低级到高级的漫长过程。虽然现代建筑的构成比较复杂，但其基本的构成要素都包含了建筑的功能、建筑的物质技术条件和建筑的艺术形象三个方面。

1. 建筑的功能

建筑的功能是建筑三个基本要素中最重要的一个。建筑的功能是人们建造房屋的具体目的和使用要求的综合体现。人们建造房屋，就是为了满足生产、生活的需求，同时也要充分考虑整个社会的各种需要。随着时代的发展，建筑的功能也在不断地发生变化。

建筑的功能往往会对建筑的结构形式，平面空间构成，内部和外部空间的尺度、形象产生直接的影响。不同的建筑具有不同的个性，其中建筑功能起到了决定性的作用。建筑的功能并不仅仅局限在物质的范畴中，心理和精神的需要也是建筑的功能体现。

2. 建筑的物质技术条件

建筑是由不同建筑材料构成的，不同的建筑材料和结构方案又构成了不同的结构形式。把设计变成实物还需要施工技术和人力的保障，所以，物质技术条件是构成建筑的重要因素。任何好的设计构想如果没有技术作保障，则只能停留在图纸上，不能成为建筑实物。

建筑的建造过程，即建筑的实际生产过程，是在一定的社会政治和经济环境下进行的，要受到社会物质技术条件的制约。反之，社会物质技术条件在限制建筑发展的同时，也会在某些方面促进建筑的发展。例如，高强度建筑材料的产生、结构设计理论的成熟、建筑内部垂直交通设备的应用等，都促进了建筑朝着大空间、大高度、大体量的方向发展。

3. 建筑的艺术形象

建筑的艺术形象是以其平面空间组合、建筑体型和立面、材料的色彩和质感、细部的处理及与周边环境的协调融合来体现的。不同的时代、不同的地域、不同的人群可能对建筑的艺术形象有不同的理解，但建筑的艺术形象仍然具有自身的美学规律。由于建筑的使用年限较长，体量较大，同时又是构成城市景观的主体，因此，成功的建筑应当能够反映时代特征、民族特点、地方特色、文化色彩，并与周围的建筑和环境有机的融合，相互协调，才能经受住时间的考验。

二、本课程的研究对象和任务

建筑是建筑物与构筑物的总称，是人们为了满足社会生活需要，利用所掌握的物质技术手段，并运用一定的科学规律和美学法则创造的人工环境。由于建筑的形式多样、构造复杂，很难用一般的语言文字描述，只能用图示的方法才能形象、具体、简洁并完整地表达建筑的空间、形式、特征、构造等。

本课程研究建筑工程制图、施工图的图示方法、识读方法和建筑各组成部分的组合原理、构造方法。本课程所介绍的内容是建筑工程预算、施工、监理等各类建设人员所必须具备的基本知识和基本技能，是学好后续专业课的基础。

全书包括制图识图基础、建筑工程图的识读和建筑构造三部分内容。

上篇为制图识图基础：主要介绍建筑工程制图的基本知识与基本技能、投影的基本原理以及剖面图、断面图的形成与画法。

中篇为建筑构造：介绍民用建筑与工业建筑各组成部分（如基础、墙或柱、楼地层、楼梯、屋顶和门窗）的构造原理和构造方法。其中，房屋构造原理阐述房屋各个组成部分的构造要求及符合这些要求的构造理论；构造方法研究在构造原理的指导下，用性能优良、经济可行的建筑材料和建筑制品构成建筑构配件以及构配件之间的连接手段。

下篇为建筑工程图的识读：着重介绍建筑施工图、结构施工图、室内设备施工图的图示方法、图示内容和识读方法。

三、本课程与其他课程的关系及学习方法

房屋建筑业在当前我国国民经济发展中所占的比重越来越大，处于重要的地位，需要大量有专业知识、有能力的各类人才加入这一行业中来。对于将要从事建筑行业工作的高等院校学生来说，掌握房屋建筑的组成规律、构造原理、构造方法及房屋建筑工程图的识图方法是十分重要的。

（一）本课程与其他课程的关系

本课程与"建筑材料""建筑施工""建筑工程计量与计价"等课程关系密切，是学习后续课程的基础，也是学生参加工作后岗位技能必备的基础知识。学生只有掌握了本课程的主要内容，并有机地运用其他专业基础知识，才能熟练地掌握工程语言和常用的构造方法，更加准确地理解设计意图，合理地进行施工、监理、预决算等相关工作。

（二）本课程的学习任务

"建筑识图与房屋构造"是一门理论性、实践性很强的专业基础课，其学习任务主要体现在以下几个方面：

（1）培养学生的空间想象能力，掌握建筑投影的基本原理及绘图技能。

（2）掌握房屋构造的基本理论，了解房屋各部分的组成、科学称谓及功能要求。

（3）根据房屋的功能、自然环境因素、建筑材料及施工技术的实际情况，选择合理的构造方案。

（4）熟练地识读施工图纸，准确掌握设计意图，熟练运用工程语言进行有关工程方面的交流，合理地组织和指导施工，以满足建筑构造方面的要求。

（三）本课程的特点及学习方法

1. 本课程的特点

"建筑识图与房屋构造"是系统介绍建筑识图及房屋各部分构造组成的专业课。除使学生掌握房屋构造组成、构造原理和构造方法外，还能为学生认识建筑、了解建筑提供重要的途径。它不仅是学习后续课程的基础，也是学生参加工作后岗位能力和专业技能考核的重要组成部分。只有掌握了本课程的主要内容，并有机地运用其他专业基础知识，学生才能熟练地掌握工程语言和常见的构造方法，在初步了解建筑设计知识的前提下，更加准确地理解设计意图，进行合理施工。

2. 本课程的学习方法

本课程的建筑识图部分理论性较强，有些投影问题和空间分析较为抽象，要求学生具有一定的平面和立体几何知识，在学习中有认真细致、肯下苦功的精神；对所学的内容要善于分析和应用，提高空间想象、图示表达和识图能力。房屋构造是研究建筑应用技术的课程，初学时可能会感到内容松散、缺乏连续性，实际上各章之间有其内在的联系。在学习本课程时，要注意将课本知识与工程实际相联系，认真总结归纳，及时复习巩固。

学生在学习过程中，还应注意以下几点：

(1) 要注意做到理论联系实际。学习识图部分的投影知识时，要结合理论知识多看图、多画图、多分析，以提高作图表达和空间想象能力；学习专业识图部分时，要留意建筑物的构造组成，有意识地加强识图训练，提高识读房屋施工图的能力。

(2) 对构造知识的学习应多与自己身边的房屋建筑相结合，注意各部分的组成规律，牢固掌握常用构造形式、材料和做法。

(3) 紧密联系生产实际，多到施工现场参观、学习，在实践中印证学过的知识，对未学过的内容也应建立感性认识，加深对所学内容的理解和记忆。

(4) 重视绘图能力的锻炼，认真完成每次作业，不断提高绘图和识图能力，为学习专业课打下坚实的基础。

(5) 经常阅读有关资料，关心和了解建筑技术、房屋构造发展的动态和趋势，特别是建筑构造方面的新材料、新工艺、新技术，并尽量将这些新内容体现到课程作业和课程设计中。

(6) 严格遵守国家制图标准，掌握房屋构造方面的有关现行标准，会查阅本省建筑构配件通用图集。培养严肃认真、一丝不苟的工作态度和耐心细致的工作作风，刻苦、认真、努力地学习，注重将书本知识与工程实践相结合。

上篇　制图识图基础

模块一　建筑工程制图基本知识与技能

知识目标

（1）通过对建筑制图基本知识的学习，使学生能够理解及遵守国家制图标准的有关规定，作图时能够根据制图标准的要求合理地选择图幅、图线、字体比例，同时能选择正确的尺寸标注。

（2）通过学习工程图样绘制方法和步骤，使学生初步掌握建筑制图的基本技能。

能力目标

（1）熟悉《房屋建筑统一制图标准》(GB/T 50001—2017)中的图纸幅面及格式、比例、字体、图例、尺寸标注。

（2）掌握建筑制图的基本方法及步骤。

素养目标

（1）培养严谨细致的工作态度。

（2）培养发现问题、解决问题的能力。

单元一　初识建筑工程制图基本知识

工程图样是工程界的技术语言，是房屋建造施工的工具。为了便于识读和交流，保证制图质量，提高制图效率，符合设计、施工和存档的要求，以适应工程建设的需要，制图时应严格遵守国家制定的全国统一建筑工程制图标准——《房屋建筑统一制图标准》(GB/T 50001—2017)。

房屋建筑制图
统一标准

一、图纸

工程图纸是工程施工、生产、管理等环节最重要的技术文件，是工程师的技术语言。

1. 图纸幅面

图纸幅面简称图幅，是指图纸尺寸的大小。为了使图纸整齐，便于保管和装订，在国标中规定了所有设计图纸的幅面及图框尺寸，图纸幅面及图框尺寸应符合表1-1的规定及图1-1～图1-4的格式。

表 1-1　幅面及图框尺寸　　　　　　　　　　　　　　　　　　mm

尺寸代号＼幅面代号	A0	A1	A2	A3	A4
$b×l$	841×1 189	594×841	420×594	297×420	210×297
c	10			5	
a	25				

注：表中 b 为幅面短边尺寸，l 为幅面长边尺寸，c 为图框线与幅面线间宽度，a 为图框线与装订边间宽度。

【**特别提示**】　图纸中应有标题栏、图框线、幅面线、装订边线和对中标志。图纸以短边作为垂直边应为横式，如图 1-1～图 1-3 所示。以短边作为水平边应为立式，如图 1-4～图 1-6 所示。A0～A3 图纸宜横式使用；必要时，也可立式使用。

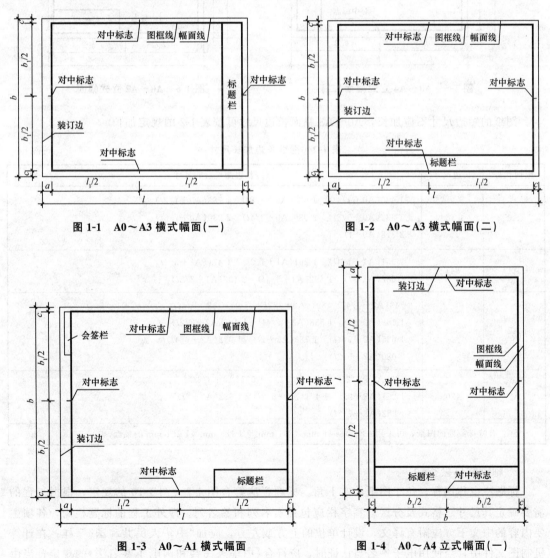

图 1-1　A0～A3 横式幅面（一）　　　　　图 1-2　A0～A3 横式幅面（二）

图 1-3　A0～A1 横式幅面　　　　　图 1-4　A0～A4 立式幅面（一）

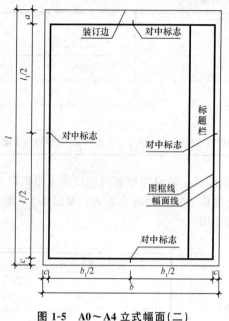

图 1-5 A0～A4 立式幅面(二)

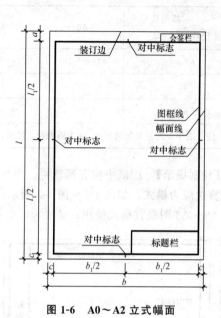

图 1-6 A0～A2 立式幅面

图纸的短边尺寸不应加长，A0～A3 幅面长边尺寸可按表 1-2 的规定加长。

表 1-2 图纸长边加长尺寸   mm

幅面代号	长边尺寸	长边加长后的尺寸
A0	1 189	1 486(A0+1/4l) 1 635(A0+3/8l) 1 783(A0+1/2l) 1 932(A0+5/8l) 2 080(A0+3/4l) 2 230(A0+7/8l) 2 378(A0+l)
A1	841	1 051(A1+1/4l) 1 261(A1+1/2l) 1 471(A1+3/4l) 1 682(A1+l) 1 892(A1+5/4l) 2 102(A1+3/2l)
A2	594	743(A2+1/4l) 891(A2+1/2l) 1 041(A2+3/4l) 1 189(A2+l) 1 338(A2+5/4l) 1 486(A2+3/2l) 1 635(A2+7/4l) 1 783(A2+2l) 1 932(A2+9/4l) 2 080(A2+5/2l)
A3	420	630(A3+1/2l) 841(A3+l) 1 051(A3+3/2l) 1 261(A3+2l) 1 471(A3+5/2l) 1 682(A3+3l) 1 892(A3+7/2l)

注：有特殊需要的图纸，可采用 $b×l$ 为 841 mm×891 mm 与 1 189 mm×1 261 mm 的幅面。

2. 标题栏与会签栏

标题栏也称图标，位于图纸的右下角。标题栏应符合图 1-7～图 1-10 的规定，根据工程的需要确定其尺寸、格式及分区。签字栏应包括实名列和签名列。涉外工程的标题栏内，各项主要内容的中文下方应附有译文，设计单位的上方或左方，应加"中华人民共和国"字样；在计算机制图文件中，当使用电子签名与认证时，应符合《中华人民共和国电子签名法》的规定；当由两个以上的设计单位合作设计同一个工程时，设计单位名称区可依次列出设计单位名称。

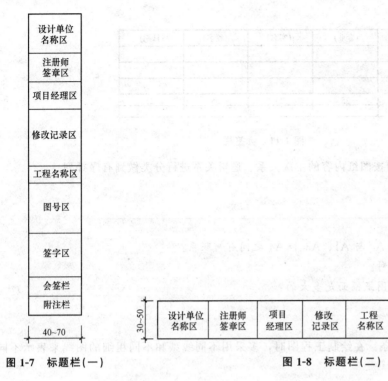

图 1-7 标题栏(一)　　　　　　　图 1-8 标题栏(二)

图 1-9 标题栏(三)

图 1-10 标题栏(四)

  横式使用的图纸，其会签栏位于图纸的左上角图框线处；立式使用的图纸，其会签栏位于图纸的右上角图框线处。会签栏的格式如图 1-11 所示，是用来填写会签人员所代表的专业、姓名、日期(年、月、日)等。需要会签的图样，要在图样的规定位置画出会签栏；不需要会签的图样，可不设会签栏。

  3. **图纸编排顺序**

  (1) 工程图纸应按专业顺序编排，应为图纸目录、设计说明、总图、建筑图、结构图、给水排水图、暖通空调图、电气图等编排。

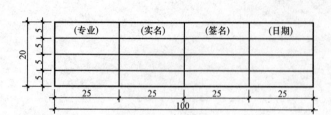

图 1-11 会签栏

（2）各专业的图纸，应按图纸内容的主次关系、逻辑关系进行分类做到有序排列。

> **随堂思考**
>
> 1. 图纸幅面尺寸，如 A0 与 A1、A3 和 A4 之间有何联系？
> 2. 图纸的格式有哪几种？
> 3. 建筑工程中常用的图纸幅面是多大的？

二、图线

图线即画在图上的线条。在绘制工程图时，多采用不同线型和不同粗细的图线来表示不同的意义和用途。

1. 线型

线型有实线、虚线、单点长画线、双点长画线、折断线和波浪线六种类型。其中有的线型还分粗、中、细三种线宽。各种线型的规定及一般用途见表 1-3。

表 1-3 图线

名称		线型	线宽	用途
实线	粗	——————	b	主要可见轮廓线
	中粗	——————	$0.7b$	可见轮廓线、变更云线
	中	——————	$0.5b$	可见轮廓线、尺寸线
	细	——————	$0.25b$	图例填充线、家具线
虚线	粗	— — — —	b	见各有关专业制图标准
	中粗	— — — —	$0.7b$	不可见轮廓线
	中	— — — —	$0.5b$	不可见轮廓线、图例线
	细	— — — —	$0.25b$	图例填充线、家具线
单点长画线	粗	—·—·—	b	见各有关专业制图标准
	中	—·—·—	$0.5b$	见各有关专业制图标准
	细	—·—·—	$0.25b$	中心线、对称线、轴线等
双点长画线	粗	—··—··—	b	见各有关专业制图标准
	中	—··—··—	$0.5b$	见各有关专业制图标准
	细	—··—··—	$0.25b$	假想轮廓线、成型前原始轮廓线
折断线	细		$0.25b$	断开界线
波浪线	细	～～～	$0.25b$	断开界线

2. 图宽

图线的宽度 b，宜从 1.4 mm、1.0 mm、0.7 mm、0.5 mm 线宽系列中选取。每个图样，应根据复杂程度与比例大小，先选定基本线宽 b，再选用表 1-4 中相应的线宽组。同一张图纸内，相同比例的各图样，应选用相同的线宽组。

表 1-4 线宽组   mm

线宽比	线宽组			
b	1.4	1.0	0.7	0.5
$0.7b$	1.0	0.7	0.5	0.35
$0.5b$	0.7	0.5	0.35	0.25
$0.25b$	0.35	0.25	0.18	0.13

注：1. 需要缩微的图纸，不宜采用 0.18 mm 及更细的线宽。
　　2. 同一张图纸内，各不同线宽中的细线，可统一采用较细的线宽组的细线。

图纸的图框和标题栏线可采用表 1-5 的线宽。

表 1-5 图框和标题栏线的宽度   mm

幅面代号	图框线	标题栏外框线 对中标志	标题栏分格线 幅画线
A0、A1	b	$0.5b$	$0.25b$
A2、A3、A4	b	$0.7b$	$0.35b$

3. 图线绘制要求

(1) 相互平行的图例线，其净间隙或线中间隙不宜小于 0.2 mm。

(2) 虚线、单点长画线或双点长画线的线段长度和间隔，宜各自相等。

(3) 单点长画线或双点长画线，当在较小图形中绘制有困难时，可用实线代替。单点长画线或双点长画线的两端不应采用点。点画线与点画线交接点或点画线与其他图线交接时，应采用线段交接。

(4) 当虚线与虚线交接或虚线与其他图线交接时，应采用线段交接。虚线为实线的延长线时，不得与实线相接，如图 1-12 所示。

(5) 画圆的中心线时，应超出圆外 2～5 mm，首末两端应是线段而不是短画；圆心应是线段交点；在较小的图形上绘制点画线及双点画线有困难时，可用实线代替，如图 1-13、图 1-14 所示。

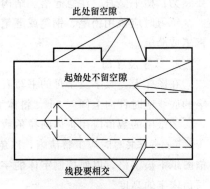

图 1-12 虚线的画法

图 1-13　中心线的画法

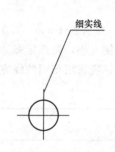
图 1-14　较小图形单点长画线的画法

(6)图线不得与文字、数字或符号重叠、混淆，不可避免时，应首先保证文字的清晰。

三、字体

用图线绘成图样后，必须用文字及数字加以注释，从而表明其尺寸大小、有关材料、构造做法、施工要点及标题。这些字体的书写必须做到笔画清晰、字体端正、排列整齐，标点符号应清楚正确。

1. 汉字

图样上及说明的汉字，应采用长仿宋字体；大标题、图册封面等汉字也可写成其他字体，但应易于辨认。汉字的简化书写，必须遵守国务院公布的《汉字简化方案》和有关规定。

汉字的大小是用字号来表示的，各字号的高度和宽度的关系应符合表 1-6 的规定。图样上如需写更大的字，其高度应按 $\sqrt{2}$ 的比值递增。汉字的字高应不小于 3.5 mm。

表 1-6　长仿宋字高宽关系　　　　　　　　mm

字高	20	14	10	7	5	3.5
字宽	14	10	7	5	3.5	2.5

书写长仿宋字，要笔画粗细一致，起落转折顿挫有力，笔锋外露、棱角分明。其具体书写要领为：横平竖直、注意起落、结构均匀、填满方格。

练习时应该用铅笔、钢笔或蘸笔，不宜用圆珠笔、签字笔。在图纸上写字应用黑色墨水的钢笔或蘸笔。

2. 数字及字母

在图样上，数字及字母的书写有直体和斜体两种，斜体书写应向右倾斜，其倾斜度应是从字的底线逆时针向上倾斜 75°，斜体字的字高、字宽应与直体字相等。

图纸中的数值应用正体阿拉伯数字书写。阿拉伯数字、罗马数字、拉丁字母的字高不得小于 2.5 mm，书写时应工整清晰，以免误读，书写前应打格(按字高画出上、下两条横线)，或在描图纸下垫字格，以便控制字体的字高。图样上，数字、字母与中文字混合书写时应稍低于书写仿宋字的高度。

阿拉伯数字、罗马数字、拉丁字母的书写示例如图 1-15 所示。

1234567890Παβγδφ Ⅰ Ⅱ Ⅲ Ⅳ Ⅴ Ⅵ Ⅹ

图 1-15　阿拉伯数字、罗马数字、拉丁字母的书写示例

随堂练习

1. 用五号长仿宋字写一篇不少于 100 字的自我介绍。
2. 填写图样和标题栏上的文字与字母等,加深标题栏外框和图框,完成抄绘。

四、比例

图样的比例是图形与实物相对应的线性尺寸之比。线性尺寸是指直线方向上的尺寸,如长、宽、高的尺寸等,因此,图样的比例实为线段之比而非面积之比。

平面图 1:100   ⑥ 1:20

图 1-16　比例的注写

比例的符号应为":",以阿拉伯数字表示。比例宜注写在图名的右侧,字的基准线应取平;比例的字高宜比图名的字高小一号或二号(图 1-16)。

$$比例\dfrac{图线画出的长度}{实物相应部位的长度}$$

绘图所用的比例应根据图样的用途与被绘对象的复杂程度,从表 1-7 中选用,并应优先采用表中常用比例。

表 1-7　绘图所用的比例

常用比例	1:1、1:2、1:5、1:10、1:20、1:30、1:50、1:100、1:150、1:200、1:500、1:1 000、1:2 000
可用比例	1:3、1:4、1:6、1:15、1:25、1:40、1:60、1:80、1:250、1:300、1:400、1:600、1:5 000、1:10 000、1:20 000、1:50 000、1:100 000、1:200 000

【特别提示】　一般情况下,一个图样应尽量选用一种比例。根据专业制图的需要,同一图样也可选用两种比例。特殊情况下也可自选比例,这时除应注出绘图比例外,还应在适当位置绘制出相应的比例尺。需要缩微的图纸应绘制比例尺。

五、尺寸的标注

尺寸标注是一项重要的内容。建筑工程图除了按一定比例绘制外,还必须注有详尽准确的尺寸,才能全面表达设计意图,满足工程要求,才能确保准确无误地施工。

1. 图样上的尺寸组成

图样上的尺寸,应包括尺寸界线、尺寸线、尺寸起止符号和尺寸数字(图 1-17)。

(1)在尺寸标注中,尺寸界线应用细实线绘制,应与被注长度垂直,其一端离开图样轮廓线不应小于 2 mm,另一端宜超出尺寸线 2~3 mm。图样轮廓线可用作尺寸界线,如图 1-18 所示。

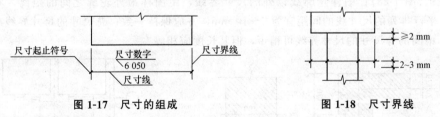

图 1-17　尺寸的组成　　　　　**图 1-18　尺寸界线**

(2)尺寸线应用细实线绘制,应与被注长度平行。两端宜以尺寸界线为边界,也可超出尺寸界线 2~3 mm,图样本身的任何图线均不得用作尺寸线。

(3)尺寸起止符号用中粗斜短线绘制,其倾斜方向应与尺寸界线成顺时针 45°,长度宜为 2～3 mm。轴测图中用小圆点表示尺寸起止符号,小圆点直径 1 mm[图 1-19(a)]半径、直径、角度与弧长的尺寸起止符号,宜用箭头表示[图 1-19(b)]。

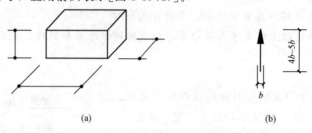

图 1-19 尺寸起止符号

2. 尺寸数字

(1)图样上的尺寸,应以尺寸数字为准,不得从图上直接量取。

(2)图样上的尺寸单位,除标高及总平面以"m"为单位外,其他必须以"mm"为单位。

(3)尺寸数字的方向应按图 1-20(a)的规定注写。若尺寸数字在 30°斜线区内,也可按图 1-20(b)的形式注写。

(4)尺寸数字应该据其方向注写在靠近尺寸线的上方中部。如没有足够的注写位置,最外边的尺寸数字可注写在尺寸界线的外侧,中间相邻的尺寸数字可上下错开注写,可用引出线表示标注尺寸的位置(图 1-21)。

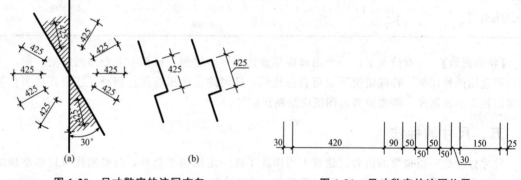

图 1-20 尺寸数字的注写方向　　　　图 1-21 尺寸数字的注写位置

3. 尺寸的排列与布置

尺寸宜标注在图样轮廓线以外,不宜与图线、文字及符号等相交(图 1-22);互相平行的尺寸线,应从被注写的图样轮廓线由近向远整齐排列,较小尺寸应离轮廓线较近,较大尺寸应离轮廓线较远(图 1-23);图样轮廓线以外的尺寸界线,距图样最外轮廓之间的距离,不宜小于 10 mm;平行排列的尺寸线的间距宜为 7～10 mm,并应保持一致;总尺寸的尺寸界线应靠近所指部位,中间的分尺寸的尺寸界线可稍短,但其长度应相等。

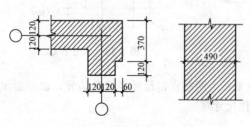

图 1-22 尺寸数字的注写

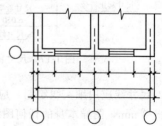

图 1-23 尺寸的排列

4. 半径、直径、球的尺寸标注

半径的尺寸线应一端从圆心开始,另一端两箭头指向圆弧。半径数字前应加注半径符号"R"(图 1-24),较小圆弧的半径,可按图 1-25 的形式标注;较大圆弧的半径,可按图 1-26 的形式标注。

在标注圆的直径尺寸时,直径数字前应加直径符号"φ"。在圆内标注的尺寸线应通过圆心,两端画箭头指至圆弧(图 1-27)。较小圆的直径尺寸,可标注在圆外(图 1-28)。

图 1-24 半径标注方法

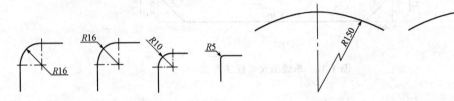

图 1-25 小圆弧半径的标注方法　　　　图 1-26 大圆弧半径的标注方法

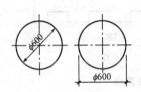

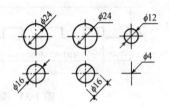

图 1-27 圆直径的标注方法　　　图 1-28 小圆直径的标注方法

在标注球的半径尺寸时,应在尺寸前加注符号"SR"。标注球的直径尺寸时,应在尺寸数字前加注符号"Sφ"。注写方法与圆弧半径和圆直径的尺寸标注方法相同。

5. 角度、弧度、弧长的标注

(1)角度的尺寸线应以圆弧表示。该圆弧的圆心应是该角的顶点,角的两条边为尺寸界线。起止符号应以箭头表示,如没有足够位置画箭头,可用圆点代替,角度数字应沿尺寸线方向注写(图 1-29)。

(2)在标注圆弧的弧长时,尺寸线应以与该圆弧同心的圆弧线表示,尺寸界线应指向圆心,起止符号用箭头表示,弧长数字上方应加注圆弧符号"⌒"(图 1-30)。

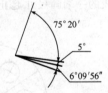

图 1-29 角度标注方法

(3)在标注圆弧的弦长时,尺寸线应以平行于该弦的直线表示,尺寸界线应垂直于该弦,起止符号用中粗斜短线表示(图 1-31)。

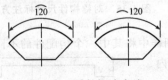

图 1-30 弧长标注方法　　　　　　图 1-31 弦长标注方法

6. 尺寸的简化标注

(1)杆件或管线的长度,在单线图(桁架简图、钢筋简图、管线简图)上,可直接将尺寸数字沿杆件或管线的一侧注写(图 1-32)。

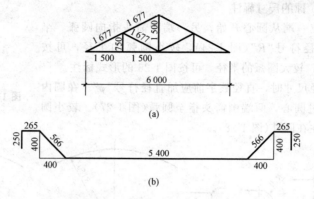

图 1-32 单线图尺寸标注方法

(2) 连续排列的等长尺寸,可用"等长尺寸×个数=总长"[图1-33(a)]或"等分×个数=总长"[图1-33(b)]的形式标注。

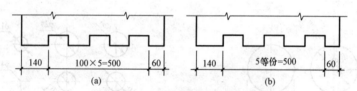

图 1-33 等长尺寸简化标注方法

(a) 等长尺寸×个数=总长;(b) 等份×个数=总长

(3) 构配件内的构造因素(如孔、槽等)如相同,可仅标注其中一个要素的尺寸(图1-34)。

(4) 当对称构配件采用对称省略画法时,该对称构配件的尺寸线应略超过对称符号,仅在尺寸线的一端画尺寸起止符号,尺寸数字应按整体全尺寸注写,其注写位置宜与对称符号对齐(图1-35)。

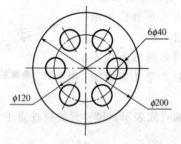

图 1-34 相同要素尺寸标注方法

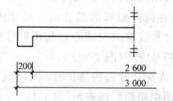

图 1-35 对称构件尺寸标注方法

(5) 两个构配件,如个别尺寸数字不同,可在同一图样中将其中一个构配件的不同尺寸数字注写在括号内,该构配件的名称也应注写在相应的括号内(图1-36)。

(6) 数个构配件,如仅某些尺寸不同,这些有变化的尺寸数字可用拉丁字母注写在同一图样中,另列表格写明其具体尺寸(图1-37)。

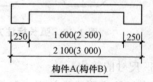

图 1-36 相似构件尺寸标注方法

7. 尺寸标注注意事项

(1)轮廓线、中心线可用作尺寸界线,但不能用作尺寸线。

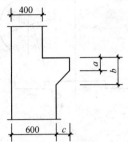

构件编号	a	b	c
Z-1	200	200	200
Z-2	250	450	200
Z-3	200	450	250

图 1-37　相似构配件尺寸表格式标注方法

(2)不能用尺寸界线当作尺寸线。
(3)应将大尺寸标在外侧,小尺寸标在内侧。
(4)尽量避免在图中阴影范围内标注尺寸。

随堂练习

抄绘图 1-38 所示图样并标注尺寸,注意尺寸标注的要求(尺寸从图中量取,比例为 1∶100)。

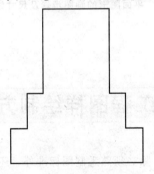

图 1-38　图样抄绘

六、平面几何图形的画法

平面图形的绘图步骤可归纳为以下几点:

(1)分析图形及其尺寸,判断各线段和圆弧的性质。
(2)画基准线、定位线,如图 1-39(a)所示。
(3)画已知线段,如图 1-39(b)所示。
(4)画中间线段,如图 1-39(c)所示。
(5)画连接线段,如图 1-39(d)所示。
(6)擦去不必要的图线,标注尺寸,按线型描深。

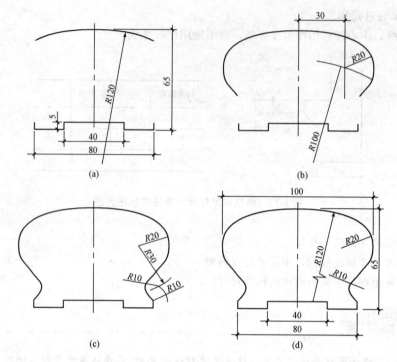

图 1-39 平面图形的画图步骤及尺寸线段分析

单元二　工程图样绘制方法及步骤

为提高图面质量和绘图速度，除必须熟悉制图标准外，还要掌握正确的绘图方法和步骤。

一、制图前的准备工作

(1) 对所绘制图样进行阅读、了解，在绘图前尽量做到心中有数。

(2) 准备好绘制工程图所需的图板、丁字尺、三角板、比例尺、圆规、针管笔等工具仪器，还应准备若干 HB、2H、2B 绘图铅笔，绘图纸或描图纸等用品。在绘图前，还需将铅笔削好、磨细，如需描图还需将针管笔灌好墨水备用，并把各种工具仪器用品放置在绘图桌上的适当位置，以方便取用。

(3) 了解绘图的任务，明确绘图要求，然后选好图板，使其平整面向上，放置于合适的位置和角度，要保证光线能从图板的左前方射入，并将需要的工具放在方便取用之处，以便顺利地进行制图工作。

(4) 根据图样大小裁切图纸且光面向上，用胶带纸粘贴图纸四角以固定在图板上，并且贴平伏、不起翘。固定图纸时，一般应按对角线方向顺次固定，使图纸平整。当图纸较小时，应将图纸布置在图板的左下方，但要使图板的底边与图纸下边的距离大于丁字尺的宽度。

二、绘制底稿

根据制图标准的要求,首先把图框线及标题栏的位置画好。根据所绘图样的大小、比例、数量进行合理的图面布置,如图形有中心线,应先画中心线,并注意给尺寸标注留出足够的位置。画图形时,应先画轴线或对称中心线,再画主要轮廓,然后画细部。如图形是剖视图或剖面图时,则最后画剖面符号,剖面符号在底稿中只需画出一部分,其余可待上墨或加深时再全部画出。图形完成后,画其他符号、尺寸线、尺寸界线、尺寸数字横线和仿宋字的格子等。最后仔细检查底图,擦去多余的底稿图线。

【注意】 画底稿时,要用削尖的 H 或 2H 铅笔轻淡地画出,不要重复描绘,以目光能辨认即可。对有错误或过长的线条,不必立即擦除,可标以记号,待整个图样绘制完成后,再用橡皮、擦图片擦除。为了保持图面干净,在作图时,可用白纸覆盖,只露出所要画的部分。

三、加深铅笔图

底稿完成后,要仔细检查校对,确定无误后方可画墨或加深铅笔线。

(1)在加深时,应做到线型正确,粗细分明,连接光滑,图面整洁。

(2)加深粗实线用 HB 铅笔,加深虚线、细实线、细点画线等各类图线都用削尖的 H 或 2H 铅笔,写字和画箭头用 HB 铅笔。画图时,圆规的铅芯应比画直线的铅芯软一级。

(3)在加深前,应认真校对底稿,修正错误和缺点,并擦净多余线条和污垢。加深图线时用力要均匀,还应使图线均匀地分布在底稿线的两侧。

(4)加深时首先加深细实线、点画线、断裂线、波浪线及尺寸线、尺寸界线等细的图线;再加深中实线和虚线;然后加深粗实线。次序是先加深圆及圆弧,再自上至下加深水平线,自左至右加深竖直线和其他方向的倾斜线;最后画出材料图例,标注尺寸,写好技术说明,填写标题栏。

(5)在画墨线的过程中,应注意图线线型正确和粗细分明、连接准确和光洁,图面整洁。画墨线并没有固定的先后次序,随图的类别和内容而定。可以先画粗实线、虚线,后画细实线,也可先画细线。为了避免触及未干墨线和减少待干时间,一般是先左后右、先上后下地画粗线。

【注意】 绘图时,要注意图面的整洁,减少尺寸数字在图面上的挪动次数;不画时,用干净的纸张将图面蒙盖起来。图线在加深时不论粗细,色泽均应一致。较长的线在绘制时应适当转动铅笔,以保证图线粗细均匀。

四、描绘墨线图

建筑工程在施工过程中,往往需要多份图纸,这些图纸通常采用描绘和晒图的方法进行复制。墨线应用针管笔绘制,应保持针管笔的畅通,灌墨不宜太多,以免溢漏污染图面。墨线图的描绘步骤与铅笔图的相同,可参照执行。画错时应用双面刀片轻轻地刮除,刮时应在描图纸下垫平整的硬物,如三角板等,防止刮破图纸。刮后应用橡皮擦拭,再将修刮处压平后方可画线。

五、图样校对与检查

整张图纸画完以后应经细致检查,校对、修改以后才算最后完成。首先应检查图样是否正确;其次应检查图线的交接、粗细、色泽以及线型应用是否准确;最后校对文字、尺寸标注是否整齐、正确,符号是否符合国标规定。

模块小结

本模块根据《房屋建筑统一制图标准》(GB/T 50001—2017)重点介绍图纸、图线、字体、比例和尺寸标注等内容。画底稿时，宜用削尖的 H 或 2H 铅笔轻淡地画出，一般先画图框、标题栏，后画图形。画图形时，应先画轴线或对称中心线，再画主要轮廓，然后画细部。如果图形是剖视图或剖面图，则最后画剖面符号。用铅笔加深时，应做到线型正确，粗细分明，连接光滑，图面整洁。

思考与练习

一、填空题

1. 图纸的短边尺寸_____加长，A0～A3 幅面长边尺寸_____加长。
2. 图纸中应有_____、_____、_____、_____和_____。
3. 标题栏也称图标，位于图纸的_____，会签栏位于图纸的_____图框线处。
4. 工程建设制图采用的线型有_____、_____、_____、_____、_____和_____六种。
5. 每个图样，应根据复杂程度与_____，先选定基本线宽，再选用相应的线宽组。
6. 虚线、单点长画线或双点长画线的线段长度和间隔，宜_____。
7. 阿拉伯数字、罗马数字、拉丁字母的字高不得小于_____，书写时应工整清晰，以免误读。
8. 尺寸线应用_____绘制，应与被注长度平行。
9. 尺寸数字的方向有_____、_____、_____三种。
10. 起止符号应以_____表示，如果没有足够位置画箭头，可用_____代替。

二、简答题

1. 图纸有几种规格？A3 号图纸的尺寸是多少？
2. 标题栏、会签栏画在图纸的什么位置？
3. 线型有哪几种？每种线型的宽度和用途是什么？
4. 长仿宋字的书写要领是什么？
5. 尺寸数字的方向有哪几种？其在注写时方向有什么要求？
6. 尺寸标注时应注意哪些事项？
7. 如何加深铅笔图？加深时应注意哪些事项？

三、实训题

1. 进行长仿宋字及数字练习。
2. 练习平面图形的绘图。

模块二　投影基本原理

　知识目标

(1)能够正确地画出物体的投影图。
(2)能够识读组合体的投影图。

　能力目标

(1)了解投影的概念和分类。
(2)掌握正投影法的基本原理和三面正投影图的形成及其基本规律。
(3)掌握点、线、直线、平面、基本体的投影规律。
(4)掌握组成物体表面形状的基本几何元素的投影特性和作图方法。

　素养目标

(1)提高学习能力、沟通能力、团队协作精神。
(2)培养勤于思考、耐心细致、做事认真的职业素养。

单元一　初识投影

一、投影的概念

在日常生活中，人们发现只要有物体、光线和承受落影面，就会在附近的墙面、地面上留下物体的影子，这就是自然界的投影现象。这种现象一般是外部轮廓线较清晰而内部却一片混沌，不能表达物体的真面目，如图 2-1(a)所示。自然界的物体投影与工程制图上反映的投影是有区别的，工程制图所要求的投影，应符合三个要求：一是光线能够穿透物体；二是光线在穿透物体的同时能够反映其内部、外部的轮廓(看不见的轮廓用虚线表示)；三是对形成投影的光线的射向作相应的选择，以得到不同的投影，如图 2-1(b)所示。我们把这时所产生的影子称为投影，通常也称为投影图，把发出光线的光源称为投影中心，光线称为投影线。光线的射向称为投影方向，将落影的平面称为投影面。

建筑工程图样是按照投影的原理和方法绘制的。

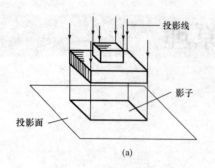 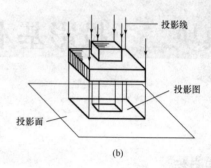

图 2-1 影子与投影

(a)影子；(b)投影

二、投影的分类

根据投影中心距离投影面远近的不同，投影分为中心投影和平行投影两类。

1. 中心投影

投影中心 S 在有限的距离内发射出的投影线所产生的投影被称为中心投影，如图 2-2 所示。作出中心投影的方法称为中心投影法。用中心投影法绘制的物体投影图称为透视图，如图 2-3 所示。它只需一个投影面，其特点是直观性很强、形象逼真，常用作建筑方案设计图和效果图。但绘制比较烦琐，而且建筑物的真实形状和大小不能直接在图中度量，不能作为施工图用。

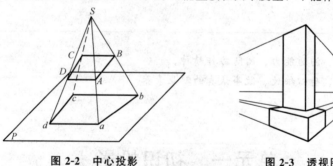

图 2-2 中心投影　　　　　　　　图 2-3 透视图

2. 平行投影

如果投影中心 S 距离投影面无限远，则投影线可视为相互平行的直线，由此产生的投影，称为平行投影，如图 2-4 所示。作出平行投影的方法称为平行投影法。根据投影线与投影面的角度不同，平行投影又分为斜投影和正投影两类。斜投影和正投影的选用比较见表 2-1。

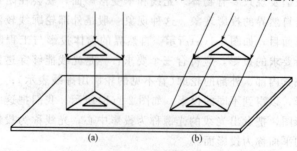

图 2-4 平行投影

(a)正投影；(b)斜投影

> **随堂思考**
>
> 工程上有哪些常用的投影图?分别是用什么投影法画出来的?

单元二　三面正投影图的形成

工程上绘制图样的主要方法是正投影法,因为这种方法画图简单,并具有显实性,度量方便,能够满足工程要求。但是,只用一个正投影图来表示物体是不够的。因为一个物体有三个向度的尺寸,而一个投影只能确定两个向度的尺寸。所以,为了确定物体的形状,通常是画三面正投影图。三面正投影图的形成过程如下。

1. 建立三面投影体系

如图 2-7 所示,将物体放在三个相互垂直的投影面 H、V、W 之间,用三组分别垂直于三个投影面的平行投射线投影,就能得到这个物体的三个方向的正投影图。处于水平位置的投影面称为水平投影面,用 H 表示;处于正立位置的投影面称为正立投影面,用 V 表示;处于侧立位置的投影面称为侧立投影面,用 W 表示。三个互相垂直相交投影面的交线,则称为投影轴,分别是 OX 轴、OY 轴、OZ 轴,三个投影轴相交于一点 O,称为原点。

2. 将物体分别向三个投影面进行正投影

将某长方体放置于三面投影体系中,在三组不同方向平行投影线的照射下,即可得到长方体的三个投影图,在 H 面上产生的投影叫作水平投影图,在 V 面上产生的投影叫作正立投影图,在 W 面上产生的投影叫作侧立投影图。

3. 把位于三个投影面上的三个投影图展开

V 面不动,H 面绕 OX 轴向下旋转 $90°$,W 面绕 OZ 轴向后旋转 $90°$,使它们与 V 面展开在同一平面上,如图 2-7 所示。这时 Y 轴分为两条:一条随 H 面旋转到 OZ 轴的正下方与 OZ 轴在同一直线上,用 Y_H 表示;一条随 W 面旋转到 OX 轴的正右方与 OX 轴在同一直线上,用 Y_W 表示,如图 2-8(a)所示。

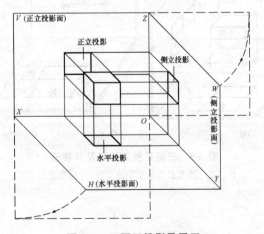

图 2-7　三面正投影及展开

【特别提示】 H面、V面、W面的位置是固定的，投影面的大小与投影图无关。在实际绘图时，不必画出投影面的边框，也不必注明 H、V、W 字样。待到对投影知识熟知后，投影轴 OX、OY、OZ 也不必画出，如图 2-8(b) 所示。

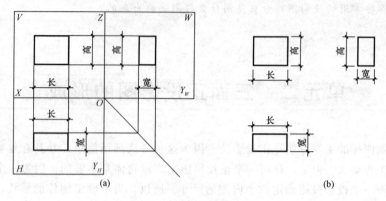

图 2-8　展开后的正投影图
(a)正投影图；(b)无轴正投影图

这样，就把三个投影图画到一个平面上了，也就是物体的三面投影图。展开后的三面投影图有以下投影规律：

(1)投影对应规律图[2-9(a)]：水平投影图和正投影图——长对正(等长)；正面投影图和侧面投影图——高平齐(等高)；水平投影图和侧面投影图——宽相等(等宽)。

(2)方位对应规律：任何物体都有前、后、左、右、上、下六个方位，其三面正投影体系及其展开如图 2-9(b)所示。从图中可以看出：三个投影图分别表示它的三个侧面。这三个投影图之间既有区别又相互联系，每个投影图都相应地反映其中的四个方位(图 2-10)，其方位对应规律为：平面图反映物体的左右和前后；正面图反映物体的左右和上下；侧面图反映物体的前后和上下。

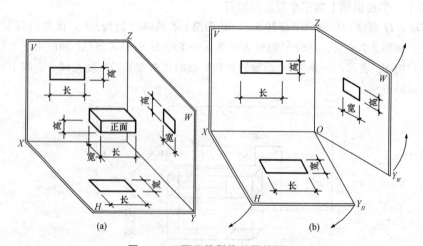

图 2-9　三面正投影体系及其展开
(a)长、宽、高在投影体系中的反映；(b)展开示意图

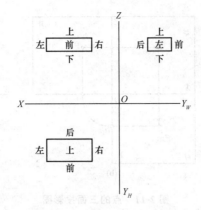

图 2-10 三面投影图上的方位

观察身边的形体，如一本书、一个盒子、一个篮球，徒手画出它们的三面正投影图。

拓展阅读

从出土文物中考证，我国在新石器时代（约一万年前）就能绘制一些几何图形、花纹，具有简单的图示能力。在春秋时代的一部技术著作《周礼·考工记》中，有画图工具"规、矩、绳、墨、悬、水"的记载。在战国时期我国人民就已运用设计图（有确定的绘图比例、酷似用正投影法画出的建筑规划平面图）来指导工程建设，距今已有 2 400 多年的历史。"图"在人类社会的文明进步和推动现代科学技术的发展中起了重要的作用。

单元三 点、直线、平面的投影

任何复杂的形体都可以看作是由许多简单的几何体所组成，几何体又可看作是由平面或曲面、直线或曲线以及点等几何要素组成。因此，研究正投影规律应从简单的点、直线、平面开始。

一、点的投影

点是形体最基本的几何元素。点的投影是线、面、体投影的基础。

如图 2-11 所示，将空间点 A 置于三投影面体系中，自 A 点分别向三个投影面作投影线，三个垂足就是点 A 在三个投影面上的投影，标注方法分别用空间点的同名小写字母 a、a'、a'' 表示。a 表示点 A 的 H 面投影，a' 表示点 A 的 V 面投影，a'' 表示点 A 的 W 面投影。

用细实线将点的相邻投影连起来，如 aa'、$a'a''$，称为投影连线。水平投影 a 与侧面投影 a'' 不能直接相连，作图时常以图 2-11(c)所示的借助斜角线或圆弧来实现它们之间的联系。

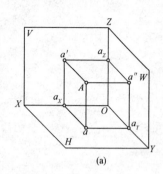 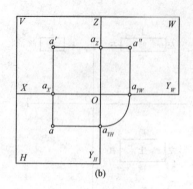 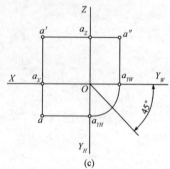

图 2-11 点的三面投影图
(a)直观图；(b)展开图；(c)投影图

1. 点的投影规律

在图 2-11 中，过空间点 A 的两条投影线 Aa、Aa' 构成的平面 $P(Aa'a_xa)$ 与 OX 轴相交于 a_x，因 $P \perp V$、$P \perp H$，即 P、V、H 三面互相垂直，由立体几何知识可知，此三平面两两的交线互相垂直，即 $a'a_x \perp OX$、$aa_x \perp OX$、$a'a_x \perp aa_x$，故 P 为矩形。当 H 面旋转至与 V 面重合时 a_x 不动，且 $aa_x \perp OX$ 的关系不变，则 a'、a_x、a 三点共线，即 $a'a \perp OX$。

同理，可得到 $a'a'' \perp OZ$、$aa_{YH} \perp OY_H$、$a''a_{YW} \perp OY_W$。从中可以得出：

$a'a_x = a_zO = a''a_{YW} = Aa$，反映 A 点到 H 面的距离；

$aa_x = a_{YH}O = a_{YW}O = a''a_z = Aa'$，反映 A 点到 V 面的距离；

$a'a_z = a_xO = aa_{YH} = Aa''$，反映 A 点到 W 面的距离。

从上面分析中，可以得出点在三面投影体系中的投影规律：

(1)点的水平投影和正面投影的连线垂直于 OX 轴，即 $aa' \perp OX$。

(2)点的正面投影和侧面投影的连线垂直于 OZ 轴，即 $a'a'' \perp OZ$。

(3)点的水平投影到 X 轴的距离等于点的侧面投影到 Z 轴的距离，即 $aa_x = a''a_z$。

不难看出，点的三面投影也符合"长对正、高平齐、宽相等"的投影规律。它也说明，在点的三面投影图中，每两个投影都有一定的联系性。只要给出点的任何两面投影，就可以求出第三个投影。

【例 2-1】 已知一点 B 的 V、W 面投影 b'、b''，求 H 面投影 b，如图 2-12(a)所示。

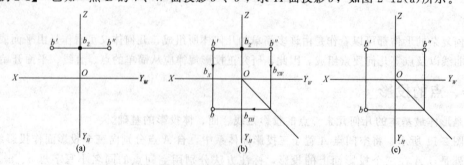

图 2-12 已知点的二面投影求第三面投影
(a)已知条件；(b)作图过程；(c)完成图

解：(1)过 b' 作垂线并与 OX 轴相交于 b_X；

(2)在所作垂线上截取 $b_Xb=b_Zb''$ 得 H 面投影 b，即为所求。

作图时，也可借助于过 O 点作 45°斜线，使得 $Ob_{YH}=Ob_{YW}$。作图过程如图 2-12(b)所示，完成图如图 2-12(c)所示，其他代号如 b_X、b_{YW} 等省略不写。

2. 点的坐标

研究点的坐标，也就是研究点与投影面的相对位置。在 H、V、W 投影体系中，常将 H、V、W 投影面看成坐标面，而三条投影轴则相当于三条坐标轴 OX、OY、OZ，三轴的交点为坐标原点，如图 2-11 所示。空间点到三个投影面的距离就等于它在各方向的坐标值，即点 A 到 W 面、V 面和 H 面的距离 Aa''、Aa' 和 Aa，分别称为 x 坐标、y 坐标和 z 坐标。空间点的位置可用 $A(x,y,z)$ 形式表示，所以，A 点的水平投影 a 点的坐标是 $(x,y,0)$，正面投影 a' 的坐标是 $(x,0,z)$；侧面投影 a'' 的坐标是 $(0,y,z)$。

在图 2-11(a)中，四边形 Aaa_Xa' 是矩形，Aa 等于 $a'a_X$，即 $a'a_X$ 反映点 A 到 H 面的距离；Aa' 等于 aa_X，即 aa_X 反映点 A 到 V 面的距离。由此可知：

$Aa''=aa_{YH}=a'a_Z=Oa_X$（点 A 的 x 坐标）

$Aa'=aa_X=a''a_Z=Oa_Y$（点 A 的 y 坐标）

$Aa=a'a_X=a''a_{YW}=Oa_Z$（点 A 的 z 坐标）

若已知点的三面投影，就可以量出该点的三个坐标；反之，已知点的坐标，也可以作出该点的三面投影。

【提示】 空间点的位置不仅可以用其投影确定，也可以由它的坐标确定。

【例 2-2】 已知点 B 的坐标(4，6，5)，作 B 点的三面投影图。

【分析】 根据已知条件：B 点坐标 $x_b=4$，$y_b=6$，$z_b=5$，点的三个投影与点的坐标关系表示为 $b(x,y)$、$b'(x,z)$、$b''(y,z)$，因此，可作出点的投影图。

作图：由空间点 B 坐标作三面投影图，如图 2-13 所示。

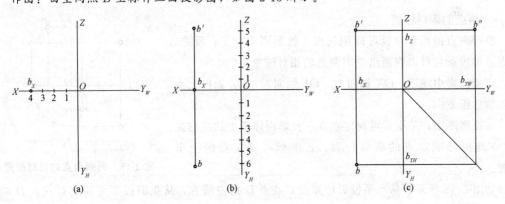

图 2-13 已知点的坐标，求点的三面投影

(a)求 b_X 点；(b)由 b_X 求 b、b' 点；(c)作出 B 点的三面投影

(1)画出三轴及原点后，在 X 轴自 O 点向左量取 4 mm 得 b_X 点，如图 2-13(a)所示。

(2)过 b_X 点引 OX 轴的垂线，由 b_X 点向上量取 $z=5$ mm，得 V 面投影 b'，再向下量取 $y=6$ mm，得 H 面投影 b，如图 2-13(b)所示。

(3)过 b' 作水平线与 Z 轴相交于 b_Z 并延长，量取 $b_Zb''=b_Xb$，得 W 面投影 b''，此时 b、b'、b''

即为所求。在作出投影 b、b′ 以后，也可利用 45°斜线求出，如图 2-13(c)所示。

3. 特殊位置点的投影

在投影面、投影轴、投影原点上的点，称为特殊位置的点。如图 2-14 所示，当点在某一投影面上时，它的坐标必有一个为零，三个投影中必有两个投影位于投影轴上；当点在某一投影轴上时，它的坐标必有两个为零，三个投影中必有两个投影位于投影轴上，另一个投影则与坐标原点重合；当点在坐标系原点上时，它的三个坐标均为零。

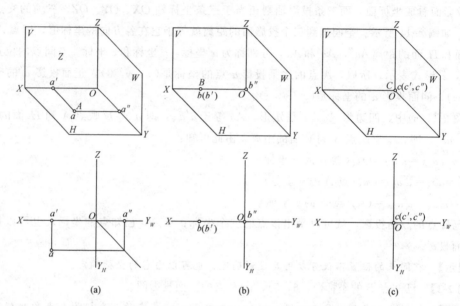

图 2-14　点在投影面上、投影轴上和投影原点处的投影

(a)点在投影面上；(b)点在投影轴上；(c)点在投影原点处

4. 两点的相对位置

空间两点的相对位置可以用三面正投影图来标定；反之，根据点的投影也可以判断出空间两点的相对位置。

三面投影中规定：OX 轴向左、OY 轴向前、OZ 轴向上为三条轴的正方向。

在投影图中，X 坐标可确定点在三投影面体系中的左右位置，Y 坐标可确定点的前后位置，Z 坐标可确定点的上下位置。

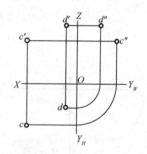

图 2-15　判别两点的相对位置

如图 2-15 所示，从水平投影可知点 C 在点 D 的左前方，从正面投影可知点 C 在点 D 的左下方，因此，点 C 在点 D 的左前下方。

5. 重影点及可见性

在某一投影面上，投影重合的两个点，称为该投影面的重影点。如图 2-16 所示，A、B 两点是对 V 面的重影点。当两点的投影在某一投影面上重合时，必有一点遮住了另一点，这就需要进行可见性判断，判断的方法是：在两点不重合的投影上，比较不相同的坐标值的大小，坐标值大者可见，小者不可见。重影点中不可见点的字母应加圆括号表示。

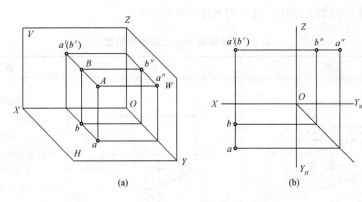

图 2-16 重影点
(a)直观图；(b)三面投影图

【提示】 重影点的投影标注方法：可见点注写在前，不可见点注写在后并且在字母外加括号。

二、直线的投影

(一)直线投影图作法

在画法几何中，直线通常用线段表示，在不强调线段的长度时，常把线段称为直线。由几何学可知，直线由直线上任意两个点的位置确定，因此，直线的投影也可以由直线上两点的投影来确定。求直线的投影，只要作出直线上两个点的投影，再将同一投影面上的两点的投影连起来，即是直线的投影。

如图2-17所示，如果已知直线上的点 $A(a、a'、a'')$ 和 $B(b、b'、b'')$，那么就可以画出直线 AB 的投影图。

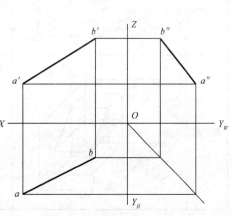

图 2-17 直线投影图作法

(二)各种位置直线及投影特性

在三面投影体系中，直线对投影面的相对位置，有投影面平行线、投影面垂直线及投影面倾斜线三种情况。前两种称为特殊位置直线，后一种称为一般位置直线。

倾斜于投影面的直线与投影面之间的夹角，称为直线对投影面的倾角。直线对 H 面、V 面和 W 面的倾角，分别用 α、β 和 γ 表示。

1. 投影面平行线

平行于一个投影面而倾斜于另两个投影面的直线称为投影面平行线。投影面平行线分为三种情况：

(1)水平线是平行于水平投影面的直线，即与 H 面平行但与 V 面、W 面倾斜的直线。

(2)正平线是平行于正立投影面的直线，即与 V 面平行但与 H 面、W 面倾斜的直线。

(3)侧平线是平行于侧立投影面的直线，即与 W 面平行但与 H 面、V 面倾斜的直线。

这三种投影平行线的直观图、投影图和投影特性见表2-2。

表2-2 投影面平行线的投影特性

名 称	直观图	投影图	投影特性
水平线			(1)水平投影反映实长。 (2)水平投影与X轴和Y轴的夹角，分别反映直线与V面和W面的倾角β和γ。 (3)正面投影和侧面投影分别平行于X轴及Y轴，但不反映实长
正平线			(1)正面投影反映实长。 (2)正面投影与X轴和Z轴的夹角，分别反映直线与H面和W面的倾角α和γ。 (3)水平投影及侧面投影分别平行于X轴及Z轴，但不反映实长
侧平线			(1)侧面投影反映实长。 (2)侧面投影与Y轴和Z轴的夹角，分别反映直线与H面和V面的倾角α和β。 (3)水平投影及正面投影分别平行于Y轴及Z轴，但不反映实长

由表2-2可以得出投影面平行线的共同特性：

(1)投影面平行线在它所平行的投影面上的投影反映实长，且该投影与相应投影轴的夹角反映直线与其他两个投影面的倾角。

(2)直线在另外两个投影面上的投影分别平行于相应的投影轴，但不反映实长。

2. 投影面垂直线

垂直于某一投影面，同时也平行于另外两个投影面的直线称为投影面垂直线。投影面垂直线可分为三种情况：

(1)铅垂线是垂直于水平投影面的直线，即只垂直于H面，同时平行于V面、W面的直线。

(2)正垂线是垂直于正立投影面的直线，即只垂直于V面，同时平行于H面、W面的直线。

(3)侧垂线是垂直于侧立投影面的直线，即只垂直于W面，同时平行于H面、V面的直线。

表 2-3　投影面垂直线的投影特性

名　称	直观图	投影图	投影特性
铅垂线			(1) 水平投影积聚成一点。 (2) 正面投影及侧面投影分别垂直于 X 轴及 Y 轴，且反映实长
正垂线			(1) 正面投影积聚成一点。 (2) 水平投影及侧面投影分别垂直于 X 轴及 Z 轴，且反映实长
侧垂线			(1) 侧面投影积聚成一点。 (2) 水平投影及正面投影分别垂直于 Y 轴及 Z 轴，且反映实长

由表 2-3 可以得出投影面垂直线的共同特性：

(1) 投影面垂直线在它所垂直的投影面上的投影积聚成一点。

(2) 直线在另外两个投影面上的投影反映实长且垂直于相应的投影轴。

3. 一般位置直线

三个投影面均倾斜的直线称为一般位置直线，也称倾斜线，如图 2-18 所示。由图 2-18 可以得出一般位置直线的投影特性如下：

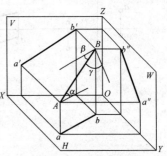

图 2-18　一般位置直线

(1) 直线的三个投影都是倾斜于投影轴的斜线，但长度缩短，不反映实际长度。

(2) 各个投影与投影轴的夹角不反映空间直线对投影面的倾角。

4. 直线上的点

直线的投影是所有点投影的集合，点在直线上，则点的投影一定在直线的同面投影上，且点分线段的比例等于点的投影分线段投影的比例。

如图 2-19 所示，若 $C \in AB$，则 $c \in ab$，$c' \in a'b'$，$c'' \in a''b''$；且 $AC:CB = ac:cb = a'c':c'b' = a''c'':c''b''$。

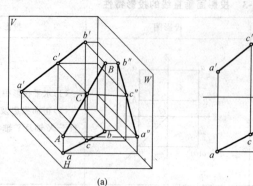
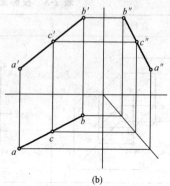

图 2-19 直线上点的投影
(a)直观图;(b)投影图

三、平面的投影

平面是直线沿某一方向运动的轨迹。要作出平面的投影,只需作出构成平面图形轮廓的若干点与线的投影,然后连成平面图形即可。

平面的表示方法如图 2-20 所示,构成平面的几何元素有以下几点:
(1)不在同一条直线上的三个点[图 2-20(a)]。
(2)一直线和直线外一点[图 2-20(b)]。
(3)两相交直线[图 2-20(c)]。
(4)两平行直线[图 2-20(d)]。
(5)任意平面图形[图 2-20(e)]。

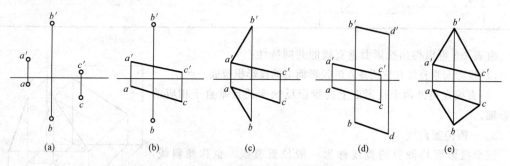

图 2-20 几何元素表示的平面

单元四　基本形体的投影

对于各式各样的建筑物、构筑物及其配件,虽然形状各异,但只要细加分析就可看出,它们都是由一些基本形体(简单几何体)组成的。图 2-21(a)所示的房屋,它由棱柱、棱锥等组成;

如图 2-21(b)所示的水塔，它可以看成由圆台、圆柱、圆锥等组成。所以，识读建筑形体的投影图之前，应先掌握基本形体投影图的读法。

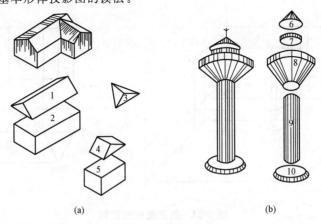

图 2-21 建筑的基本形体
(a)平面体；(b)曲面体
1，4—三棱柱；2，5—四棱柱；3—三棱锥；6—圆锥；7，9—圆柱；8，10—圆台

基本形体按其表面的几何性质，可分为平面体和曲面体两类。表面由平面组成的几何体称为平面体。基本的平面体有正方体、长方体(统称为长方体)及棱柱(四棱柱除外)、棱锥、棱台(统称为斜面体)等。表面由曲面或由平面和曲面围成的形体称为曲面体。基本的曲面体有圆柱、圆锥、圆台、球等。

一、平面体的投影

平面体的每个表面均为平面多边形，故作平面体的投影，就是作出组成平面体的各平面形的投影。在建筑工程中，多数构配件是由平面几何体构成的。根据棱体中各棱线之间的相互关系，可以分为棱柱体和棱锥体两种。

(一)棱柱体和棱锥体的投影

1. 棱柱体的投影

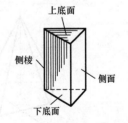

图 2-22 三棱柱体

如图 2-22 所示的物体是一个三棱柱，它的上下底面为两个全等三角形平面且互相平行；侧面均为四边形，且每相邻两个四边形的公共边都互相平行。由这些平面组成的基本几何体为棱柱体，当底面为 n 边形时所组成的棱柱为 n 棱柱。现以正三棱柱为例来进行分析，如图 2-23 所示。

三棱柱的放置位置：上、下底面为水平面，左前、右前侧面为铅垂面，后侧面为正平面。

在水平面上正三棱柱的投影为一个三角形线框，该线框为上、下底面投影的重合，且反映实形；三条边分别是三个侧面的积聚投影；三个顶点分别为三条侧棱的积聚投影。在正立面上正三棱柱的投影为两个并排的矩形线框，分别是左右两个侧面的投影；两个矩形的外围(即轮廓矩形)是左右侧面与后侧面投影的重合；三条铅垂线是三条侧棱的投影，并反映实长；两条水平线是上、下底面的积聚投影。在侧立面上正三棱柱的投影为一个矩形线框，是左右两个侧面投影的重合；两条铅垂线分别为后侧面的积聚投影及左右侧面的交线的投影；两条水平线是上、下底面的积聚投影。

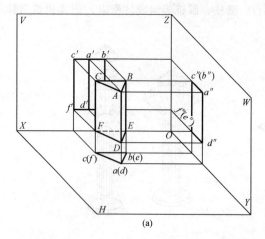
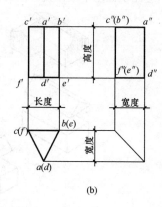

图 2-23 正三棱柱的投影

(a)立体图;(b)投影图

棱柱的三面投影,在一个投影面上是多边形,在另两个投影面上分别是一个或者是若干个矩形。

2. 棱锥体的投影

如图 2-24(a)所示的物体是一个五棱锥,它的底面为五边形;侧面均为具有公共顶点的三角形。由这些平面组成的基本几何体为棱锥体,当底面为 n 边形时所组成的棱锥柱为 n 棱锥。现以正五棱锥为例来进行分析,如图 2-24(b)所示。

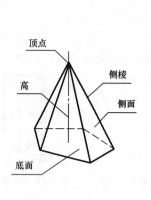
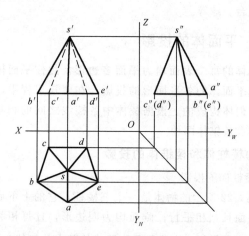

图 2-24 五棱锥的正投影

(a)五棱锥;(b)投影图

五棱锥的底面五边形 $ABCDE$ 在 H 面上的投影反映实形;顶点 S 的 H 面投影 s 在正五边形的中心,它与五个点的连线 sa、sb、sc、sd、se 是五条侧棱的投影,正五棱锥的五个侧面在 H 面上的投影为五个与侧面三角形类似的图形,且比原形小,即分别是 $\triangle sab$、$\triangle sbc$、$\triangle scd$、$\triangle sde$ 和 $\triangle sea$。五个侧面在 V 面上的投影也为五个与侧面三角形类似的图形,且比原形小,即分别为 $\triangle s'a'b'$、$\triangle s'b'c'$、$\triangle s'c'd'$、$\triangle s'd'e'$ 和 $\triangle s'e'a'$。侧面 $\triangle SCD$ 在 W 面的投影积聚为一条直线 $s''c''(s''d'')$,另外四个侧面在 W 面上的投影则为与侧面三角形类似的图形,且比原形小,分别是 $\triangle s''a''b''$、$\triangle s''b''c''$、$\triangle s''d''e''$ 和 $\triangle s''e''a''$。

五条棱线 SA、SB、SC、SD、SE 在三个投影面的投影都仍为直线,但都不反映实长,且比实长短。

(二)平面体投影图的画法

1. 正三棱柱的画法

将正三棱柱置于三面投影体系中,使其底面平行于 H 面,并保证其中一个侧面平行于 V 面,如图 2-23 所示。作图前,应先进行分析:三棱柱为立放,它的底面、顶面平行于 H 面,各侧棱均垂直于 H 面,故在 H 面上三角形是其底面的实形;V 面、W 面投影的矩形外轮廓是三棱柱两个侧面的类似形投影,两条竖线是侧棱的实长,是三棱柱的实际高度。

作图步骤如下:

(1)作 H 面投影。底面平行于顶面且平行于 H 面,则在 H 面的投影反映实形,并且相互重合为正三角形。各棱柱面垂直于 H 面,其投影积聚成为直线,构成正三角形的各条边。

(2)作 V 面投影。由于其中一个侧面平行于 V 面,则在 V 面上的投影反映实形。其余两个侧面与 V 面倾斜,在 V 面上的投影形状缩小,并与第一个侧面重合,所以 V 面上的投影为两个长方形。底面和顶面垂直于 V 面,它们在 V 面上的投影积聚成上、下两条平行于 OX 轴的直线。

(3)作 W 面投影。由于与 V 面平行的侧面垂直于 W 面,在 W 面上的投影积聚成平行于 OZ 轴的直线。顶面和底面也垂直于 W 面,其在 W 面上的投影积聚为平行于 OY 轴的直线,另两侧面在 W 面的投影为缩小的重合的长方形。

2. 正三棱锥的画法

如图 2-25 所示,将正三棱锥放置于三面投影体系中,使其底面 ABC 平行于 H 面。由于底面 ABC 为正三角形且是水平面,则其水平投影反映实形;棱面 SAB、SBC 为一般位置平面,其各个投影都为类似形,棱面 SAC 为侧垂面,其侧面投影积聚成一条直线,其他投影面的投影为类似形;三棱锥的底边 AB、BC 为水平线,AC 为侧垂线,棱线 SA、SC 为一般位置直线,棱线 SB 为侧平线,其投影特性既可以根据不同位置的直线的投影特性来分析作图,也可根据三视图的投影规律作出这个三棱锥的三视图。

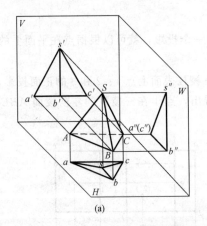
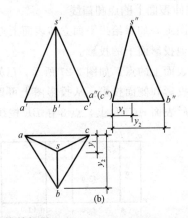

图 2-25 正三棱锥的投影

(a)立体图;(b)三视图

作图时,应根据上述分析结果和正三棱锥的特性,先作出正三棱锥的水平投影,也就是平面图,再作出正三角形,分别作三角形的高,找到中心点,然后根据投影规律作出其他两个视图。作图时,要注意"长对正、高平齐、宽相等"的对应关系。

(三) 平面体投影图的尺寸标注

平面立体的尺寸数量与立体的具体形状有关，但总体来看，这些尺寸分属于三个方向，即平面立体上的长度、宽度和高度方向。因此，标注平面体几何尺寸时，应将这三个方向的尺寸标注齐全，且每个尺寸只需在某一个视图上标注一次。一般都是把尺寸标注在反映形体端面实形的视图上。

图 2-26 所示分别为长方体、四棱柱和正六棱柱的尺寸标注。其中，正六棱柱俯视图中所标的外接圆直径，既是长度尺寸，也是宽度尺寸，因此，图 2-26(c) 中的宽度尺寸 22 应省略不标。

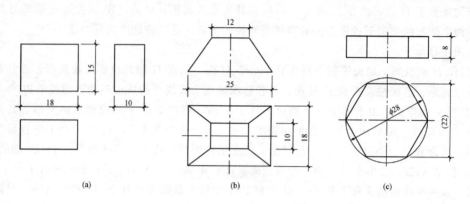

图 2-26　平面立体的尺寸标注
(a) 长方体；(b) 四棱柱；(c) 正六棱柱

(四) 平面体表面上的点和直线

平面体表面上的点和直线的投影实际上就是平面上的点和直线的投影。所不同的是，平面立体是由平面围成的，所以，平面立体表面上点的投影与平面上点的投影特性是相同的，不同的是平面立体表面上的点存在可见性问题。通常规定，处在可见面上的点为可见点；处在不可见面上的点为不可见点，用加圆括号的方式标注。

1. 棱柱体表面上的点和直线

在投影图上，如果给出平面立体表面上点的一个投影，就可以根据点在平面上的投影特性，求出点在其他投影面上的投影。

棱柱体表面上的点：如图 2-27 所示，已知三棱柱表面上点 1、2 和 3 的正面投影，可以作出它们的水平投影和侧面投影。从投影图上可以看出，点 1 在三棱柱的左前棱面 *ABED* 上，点 2 在三棱柱的后表面 *ACFD* 上，点 3 在 *BE* 棱线上。

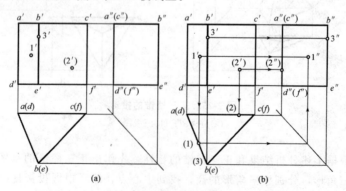

图 2-27　棱柱表面上的定点
(a) 水平投影；(b) 侧面投影

棱柱体表面上的直线：如图 2-28 所示，在三棱柱体侧面 ABED 上有一直线 MN。其侧面 ABED 为铅垂面，其水平投影积聚成一直线，正面投影和侧面投影分别为一矩形，直线 MN 的水平投影 mn 在三棱柱侧面 ABED 的水平投影上，即在侧面 ABED 的积聚线上，正面投影 $m'n'$ 和侧面投影 $m''n''$ 分别在侧面 ABED 的正面投影和侧面投影内。因三棱柱侧面 ABED 与 ADFC 的侧面投影重合，侧面 ABED 的侧面投影不可见，所以直线 MN 的投影 $m''n''$ 用虚线表示。

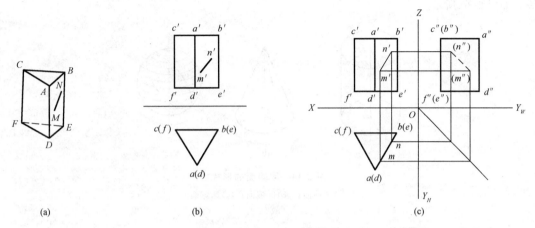

图 2-28　三棱柱表面上的直线
(a)直观图；(b)已知；(c)作图

2. 棱锥体表面上的点和直线

在棱锥表面上定点，不同于在棱柱上表面定点可以利用平面投影的积聚性直接作出，而是利用辅助线作出点的投影。

棱锥体表面上的点：如图 2-29(a)所示，已知三棱锥表面上点 1 和点 2 的水平投影，作出它们的正面投影和侧面投影。从投影图上可知，点 1 在左棱面 SAB 上，点 2 在右棱面 SBC 上。两点均在一般位置平面上，求它们的正面投影和侧面投影，必须作辅助线才能求出。具体作图过程如图 2-29(b)所示。

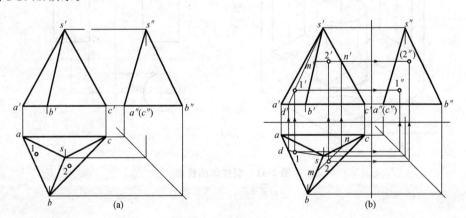

图 2-29　棱锥表面定点
(a)三视图；(b)具体作图过程

同面投影，并判断其可见性即可(看不见的线画虚线)。

二、曲面体的投影

曲面体是指立体表面由曲面和平面所围成的立体。曲面体的表面由曲面或曲面和平面组成，曲面可看成是母线运动后的轨迹，也可以是曲面上所有素线的集合。曲面体的投影实质上是曲面立体表面上曲面轮廓素线或曲面轮廓素线和平面的投影。常见的曲面体有圆柱、圆锥、圆球等，如图 2-30 所示。

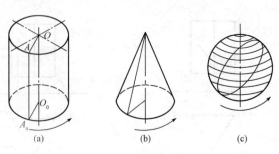

图 2-30　回转面的形式
(a)圆柱面；(b)圆锥面；(c)圆球面

(一)圆柱体、圆锥体、球体的投影

1. 圆柱体的投影

如图 2-31(a)所示，圆柱面可看成是由一条直线 AA_0 绕与它平行的轴线 OO_0 旋转而成。运动的直线 AA_0 称为母线。圆柱面上与轴线平行的直线称为圆柱面的素线。母线 AA_0 上任意一点的轨迹就是圆柱面的纬圆。

现以一圆柱体(图 2-31)为例来进行分析。

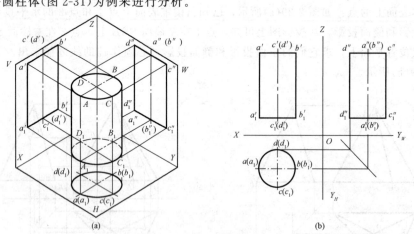

图 2-31　圆柱体的投影
(a)直观图；(b)投影图

在水平面上圆柱体的投影是一个圆，它是上、下底面投影的重合，反映实形。圆心是轴线的积聚投影，圆周是整个圆柱面的积聚投影。

在正立面上圆柱体的投影是一个矩形线框，是看得见的前半个圆柱面和看不见的后半个圆柱面投影的重合，矩形的高等于圆柱体的高，矩形的宽等于圆柱体的直径。$a'b'$、$a_1'b_1'$ 是圆柱上下底面的积聚投影。$a'a_1'$、$b'b_1'$是圆柱最左、最右轮廓素线的投影,最前、最后轮廓素线的投影与轴线重合且不是轮廓线,所以仍然用细单点长画线画出。

在侧立面上圆柱体的投影是与正立面上的投影完全相同的矩形线框,是看得见的左半个圆柱面和看不见的右半个圆柱面投影的重合,矩形的高等于圆柱体的高,矩形的宽等于圆柱体的直径。$d''c''$、$d_1''c_1''$是上、下两底面的积聚投影。$c'c_1'$、$d'd_1'$是圆柱最前、最后轮廓素线的投影,最左、最右轮廓素线的投影与轴线重合且不是轮廓线,所以仍然用细单点长画线画出。

轴线的投影用细单点长画线画出。

由此可见,圆柱的三面投影一个投影是圆,另两个投影是全等的矩形。

2. 圆锥体的投影

圆锥体是由圆锥面和一个底面组成的。圆锥面可看成是由一条直母线绕与其相交的轴线旋转而成的曲面。母线与轴线相交点即为圆锥面顶点,母线另一端运动轨迹为圆锥底面圆的圆周。圆锥放置时,应使轴线与水平面垂直,底面平行于水平面,以便于作图,如图2-32所示。

如图2-32(a)所示,当圆锥体的轴线为铅垂线时,其正立面图和侧立面图上的轮廓线为圆锥面上最左、最右、最前、最后轮廓素线的投影。圆锥体的底面为水平面,水平投影为圆(反映实形),另两个投影积聚为直线。

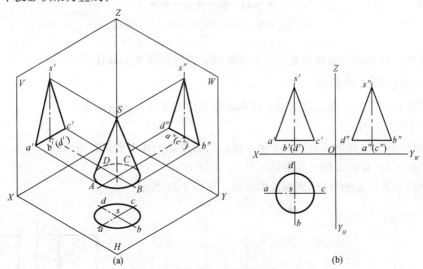

图 2-32 圆锥体的投影图
(a)直观图;(b)投影图

与圆柱一样,圆锥的V面、W面投影代表了圆锥面上不同的部位。正面投影是前半部投影与后半部投影的重合,而侧面投影则是圆锥左半部投影与右半部投影的重合。

由此可见,圆锥的三面投影一个投影是圆,另两个投影是全等的三角形。

3. 圆球的投影

球是由球面围成的立体。球面可看成是由一条半圆曲线绕与它的直径作为轴线的OO_0旋转而成,如图2-33(a)所示。

如图2-33(b)所示,球体的三面投影均为与球的直径大小相等的圆,故又称为"三圆为球"。V面、H面和W面投影的三个圆分别是球体的前、上、左三个半球面的投影,后、下、右三个半球面的投影分别与之重合;三个圆周代表了球体上分别平行于正面、水平面和侧面的三条素线圆的投影。从图中还可看出,球面上直径最大的、平行于水平面和侧面的圆A与圆C的正面投影分别积聚在过球心的水平与铅垂中心线上。

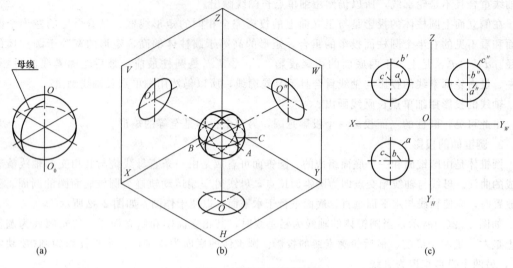

图 2-33　圆球体的投影图

(a)球的形成；(b)球的作图分析；(c)投影图

由此可见，球体的三面投影是三个全等的圆，圆的直径等于球径。

(二)曲面投影图的画法

作曲面体投影图时，曲面体的中心线和轴线要用细单点长画线画出。

1. 圆柱体投影图画法

(1)作圆柱体三面投影图的轴线和中心线，然后由直径画水平投影圆。

(2)由"长对正"和高度作正面投影矩形。

(3)由"高平齐，宽相等"作侧面投影矩形，如图 2-34 所示。

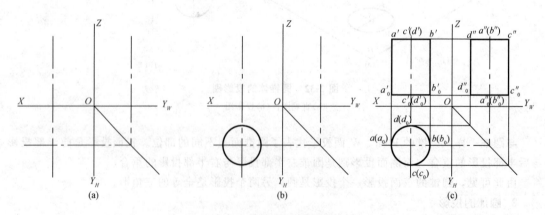

图 2-34　圆柱体的投影作图

(a)作轴线和中心线；(b)画水平投影图；(c)作投影矩形

2. 圆锥体投影图画法

(1)先画出圆锥体三面投影的轴线和中心线，然后由直径画出圆锥的水平投影图。

(2)由"长对正"和高度作底面及圆锥顶点的正面投影，并连接成等腰三角形。

(3)由"宽相等，高平齐"作侧面投影等腰三角形，如图 2-35 所示。

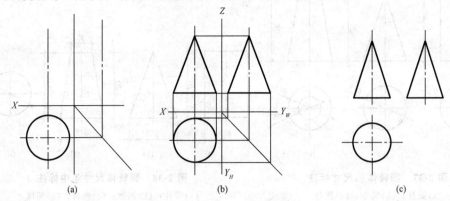

图 2-35　圆锥体投影图画法

(a)画中心线及反映底面实形的投影；(b)按投影关系及锥体高，作出正面投影和侧面投影；
(c)检查整理底图，加深图线

3. 球体投影图画法

(1)画球面三投影圆的中心线。

(2)以球的直径为直径画三个等大的圆，即各个投影面的投影圆，如图 2-36 所示。

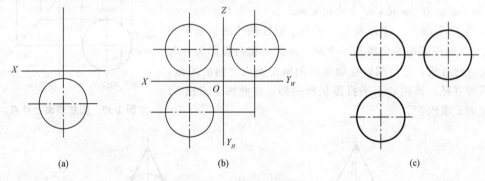

图 2-36　球体投影图画法

(a)画水平投影的中心线及水平投影；(b)按照投影关系作其他两投影；(c)检查底图，加深图线

(三)曲面体投影图的尺寸标注

曲面体投影图的尺寸标注原则与平面体的尺寸标注大致相同。标注尺寸时，应先标注反映回转体端面图形圆的直径，标注时需在前面加上符号 ϕ，然后再标注其长度，如图 2-37 所示。也可采用集中标注的方法，即将其各种尺寸集中标注在某一视图上，以减少组合体的视图数目。圆球尺寸集中标注时，只需标注出其径向尺寸即可，但必须在直径符号前加注"S"，如图 2-38 所示。

(四)曲面体表面上的点和线

1. 圆柱体表面上的点和线

求圆柱体表面上的点和线的投影，可利用圆柱表面投影的积聚性来解决。如图 2-39 所示，已知 M 点的正面投影 m' 为可见点的投影，M 点必在前半个圆柱面上，其水平投影必定落在具有积聚性的前半个柱面的水平投影图上，由 m、m' 可求出 m''。

求线的投影时，先求出点的投影，然后连线，并判断可见性。

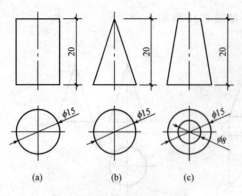
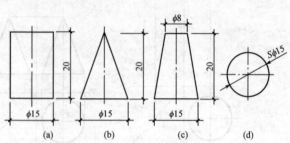

图 2-37　回转体的尺寸标注
(a)圆柱；(b)圆锥；(c)圆台

图 2-38　回转体尺寸集中标注
(a)圆柱；(b)圆锥；(c)圆台；(d)圆球

2. 圆锥体表面上的点和线

参考图 2-40，图中 A 为圆锥表面上一点，已知其正面投影 a'，根据图示要求求其余两投影。圆锥面的三个投影都没有积聚性，所以不能利用积聚性直接在圆锥面上求点，可利用素线法和辅助平面法求得。

(1) 素线法：先过 A 点作素线 SAM 的正面投影，然后求出 sm 和 $s''m''$，在 sm 和 $s''m''$ 上求出 a 和 a''。

(2) 辅助平面法：过 A 点作一垂直于圆锥轴线的辅助平面 P，该面与圆锥表面的交线是一个圆。该圆的正面投影为一与轴线垂直的直线，它与圆锥轮廓素线的两个交点之间的距离，即是圆的直径。该圆的水平投影仍然是圆，在此圆上求出 a，再由 a' 和 a 求出 a''。

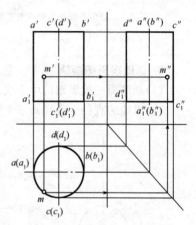

图 2-39　圆柱表面上补点

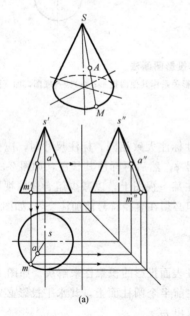
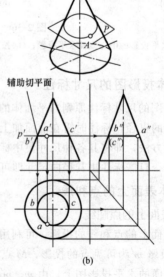

图 2-40　圆锥表面上补点
(a)素线法；(b)辅助平面法

2. 球体表面上的点和线

作球体表面上的点只能利用辅助平面法,因为球体表面上没有直线。

如图 2-41(a)所示,已知球面上一点 K 的 V 面投影为 k',求 k 和 k''。从图 2-41 中可知,点 K 的位置是在上半球面上,又属左半球面,同时又在前半球面上。作图可用纬圆法。如图 2-41(b)所示,过 k' 作纬圆的 V 面投影 $1'2'$,以 $1'2'$ 的 1/2 为半径,以 O 为圆心,作纬圆的水平投影(是圆),过 k' 引铅垂连线求得 k,再按"三等"关系求得 k''。最后分析可见性,由于点 K 在球面的左、前、上方,故三个投影均为可见。

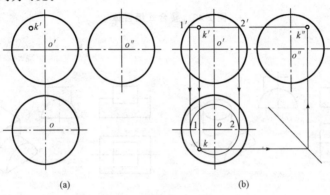

图 2-41 球体表面上点的投影
(a)已知条件;(b)作图过程

单元五 组合体的投影

建筑物或其他工程形体大都是由简单形体所组成的。这种由基本形体组合而成的形体,称为组合体,在空间形态上,要比基本形体复杂得多,其投影图的绘制也是有规律可循的。

一、组合体的组合方式

组合体的形状、结构之所以复杂,是因为它是由几个基本体组合而成的。根据基本形体组合方式的不同,组合体通常可分为叠加式、切割式和混合式三种。

(1)叠加式组合体。组合体的主要部分由若干个基本形体叠加而成。根据形体相互间的位置关系,叠加又可分为叠合(图 2-42)、相交(图 2-43)、相切(图 2-44)三种方式。

(2)切割式组合体。从一个基本形体上切割去若干基本形体而形成的组合体被称为切割式组合体。图 2-45 所示的组合体可看成是在一长方体 A 的左、右面中上部各挖去一个长方体 B 而形成的几何体。

(3)混合式组合体。组合体由基本体叠加和切割而成。如图 2-46 所示物体的下部分是由一个长方体两边分别切去一个四棱柱,该长方体的中间切去一个三棱柱后剩下的形体;它的上部分是一个四棱柱切去一个三棱柱后成五棱柱,同时又叠加了一个半圆柱,然后上下部分叠加,组成了该组合体。

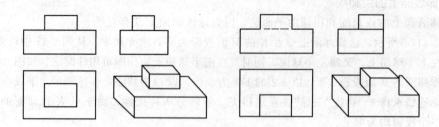

图 2-42 叠合式组合体

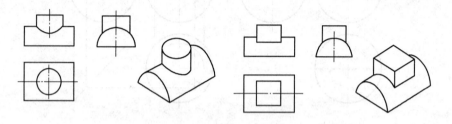

图 2-43 相交式组合体

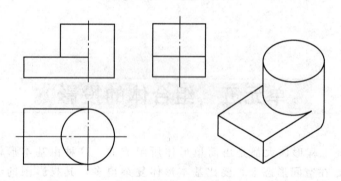

图 2-44 相切式组合体

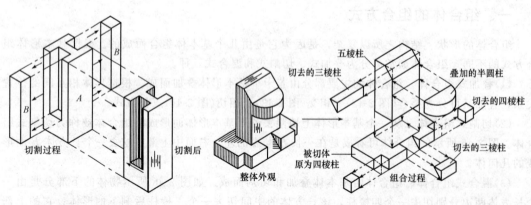

图 2-45 切割式组合体　　　　图 2-46 混合式组合体

> **随堂练习**

观察身边建筑物的室外台阶，用钢卷尺量取台阶的尺寸，利用所学知识，绘制一张台阶的三面正投影图。

二、组合体投影图的识读

画图是把空间形体用一组视图在一个平面上表示出来；读图则是根据形体在平面上的一组视图，通过分析，想象出形体的空间形状。读图和画图是互逆的两个过程，其实质都是反映图、物之间的等价关系。读图时，要根据视图间的对应关系，把各个视图联系起来看，通过分析，想象出物体的空间形状。

1. 图前应较熟练地掌握正投影的基本原理和特性

(1)掌握三面投影的投影规律，熟悉立体的长、宽、高三个尺度和上下、左右、前后六个方向在投影图上的对应位置。

(2)掌握各种位置的点、直线、平面的投影特性，并进行分析，即从投影图上的点、线段、线框来确定线面的空间位置、形状和在形体上的对应位置。

(3)掌握基本形体的投影图，并熟悉其投影特性，如棱柱、棱锥、圆柱、圆锥、球体等，为形体分析打下基础。

2. 识图基本方法

识读组合体投影图的基本方法有形体分析法、线面分析法、逆转法等。

(1)形体分析法。与绘制组合体投影的形体分析一样，先分析投影图上所反映的组合体的组合方式，各基本形体的相互位置及投影特性，然后想象出组合体空间形状的分析方法，即为形体分析法。

一般来说，一组投影图中总有某一投影反映形体的特征要多些。例如，正立面投影通常用于反映形体的主要特征，所以，从正立面投影（或其他有特征投影）开始，结合另两个投影进行形体分析，就能较快地想象出形体的空间形状。如图 2-47 所示的投影图，特征比较明显的是 V 面投影，结合观察 W、H 面投影可知，该形体是由下部两个长方体上叠加一个中间偏后位置的长方体（后表面与下部两长方体的后表面平齐），然后再在其上叠加一个宽度与中间长方体相等的半圆柱体组合而成。在 W 面投影上主要反映了半圆柱、中间长方体与下部长方体之间的前后位置关系，在 H 面投影上主要反映了下部两个长方体之间的位置关系。

形体分析法的基本步骤如下：

1) 划分线框，分解形体。
2) 确定每一个基本形体相互对应的三视图。
3) 逐个分析，确定基本形体的形状。
4) 确定组合体的整体状况。

(2)线面分析法。当组合体比较复杂或是不完整的形体，而图中某些线框或线段的含义用形体分析法又不好解释时，则辅以线面分析法确定这些线框或线段的含义。线面分析法是利用线、面的几何投影特性，分析投影图中有关线框或线段表示哪一项投影，并确定其空间位置，然后联系起来，从而想象出组合体的整体形状。

观察图 2-48(a)，并注意各图的特征轮廓，可知该形体为切割体。因为 V、H 面投影有凹形，且 V、W 面投影中有虚线，那么 V、H 面投影中的凹形线框代表什么含义呢？经"高平齐""宽相等"对应 W 面投影，可得一斜直线，如图 2-48(b)所示。根据投影面垂直面的投影特性可知，该凹形线框代表一个垂直于 W 面的凹字形平面（即侧垂面）。结合 V、W 面的虚线投影可知，该形体为顶面有侧垂面的四棱柱在后方中间切去一个小四棱柱后得到的组合体，如图 2-48(b)中的直观图。

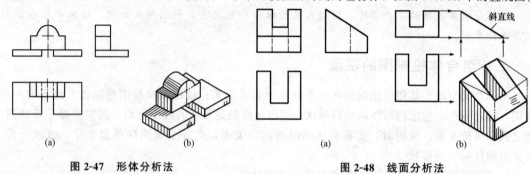

图 2-47　形体分析法
(a)投影图；(b)直观图

图 2-48　线面分析法
(a)投影图；(b)线面分析过程

（3）逆转法。读图时，如果把投影面展开的原理再逆转过来，恢复原来的第一分角投影，三投影面又互相垂直了。此时，思维中选择一个最能反映形体投影特征的投影图，使该图向前（或向左、向上）平行位移与另一投影图重合在空间，则位移重合的空间轨迹就是要读出来的多面投影所表达形体的形状。这种读图方法建立在空间思维能力上。例如，在图 2-49 所示三投影图中，反映形体特征的是 V 投影。于是假想把 W 面向左逆转 $90°$，H 面向上逆转 $90°$，恢复原投影角。此时，记住 V 面投影图样同时平行向前位移至 H 面投影图的上方与图重合在空间位置，即 V 面图移至 H 面图的正后方到正前方位置的空间轨迹，正好是"踏步模型"的形状。

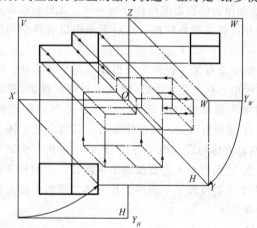

图 2-49　用逆转法读图

3. 组合体投影图识读要点

识读组合体投影图除注意运用以上方法外，还需明确以下几点，以提高识读速度及准确性：

（1）联系各个投影想象。要把已知条件所给的投影一并联系起来识读，不能只注意其中一部分。

（2）注意找出特征投影。如图 2-50 所示的 H 面投影，均为各自形体的特征投影（或称特征轮廓）。能使一形体区别于其他形体的投影，称为该形体的特征投影。找出特征投影有助于想象组合体空间形状。

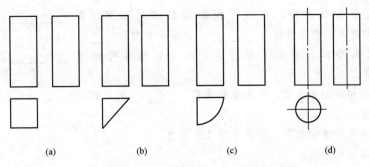

图 2-50 *H* 面投影均为特征投影
(a)长方体；(b)三棱柱体；(c)1/4 圆柱体；(d)圆柱体

（3）明确投影图中直线和线框的含义。在投影图中，每条线、每个线框都有它的具体含义。如一条直线表示一条棱线还是一个平面？一个线框表示一个曲面还是平面？这些问题在识读过程中是必须弄清的，是识图的主要内容之一，必须予以足够重视。

4. 组合体投影图的补图、补线

识读组合体投影图是识读专业施工图的基础。由三投影图联想空间形体是训练识图能力的一种有效方法。但也可通过以给两面投影补画第三面投影；或给出不完整、有缺陷的三面投影，通过实例图样中图线的方法来训练画图和识图能力。

这两种方法，前者称为补图，后者称为补线，二者所用的基本方法仍为识读组合体投影图的基本方法，即形体分析法、线面分析法和逆转法。

模块小结

本模块先简单介绍投影的概念、分类及投影图的形成，然后重点介绍点、线、面的投影；基本形体的投影；组合体的投影。每个内容点大体按照投影形成→投影图的画法→尺寸标注→平面上的点和线的顺序讲述。关于组合体的投影，本模块还简单介绍了组合体投影图的识读方法及要点。

思考与练习

一、填空题

1. 每个投影图都相应地反映其中的四个方位，其对应规律为：平面图反映物体的_____和_____；正面图反映物体的_____和_____；侧面图反映物体的_____和_____。

2. _____是形体最基本的几何元素。_____是线、面、体投影的基础。

3. 点的三面投影符合_____、_____、_____的投影规律。

4. 在投影面、投影轴、投影原点上的点，称为_____。

5. 在某一投影面上，投影重合的两点，称为该投影面的重影点，重影点中不可见点的字母应_____表示。

6. 在三面投影体系中，直线对投影面的相对位置，有_____、_____及_____三种情况。前两种称为_____，后一种称为_____。

7. 根据基本形体组合方式的不同，组合体通常可分为_____、_____和_____三种。

8. 为了作图和读图的方便，作图最好采用_____的比例。

二、简答题

1. 工程制图所要求的投影，应符合哪几个要求？
2. 什么叫作正投影图？
3. 如何判断直线在平面上？
4. 基本形体按其表面的几何性质可分为哪几类？试详述。
5. 什么叫作形体分析法？形体分析的目的是什么？
6. 如何运用线面分析法识读组合体投影图？

三、实训题

1. 参考图 2-51，在已知两面投影的条件下，求第三面投影。
2. 参考图 2-52，已知 A、B、C 三点的坐标，作出它们的三面投影图。

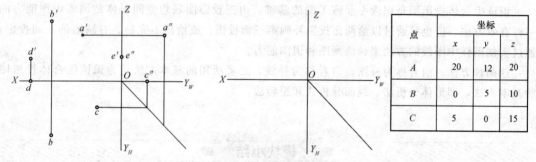

点	坐标		
	x	y	z
A	20	12	20
B	0	5	10
C	5	0	15

图 2-51　实训题 1 图　　　　图 2-52　实训题 2 图

模块三　剖面图与断面图

知识目标

（1）了解剖面图和断面图的形式、图示内容与图示方法，剖面图与断面图的区别与联系。
（2）掌握各种类型剖面图与断面图的适用对象与图示方法。

能力目标

（1）能够画出各形体的断面图和剖面图。
（2）能够利用剖面图和断面图解决视图不明确的问题。

素养目标

（1）培养分析问题、解决问题的能力。
（2）培养团队协作的意识和吃苦耐劳的精神。

在工程制图中，为了能较好地反映形体内部的构造、材料和尺寸，人们常采用能反映内部投影的剖面图或断面图，以满足工程建设的需要。

运用形体的基本视图，可以将物体的外部形状和大小表达清楚，至于物体内部的不可见部分，在视图中则用虚线表示。如果物体内部的形状比较复杂，在视图中就会出现较多的虚线，甚至虚、实线相互重叠或交叉，致使视图很不明确，较难读认，也不便于标注尺寸，为此，在工程制图中采用剖面图和断面图来解决这一问题。

随堂思考

1. 在三面视图中，剖切符号应画在哪一面投影图上？
2. 剖面图的剖切符号和断面图的剖切符号有何区别？
3. 剖面图的剖切符号和断面图的剖切符号如何画可避免重叠？

单元一　剖面图

一、剖面图的形成

假想用一个剖切平面在形体的适当位置将形体剖切，移去介于观察者和剖切平面之间的部分，对剩余部分向投影面所作的正投影图，称为剖切面，简称剖面。

以某台阶剖面图为例来说明剖面图的形成过程。如假想用一平行于 W 面的剖切平面 P 剖切此台阶（图 3-1），并移走左半部分，将剩下的右半部分向 W 面投射，即可得到该台阶的剖面图，如图 3-2 所示。为了在剖面图上明显地表示出形体的内部形状，根据规定，在剖切断面上应画出建筑材料符号，以区分断面（剖到的）与非断面（未剖到的）。图 3-2 所示的断面上是混凝土材料。

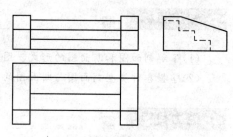

图 3-1　台阶的三视图

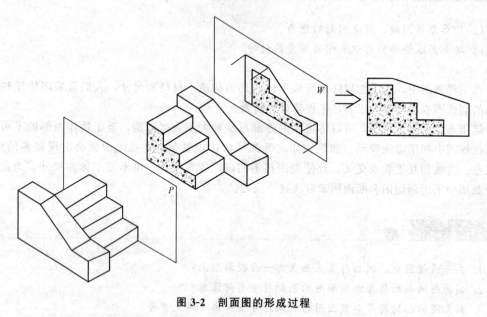

图 3-2　剖面图的形成过程

从剖面图的识读过程中可以看出，形体被剖切移去部分后，其内部结构就会先露出来，于是，在识图中表示出内部结构的虚线在剖面图中变成可见的实线。

一般情况下，剖切面应平行于某一投影面，并通过内部结构的主要轴线或对称中心线。必要时也可以用投影面垂直面作剖切面。

二、剖面图的画法

1. **确定剖切平面的位置**

作形体的剖面图时,首先应确定剖切平面的位置,使剖切后得到的剖面图能够清晰地反映实形,并对剖切形体来说应具有足够的代表性。因此,在选择剖切平面位置时,除应注意使剖切平面平行于投影面外,还需要使其经过形体有代表的位置,如孔、洞、槽位置(孔、洞、槽若有对称性则应经过其中心线)。

2. **确定剖面图的数量**

确定剖面图数量,原则是以较少的剖面图来反映尽可能多的内容。选择时,通常与形体的复杂程度有关。较简单的形体可只画一个剖面图,而较复杂的则应画多个剖面图,以反映形体内外特征,便于识读理解。

3. **画剖面图**

剖面图是按剖切位置移去物体在剖切平面和观察者之间的部分,根据留下的部分画出的投影图。但因为剖切是假想的,因此画其他投影图时,仍应按剖切前的完整物体来画,不受剖切的影响。

剖面图除应画出剖切平面切到部分的图形外,还应画出沿投影方向看到的部分。被剖切平面切到部分的轮廓线用粗实线绘制;剖切平面没有切到,但沿投影方向可以看到的部分,用中实线绘制。

物体被剖切后,剖面图上仍可能存在不可见部分的虚线,为了使图形清晰易读,应省略不必要的虚线。

4. **画材料图例**

剖面图中被剖切到的部分,应画出它的组成材料的剖面图图例,以区分剖切到的没有剖切到的部分,同时表明建筑物是用什么材料做成的。常用建筑材料图例见表3-1。

表 3-1　常用建筑材料图例

序号	名称	图例	备注
1	自然土壤		包括各种自然土壤
2	夯实土壤		—
3	砂、灰土	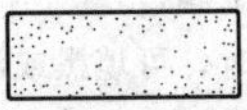	—
4	砂砾石、碎砖三合土	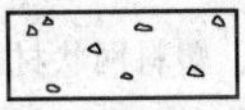	—
5	石材	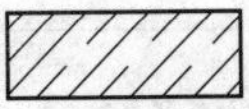	—
6	毛石		—
7	实心砖、多孔砖	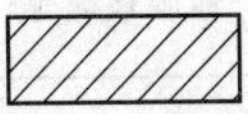	包括普通砖、多孔砖、混凝土砖等砌体

续表

序号	名称	图例	备注
8	耐火砖	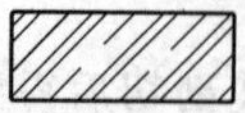	包括耐酸砖等砌体
9	空心砖、空心砌块	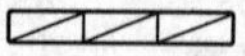	包括空心砖、普通或轻骨料混凝土小型空心砌块等砌体
10	加气混凝土	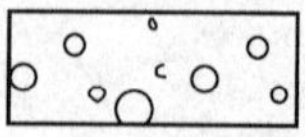	包括加气混凝土砌块砌体、加气混凝土墙板及加气混凝土材料制品等
11	饰面砖	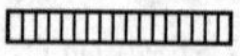	包括铺地砖、玻璃马赛克、陶瓷锦砖、人造大理石等
12	焦渣、矿渣	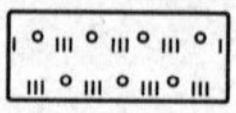	包括与水泥、石灰等混合而成的材料
13	混凝土	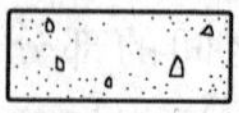	1. 包括各种强度等级、集料、添加剂的混凝土; 2. 在剖面图上绘制表达钢筋时,则不需绘制图例线; 3. 断面图形较小,不易绘制表达图例线时,可填黑或深灰(灰度宜70%)
14	钢筋混凝土	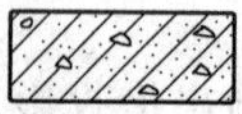	
15	多孔材料	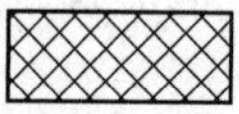	包括水泥珍珠岩、沥青珍珠岩、泡沫混凝土、软木、蛭石制品等
16	纤维材料		包括矿棉、岩棉、玻璃棉、麻丝、木丝板、纤维板等
17	泡沫塑料材料	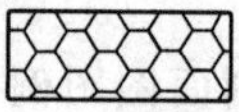	包括聚苯乙烯、聚乙烯、聚氨酯等多聚合物类材料
18	木材		1. 上图为横断面,左图为垫木、木砖或木龙骨; 2. 下图为纵断面
19	胶合板	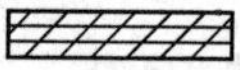	应注明为×层胶合板
20	石膏板	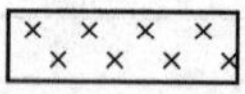	包括圆孔或方孔石膏板、防水石膏板、硅钙板、防火石膏板等
21	金属		1. 包括各种金属; 2. 图形较小时,可填黑或深灰(灰度宜70%)
22	网状材料		1. 包括金属、塑料网状材料; 2. 应注明具体材料名称
23	液体		应注明具体液体名称
24	玻璃		包括平板玻璃、磨砂玻璃、夹丝玻璃、钢化玻璃、中空玻璃、夹层玻璃、镀膜玻璃等

续表

序号	名称	图例	备注
25	橡胶		—
26	塑料		包括各种软、硬塑料及有机玻璃等
27	防水材料		构造层次多或绘制比例大时，采用上面的图例
28	粉刷		本图例采用较稀的点

注：1. 本表中所列图例通常在1：50及以上比例的详图中绘制表达。
2. 如需表达砖、砌块等砌体墙的承重情况时，可通过在原有建筑材料图例上增加填灰等方式进行区分，灰度宜为25%左右。
3. 序号1、2、5、7、8、13、14、15、21图例中的斜线、短斜线、交叉斜线等均为45°。

【提示】 在图上没有注明物体是何种材料时，应在相应位置画出的同向、等间距的45°倾斜细实线，即剖画线。

5. 剖面图的标注

剖面的内容与剖切平面的剖切位置和投影方向有关。因此，在图中必须用剖切符号指明剖切位置和投影方向。为了便于读图，还要对每个剖切符号进行编号，并在剖面图下方标注相应的名称。根据《房屋建筑制图统一标准》(GB/T 50001—2017)的规定：

(1)剖切位置线表示剖切平面的剖切位置，用粗实线绘制，长度为6～10 mm，并且不能与图中的其他线相交。

(2)剖视方向线表示剖切后的投射方向，用粗实线垂直地画在剖切位置线的两端，长度为4～6 mm，其指向即为投射方向。

(3)剖切符号的编号宜采用阿拉伯数字，一般按从左到右、由下向上连续编排，并应注写在剖视方向线的端部；需要转折的剖切位置线，应在转角的外侧加注与该符号相同的编号；局部剖面图(不含首层)的剖切符号应标注在包含剖切部位的最下面一层的平面图上。

(4)剖面图的名称要用与该图相对应的剖切符号的编号，并注写在剖面图的下方，如图3-3所示。

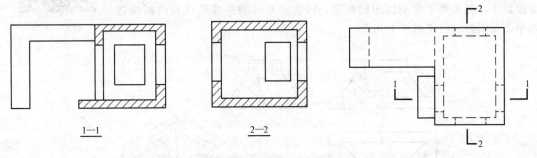

图3-3 剖面图及其剖切符号

【提示】 由于剖面图是假想被剖开的，所以在画剖面图时，假想形体被切去一部分，在画其他视图时，应按完整的形体画出。为了把形体的内部形状准确、清楚地表达出来，画剖面图时，一般都使剖切平面平行于基本投影面，并尽量通过形体上孔、洞、槽的中心线。

三、剖面图的种类

绘制剖面图时，应根据剖面图所剖切位置、数量、方向、范围和剖切的方法等，并结合物体的内部和外部形状来选择，常把剖面图分为全剖面图、半剖面图、阶梯剖面图、展开剖面图、局部剖面图、分层剖面图和复合剖面图七种。

1. 全剖面图

假想用一个剖切平面将形体完整地剖切开得到的剖面图，称为全剖面图（简称全剖）。全剖面图一般应用于不对称的形体，或虽然对称，但外形简单、内部复杂的形体。全剖面图一般应进行标注，但当剖切平面通过形体的对称线，且又平行于某一基本投影面时，可不标注。

动画：全剖

如图3-4(a)所示的建筑形体，为了表达它的内部形状，用一个水平剖切面，通过形体四壁的洞口，将形体整个剖开，然后画出它的剖面图，这种水平全剖所得剖面图，称为水平全剖面图，如图3-4(b)所示。

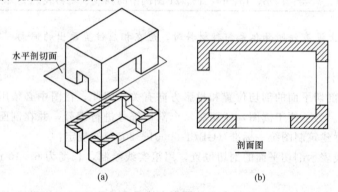

图 3-4　全剖面图
(a)立面图；(b)水平全剖面图

2. 半剖面图

当形体具有对称平面时，向垂直于对称平面的投影面上投影所得到的图形，可以以对称中心线为界，一半画成剖面图，一半画成视图，这种剖面图称为半剖面图。如图3-5所示为一个杯形基础的半剖面图，在正面投影和侧面投影中，都采用了半剖面图的画法，以表示基础的外部形状和内部构造。画半剖面图时，应注意以下几点：

动画：半剖

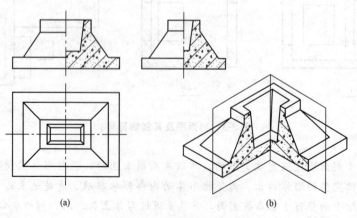

图 3-5　杯形基础的半剖面图
(a)外部形状；(b)内部结构

(1)半剖面图和半外形图应以对称面或对称线为界,对称面或对称线画成细单点长画线。

(2)半剖面图一般应画在水平对称轴线的下侧或竖直对称轴线的右侧。一般不画剖切符号和编号,图名沿用原投影图的名称。

(3)对于同一图形来说,所有剖面图的建筑材料图例要一致。

(4)由于在剖面图一侧的图形已将形体的内部形状表达清楚。因此,在视图一侧不应再画表达内部形状的虚线。

【注意】 画半剖面图时不能在中心线的位置上画粗实线。

3. 阶梯剖面图

当形体上有较多的孔、槽等内部结构,且用一个剖切平面不能都剖到时,则可假想用几个互相平行的剖切平面,分别通过孔、槽等的轴线将形体剖开,所得的剖面图称为阶梯剖面图,如图3-6所示。

动画:阶梯剖

阶梯剖面图属于全剖面图,在阶梯剖面图中不能把剖切平面的转折平面投射成直线,而且要避免剖切平面在图形内的图线上转折。阶梯剖面剖切位置的起止和转折处要用相同的阿拉伯数字进行标注。在画剖切符号时,剖切平面的阶梯转折用粗折线表示,线段长度一般为4~6 mm,折线的凸角外侧可注写剖切编号,以免与图线相混。

读图时要注意以下两点:

(1)剖切面的转折处不应与图上轮廓线重合,且不要在两个剖切面转折处画上粗实线投影,如图3-6(b)所示。

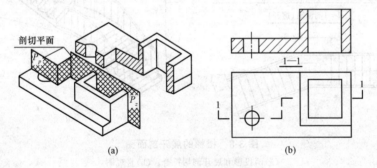

图3-6 阶梯剖面

(a)阶梯剖面图的形成;(b)阶梯剖面图不完整要素画法

(2)在剖切面图形内不应出现不完整的要素,仅当两个要素在图形上具有公共对称中心线或轴线时,才允许以对称中心线或轴线为界限各画一半,如图3-7所示。

4. 展开剖面图

当形体有不规则的转折或有孔、洞、槽,而采用以上三种剖切方法都不能解决时,可以用两个相交剖切平面将形体剖切开,得到的剖面图经旋转展开,平行于某个基本投影面后再进行的正投影,称为展开剖面图。

如图3-8所示为一个楼梯展开剖面图。由于楼梯的两个梯段间在水平投影图上成一定夹角,如果用一个或两个平行的剖切平面无法将楼梯表示清楚,可以用两个相交的剖切平面进行剖切,然后移去剖切平面和观察者之间的部

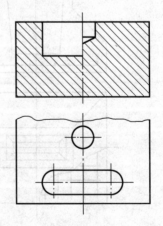

图3-7 具有公共中心线或轴线时

分，将剩余楼梯的右面部分旋转至正立投影面平行后，即可得到其展开剖面图，如图 3-8(a) 所示。

在绘制展开剖面图时，剖切符合的画法如图 3-8(a) 所示，转折处用粗实线表示，每段长度为 4～6 mm。剖面图绘制完成后，可在图名后面加上"展开"二字，并加上圆括号。

5. 局部剖面图

当形体某一局部的内部形状需要表达，但又没必要做全剖或不适合做半剖时，可以保留原视图的大部分，用剖切平面将形体的局部剖切开而得到的剖面图称为局部剖面图。如图 3-9 所示的杯形基础，其正立剖面图为全剖面图，在断面上详细表达了钢筋的配置，所以在画俯视图时，保留了该基础的大部分外形，仅将其一角画成剖面图，反映内部的配筋情况。

画局部剖面图时应注意以下几点：

(1) 局部剖面图与视图之间要用波浪线隔开，且一般不需标注剖切符号和编号。图名沿用原投影图的名称。

(2) 波浪线应是细线，与图样轮廓线相交。但需要注意的是，画图时不要画成图线的延长线。

(3) 表示断裂处的波浪线不应和图样上的其他图线相重合，如遇孔、槽等空腔，波浪线不能穿空而过，也不能超出视图的轮廓线，如图 3-10 所示。

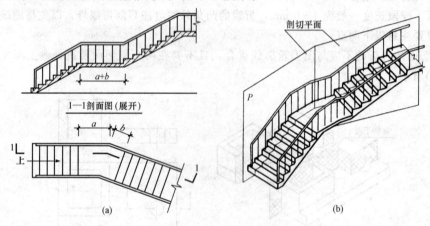

图 3-8　楼梯的展开剖面图
(a) 两投影和展开剖切符合；(b) 直观图

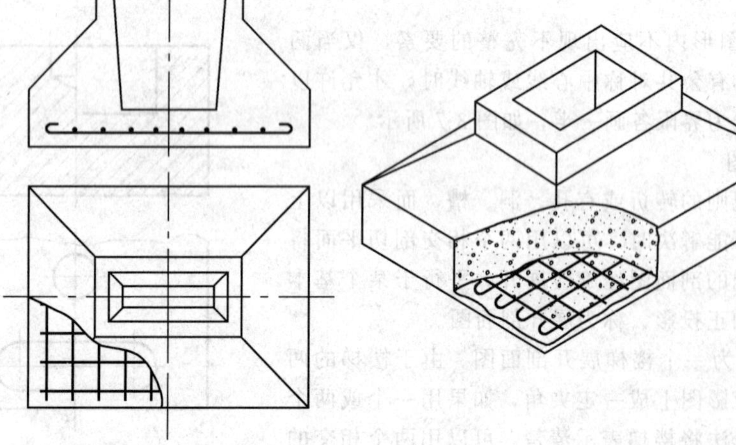

图 3-9　杯形基础的局部剖面图

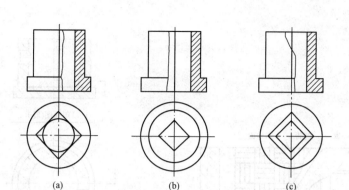

图 3-10　局部剖面图（棱线与中心线重合）

(a)对称中心线与外轮廓重合时的局部剖面图；(b)对称中心线与内轮廓重合时的局部剖面图；
(c)对称中心线同时与内外轮廓重合时的局部剖面图

6. 分层剖面图

对一些具有分层构造的工程形体，可按实际情况用分层剖开的方法得到其剖面图，称为分层剖面图。

如图 3-11 所示为分层局部剖面图，反映地面各层所用的材料和构造的做法，多用来表达房屋的楼面、地面、墙面和屋面等处的构造。分层局部剖面图应按层次以波浪线将各层分开，波浪线也不应与任何图线重合。

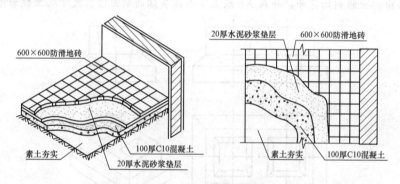

图 3-11　分层局部剖面图

图 3-12 所示为木地板分层构造的剖面图，将剖切的地面一层一层地剥离开来，在剖切的范围内画出材料图例，有时还加注了文字说明。

总之，剖面图是工程中应用最多的图样，必须掌握其画图方法，并能准确理解和识读各种剖面图，提高识图能力。

7. 复合剖面图

当形体内部结构比较复杂，不能单一用上述剖切方法表示形体时，需要将几种剖切方法结合起来使用。一般情况是把某一种剖视与旋转剖视结合，这种剖面图称为复合剖面图，如图 3-13 所示。

画复合剖面图时，应标注剖切位置线、剖视方向线和数字编号，并在剖面图的下方用相同数字标注剖面图的名称。

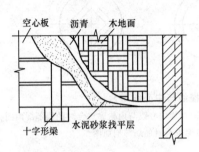
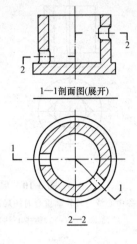

图 3-12　木地板的分层剖面图　　　　图 3-13　复合剖面图

随堂练习

根据图 3-14 所示双柱杯形基础的三面正投影图和立体图，选择合适的剖切位置和剖切方式，在剖切位置画出相应的剖切符号，并在 A4 纸上绘制该基础的剖面图。尺寸从正投影图中量取。

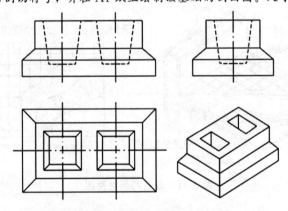

图 3-14　双柱杯形基础的投影图

单元二　断面图

一、断面图的形成

在上节所讲的剖面图中，假想用一个剖切平面将形体剖开之后，剖切平面与形体接触的部位称为断面，如果把这个断面投射到与它平行的投影面上，所得到的投影，就是断面图。断面图也是用来表示形体的内部形状的，它能很好地表示断面的实形。

图 3-15 所示为带牛腿的工字形柱子的 1—1、2—2 断面图,从图中可以看出该柱子上柱与下柱的形状不同。

二、断面图与剖面图的区别

由剖面图与断面图的定义可以看出:剖面图与断面图都是用剖切面剖切得到的投影图;它们的不同点是剖切后一个是作剩下形体的投影,另一个是只作切到部分的投影。所以,剖面图中包含着断面图,断面图在剖面图之内。

断面图与剖面图一样,都是用来表示形体内部形状的,但两者也有区别(图 3-16)。

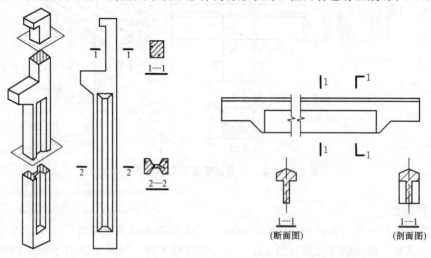

图 3-15　断面图的标注　　　　图 3-16　剖面图与断面图的区别

断面图与剖面图剖切符号的标注不同。断面图的剖切符号只画剖切位置线,且为粗实线,长度为 6~10 mm。断面编号采用阿拉伯数字按顺序连续编排,并注写在剖切位置线一侧,编号所在的一侧表示该断面的投射方向。在断面图的下方,书写与该图对应的剖切符号的编号作为图名,并在图名下方画一等长的粗实线,如图 3-15 所示。在视图内的断面图不必标注。

三、断面图的类型

断面图主要用于表达物体断面的形状,在实际应用中,根据断面图所配置的位置不同,断面图通常采用移出断面图、重合断面图和中断断面图三种。

1. 移出断面图

画在视图外的断面称为移出断面。移出断面的轮廓线用粗实线绘制,轮廓线内画图例符号如图 3-17 所示,在梁的断面图中画出了钢筋混凝土的材料图例。断面图应画在形体投影图的附近,以便于识读。此外,断面图也可以适当地放大比例,以利于标注尺寸和清晰地显示其内部构造。

当一个形体有多个断面图时,可以整齐地排列在视图的四周。如图 3-17(b)所示为梁、柱节点构

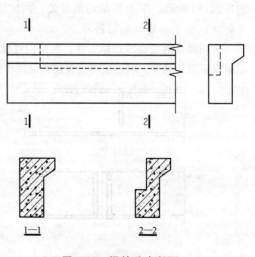

图 3-17　梁的移出断面

件图，花篮梁的断面形状如1—1断面图所示，上方柱和下方柱分别用2—2、3—3断面图表示。这种处理方式适用于断面变化较多的形体，并且往往用较大的比例画出。

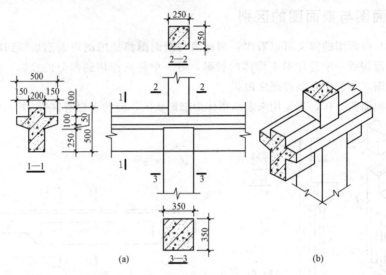

图3-18　梁、柱节点断面图及构件图

2. 重合断面图

画在视图内的断面称为重合断面。重合断面的图线与视图的图线应有所区别，当重合断面的图线为粗实线时，视图的图线应为细实线，反之则用粗实线。如图3-19所示为一槽钢和背靠背双角钢的重合断面图，断面图轮廓及材料图例用细实线绘制。

重合断面图不画剖切位置线也不编号，图名沿用原图名。重合断面图通常在整个构件的形状一致时使用，断面图形的比例与原投影图形比例应一致。其轮廓可能是闭合的(图3-19)，也可能是不闭合的(图3-20)，当不封闭时，应于断面轮廓线的内侧加画图例符号。

3. 中断断面图

如形体较长且断面没有变化时，可以将断面图画在视图中间断开处，称为中断断面。如图3-21(a)所示，在T形梁的断开处，画出梁的断面，以表示梁的断面形状，这样的断面图不需要标注，也不需要画剖切符号。

中断断面的轮廓线用粗实线，断开位置线可为波浪线、折断线等，但必须用细线绘制，图名沿用原投影图的名称。钢屋架的大样图常采用中断断面的形式表达其各杆件的形状，如图3-22所示。

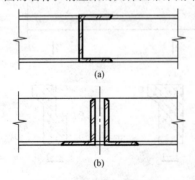

图3-19　重合断面图(闭合)

(a)槽钢的重合断面图；(b)背靠背双角钢的重合断面图

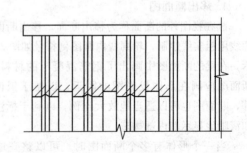

图3-20　墙面的重合断面图(不闭合)

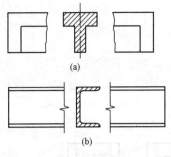
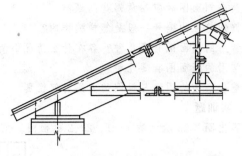

图 3-21　中断断面　　　　图 3-22　钢屋架采用中断断面图表示杆件
(a)T形梁；(b)槽钢

随堂练习

分析基础的断面图，按照断面图绘制的要求在适当位置绘制断面图的轮廓线和图例。

模块小结

剖面图、断面图解决了物体内部的形状比较复杂，在视图中就会出现较多的虚线，甚至虚、实线互相重叠或交叉，致使视图很不明确，较难读认，也不便于标注尺寸等问题。本模块主要介绍了剖面图、断面图的形成和画法，并简单介绍了剖面图、断面图的几种常用类型（剖面图有全剖面图、半剖面图、阶梯剖面图、展开剖面图、局部剖面图、分层剖面图和复合剖面图七种；断面图有移出断面图、重合断面图和中断断面图三种）。

思考与练习

一、填空题

1. 在不需指明材料时，可以用平行且等距的_____细斜线来表示断面。
2. 一般情况下，剖切面应平行于某一投影面，并通过内部结构的主要轴线或_____。
3. 在选择剖切平面位置时，除应注意使剖切平面平行于投影面外，还需要使其经过形体_____。
4. 剖面图的名称要用与该图相对应的剖切符号的编号，并注写在剖面图的_____。
5. 阶梯剖面图属于_____。
6. 当形体有不规则的转折或有孔、洞、槽，而采用全剖面图、半剖面图、阶梯剖面图三种剖切方法都不能解决时，可以用_____。
7. 画在视图外的断面，称为_____。
8. 重合断面图不画剖切位置线也不编号，图名_____。

二、简答题

1. 什么是剖面图？什么是断面图？它们之间有何联系？
2. 如何确定剖切平面的位置？

3. 画半剖面图时应注意哪些问题？

4. 剖切符号的编号一般是怎样编排的？

5. 常用的剖面图有哪几种？各在什么情况下使用？

6. 常用的断面图有哪几种？

7. 重合断面的图线与视图的图线有何区别？

三、实训题

1. 画出图 3-23 所示的 1—1、2—2 剖面图。

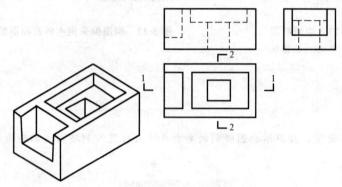

图 3-23　实训题 1 图

2. 图 3-24 所示为某建筑工程上的钢筋混凝土梁，试根据图示，画出 1—1 和 2—2 的断面图。

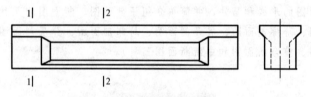

图 3-24　实训题 2 图

中篇　建筑构造

模块四　建筑构造概论

 知识目标

（1）了解建筑物的组成及作用，熟悉各组成部分的作用及构造要求。
（2）了解建筑的分类方法，掌握建筑的等级划分依据。
（3）了解影响建筑构造的因素，掌握建筑构造的设计原则。
（4）熟悉建筑标准化的概念，掌握建筑模数的类型，掌握建筑定位轴线的编号技能。

 能力目标

（1）能够区分民用建筑的等级。
（2）能够进行建筑模数和模数数列的应用。

 素质目标

（1）具有自觉学习和自我发展的能力。
（2）培养团结协作能力、创新能力和专业表达能力。
（3）培养独立分析与解决问题的能力。
（4）具有严谨的工作作风、爱岗敬业的工作态度及良好的职业道德。

单元一　房屋建筑构造组成

一、房屋建筑的组成

房屋建筑是供人们居住、生活和从事各类公共活动的建筑，一般民用建筑通常由基础、墙体和柱、楼板层、楼梯、屋顶、地坪、门窗七个主要构造部分组成，如图4-1所示。这些组成部分构成了房屋的主体，它们在建筑的不同部位发挥着不同的作用。

房屋建筑是由若干个大小不等的室内空间组合而成的，而空间的形成又需要各种各样的实体来组合，这些实体称为建筑构配件。房屋建筑除上述七个主要组成部分外，还有其他的构配件和设施，如阳台、雨篷、台阶、散水、通风道等，以保证建筑充分发挥其功能。

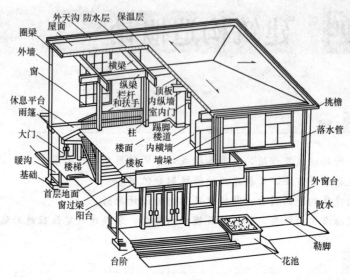

图 4-1 房屋建筑的组成

二、房屋各组成部分的作用及其构造要求

(一)基础

基础是建筑物最下面埋在土层中的部分,它承受建筑物的全部荷载,并将荷载传递给下面的土层——地基。

基础是建筑物的重要组成部分,是建筑物得以矗立的根基,由于它长期埋置于地下,受土中酸类、碱类等有害物质的侵蚀,故其安全性要求较高。因此,基础应具有足够的刚度、强度和耐久性,要能耐水、耐腐蚀、耐冰冻,不应早于地面以上部分先破坏。

(二)墙体和柱

1. 墙体

墙体是建筑物的重要组成部分。对于墙承重结构的建筑来说,墙承受屋顶和楼板层传递给它的荷载,并将这些荷载连同自重传递给基础。同时,外墙也是建筑物的围护构件,具有围护功能,能减小风、雨、雪、温差变化等对室内的影响;内墙是建筑物的分隔构件,能将建筑物的内部空间分隔成若干相互独立的空间,避免使用时的互相干扰。因此,墙体应具有足够的强度、刚度、稳定性,良好的耐热性能及防火、隔声、防水、耐久性能。

2. 柱

柱是建筑物的竖向承重构件,除不具备围护和分隔的作用外,其他要求与墙体相差不多。随着骨架结构建筑的日渐普及,柱已经成为房屋中常见的构件。当建筑物采用柱作为垂直承重构件时,墙填充在柱间,仅起围护和分隔作用。

(三)楼板层

楼板层也称楼层,它是建筑物的水平承重构件,将其上所有荷载连同自重传给墙或柱;同时,楼层把建筑空间在垂直方向上划分为若干层,并对墙或柱起水平支撑作用。楼地层是指底层地面,承受其上荷载并传递给地基。楼地层应坚固、稳定,应具有足够的强度和刚度,并应具备足够的防火、防水和隔声性能。另外,楼地层还应具有防潮、防水等功能。

(四)楼梯

楼梯是楼房建筑中联系上下各层的垂直交通设施,供人们上下楼层和紧急疏散使用。楼梯应坚固、安全、有足够的疏散能力。

楼梯虽然不是建造房屋的目的所在,但由于它关系到建筑使用的安全性,因此对其在宽度、坡度、数量、位置、布局形式、防火性能等诸方面均有严格的要求。目前,许多建筑的竖向交通主要靠电梯、自动扶梯等设备解决,但楼梯作为安全通道仍然是建筑不可缺少的组成部分。

(五)屋顶

屋顶是建筑顶部的承重和围护构件。屋顶一般由屋面、保温(隔热)层和承重结构三部分组成。其中,承重结构的使用要求与楼板层相似;而屋面和保温(隔热)层则应具有足够的强度、刚度和抵御自然界不良因素的能力,同时,还应能防水、排水与保温(隔热)。

屋顶又被称为建筑的"第五立面",对建筑的形体和立面形象具有较大的影响,屋顶的形式将直接影响建筑物的整体形象。

(六)地坪

地坪是建筑底层房间与下部土层相接触的部分,它承担着底层房间的地面荷载。由于首层房间地坪下面往往是夯实的土壤,所以对地坪的强度要求比楼板层低,但其面层要具有良好的耐磨、防潮性能,有些地坪还要具有防水、保温的性能。

(七)门窗

门的主要作用是供人们进出和搬运家具、设备,以及紧急疏散时使用,有时兼起采光、通风作用。由于门是人及家具、设备进出建筑及房间的通道,因此应有足够的宽度和高度,其数量和位置也应符合有关规范的要求。

窗的作用主要是采光、通风和供人眺望,同时也是围护结构的一部分,其在建筑的立面形象中也占有相当重要的地位。由于制作窗的材料往往比较脆弱和单薄,造价较高,同时窗又是围护结构的薄弱环节,因此在寒冷和严寒地区应合理控制窗的面积。

 随堂思考

1. 什么是建筑?什么是建筑物?
2. 你的宿舍楼和教学楼有哪些组成部分?
3. 除宿舍楼、教学楼外,你还能想到哪些不同类型的建筑?

单元二 建筑的分类与等级划分

一、建筑的分类

1. 按建筑物使用性质分类

(1)民用建筑。民用建筑是指供人们工作、学习、生活和居住用的建筑物。

1)居住建筑:如住宅、宿舍、公寓等。

2)公共建筑:按性质不同有多种类型,如文教建筑、托幼建筑、医疗卫生建筑、观演性建筑、体育建筑、展览建筑、旅馆建筑、商业建筑、电信及广播电视建筑、交通建筑、行政办公建筑、金融建筑、饮食建筑、园林建筑、纪念建筑。

(2)工业建筑。工业建筑是指为人们提供各种工业生产的建筑,如生产车间、辅助车间、动力用房、仓储建筑等。

(3)农业建筑。农业建筑是指提供农(牧)业生产和加工用的建筑,如种子库、温室、畜禽饲养场、农副产品加工厂、农机修理厂(站)等。

2. 按建筑物(住宅)的层数或高度分类

(1)居住建筑按层数分为低层(1~3层)、多层(4~6层)、中高层(7~9层)、高层(10层以上)四类。

(2)建筑高度是指建筑物自室外设计地面至建筑主体檐口顶部的垂直高度。公共建筑高度不大于24 m者为单层或多层建筑,大于24 m者为高层建筑(不包括建筑高度大于24 m的单层公共建筑);建筑高度大于100 m的民用建筑为超高层建筑。

3. 按建筑结构分类

建筑结构是指建筑物中由承重构件(基础、墙体、柱、梁、楼板、屋架等)组成的体系。

(1)砖木结构。砖木结构是指主要承重构件由砖、木构成的结构。其具有构造简单、施工方便的特点,一般为3层以下,便于就地取材,能节约钢材、水泥,降低造价。20世纪50~60年代建造的民用房屋和简易房屋,大多为这种结构。

(2)砖混结构。砖混结构是指竖向承重构件采用砖墙或砖柱,水平承重构件采用钢筋混凝土楼板的混合结构。砖混结构一般为6层以下,造价较低,抗震性能较差,这类建筑物正逐渐被钢筋混凝土结构的建筑物所替代,常用于多层住宅等建筑。

(3)钢筋混凝土结构。钢筋混凝土结构的主要承重构件有梁、板、柱、墙(剪力墙)、屋架等,是由钢筋和混凝土两大材料构成的。其围护构件是由轻质砖或其他砌体做成的。其具有坚固耐久、抗震性能好、防火、可塑性较强等特点,目前发展前途最大。

(4)钢结构。钢结构是指主要承重构件均用钢材制成的结构。这种结构力学性能好,自重小,制作安装方便,多用于高层公共建筑和跨度大的建筑,如体育馆、影剧院、跨度大的工业厂房等。

4. 按建筑施工方法分类

(1)现浇现砌式建筑。这种建筑物的主要承重构件均是在施工现场浇筑和砌筑而成的。

(2)预制装配式建筑。这种建筑物的主要承重构件均是在加工厂制成预制构件,在施工现场进行装配而成的。

(3)部分现浇现砌、部分装配式建筑。这种建筑物的一部分构件(如墙体)是在施工现场浇筑或砌筑而成的,另一部分构件(如楼板、楼梯)采用加工厂制成的预制构件。

二、建筑的等级划分

建筑等级是根据建筑物的耐久年限、耐火性能、重要性和规模大小来划分等级的。

1. 按建筑物的耐久年限分级

考虑到建筑物的重要性和规模大小,根据建筑主体结构确定的建筑耐久年限,建筑等级分为四级,见表4-1。

表 4-1　以主体结构确定的建筑耐久年限等级

建筑等级	耐久年限	适用建筑类型	建筑等级	耐久年限	适用建筑类型
一	100年以上	重要建筑和高层建筑	三	25～50年	次要建筑
二	50～100年	一般性建筑	四	15年以下	临时性建筑

2. 按建筑物的耐火性能分级

建筑物的耐火等级是根据建筑物主要构件的燃烧性能和耐火极限确定的，共分四级。我国《建筑设计防火规范(2018年版)》(GB 50016—2014)规定：不同耐火等级建筑物主要构件的燃烧性能和耐火极限不应低于表4-2的规定。

在建筑中相同材料的构件根据其作用和位置的不同，其要求的耐火极限也不相同。耐火等级高的建筑，其构件的燃烧性能就差，耐火极限的时间就长。

拓展练习

燃烧性能：是指建筑构件在明火或高温作用下是否燃烧，以及燃烧的难易程度。建筑构件按燃烧性能划分，可分为不燃烧体(如砖、石、钢筋混凝土、金属等)、难燃烧体(如沥青混凝土、板条抹灰、水泥刨花板、经防火处理的木材等)和燃烧体(如木材、胶合板等)。

耐火极限：在标准耐火试验条件下，建筑构件、配件或结构从受到火的作用时起，到失去承载能力、完整性或隔热性时止所用的时间，称为该构件的耐火极限，单位为小时(h)。

3. 按建筑物的重要性和规模大小分级

建筑按照其重要性、规模、使用要求的不同，可以分为特级、一级、二级、三级、四级、五级共六个级别，具体划分见表4-3。

表 4-2　不同耐火等级建筑物相应构件的燃烧性能和耐火极限(普通建筑)　　　　h

	构件名称	耐火等级			
		一级	二级	三级	四级
墙	防火墙	不燃性 3.00	不燃性 3.00	不燃性 3.00	不燃性 3.00
	承重墙	不燃性 3.00	不燃性 2.50	不燃性 2.00	难燃性 0.50
	非承重外墙	不燃性 1.00	不燃性 1.00	不燃性 0.50	可燃性
	楼梯间和前室的墙、电梯井的墙、住宅建筑单元之间的墙和分户墙	不燃性 2.00	不燃性 2.00	不燃性 1.50	难燃性 0.50
	疏散走道两侧的隔墙	不燃性 1.00	不燃性 1.00	不燃性 0.50	难燃性 0.25
	房间隔墙	不燃性 0.75	不燃性 0.50	难燃性 0.50	难燃性 0.25

续表

构件名称	耐火等级			
	一级	二级	三级	四级
柱	不燃性 3.00	不燃性 2.50	不燃性 2.00	难燃性 0.50
梁	不燃性 2.00	不燃性 1.50	不燃性 1.00	难燃性 0.50
楼板	不燃性 1.50	不燃性 1.00	不燃性 0.50	可燃性
屋顶承重构件	不燃性 1.50	不燃性 1.00	可燃性 0.50	可燃性
疏散楼梯	不燃性 1.50	不燃性 1.00	不燃性 0.50	可燃性
吊顶(包括吊顶搁栅)	不燃性 0.25	难燃性 0.25	难燃性 0.15	可燃性

表 4-3 民用建筑的等级

工程等级	工程主要特征	工程范围举例
特级	1. 列为国家重点项目或以国际性活动为主的特高级大型公共建筑。 2. 有全国性历史意义或技术要求特别复杂的中小型公共建筑。 3. 30 层以上建筑。 4. 高大空间有声、光等特殊要求的建筑物	国宾馆,国家大会堂,国际会议中心,国际体育中心,国际贸易中心,国际大型空港,国际综合俱乐部,重要历史纪念建筑,国家级图书馆、博物馆、美术馆、剧院、音乐厅,三级以上人防
一级	1. 高级大型公共建筑。 2. 有地区性历史意义或技术要求复杂的中小型公共建筑。 3. 16 层以上 29 层以下或超过 50 m 高的公共建筑	高级宾馆,旅游宾馆,高级招待所,别墅,省级展览馆、博物馆、图书馆,科学试验研究楼(包括高等院校),高级会堂,高级俱乐部,不少于 300 床位的医院、疗养院,医疗技术楼,大型门诊部,大中型体育馆,室内游泳馆,室内滑冰馆,大城市火车站,航运站,候机楼,摄影棚,邮电通信楼,综合商业大楼,高级餐厅,四级人防、五级平战结合人防
二级	1. 中高级、大中型公共建筑。 2. 技术要求较高的中小型建筑。 3. 16 层以上 29 层以下住宅	大专院校教学楼,档案楼,礼堂,电影院,部、省级机关办公楼,300 床位以下的医院、疗养院,地市级图书馆、文化馆,少年宫,俱乐部,排演厅,报告厅,大中城市汽车客运站,中等城市火车站,邮电局,多层综合商场,风味餐厅,高级小区住宅等

续表

工程等级	工程主要特征	工程范围举例
三级	1. 中级、中型公共建筑。 2. 7层以上（包括7层）15层以下有电梯住宅或框架结构的建筑	重点中学、中等专科学校教学楼、试验楼、电教楼、社会旅馆、饭馆、招待所、浴室、邮电所、门诊部、百货大楼、托儿所、幼儿园、综合服务楼、一二层商场、多层食堂、小型车站等
四级	1. 一般中小型公共建筑。 2. 7层以下无电梯的住宅、宿舍及砖混结构建筑	一般办公楼、中小学教学楼、单层食堂、单层汽车库、消防车库、蔬菜门市部、粮站、杂货店、阅览室、理发室、水冲式公共厕所等
五级	一、二层单功能，一般小跨度结构建筑	

有些同类建筑根据其规模和设施的不同档次进行分级。如剧场分为特、甲、乙、丙四个等级；涉外旅馆分为一星～五星共五个等级，社会旅馆分为一级～六级共六个等级。

建筑的分级是根据其重要性和对社会生活影响程度来划分的。通常重要建筑的耐久年限长、耐火等级高。这样就导致建筑构件和设备的标准高，施工难度大，造价也高，因此，应当根据建筑的实际情况，合理地确定建筑的耐久年限和防火等级。

 随堂思考

1. 观察身边的建筑，与同学交流、讨论其主要的组成部分有哪些。
2. 观察身边的建筑，按照建筑分类的方法将它们一一进行归类。

单元三　建筑构造的影响因素和设计原则

一、建筑构造的影响因素

建筑物处于自然环境和人为环境之中，受到各种自然因素和人为因素的作用。为了提高建筑物的使用质量和耐久年限，在建筑构造设计时必须充分考虑各种因素的影响，尽量利用其有利因素，避免或减轻不利因素的影响，提高建筑物的抵御能力，根据影响程度，采取相应的构造方案和措施。建筑构造的影响因素大致分为以下几个方面。

1. 荷载的外力作用

作用在房屋上的外力统称为荷载，这些荷载包括建筑自重、人、家具、设备、风雪以及地震荷载等。荷载的大小和作用方式均影响着建筑构件的选材、截面形状与尺寸，这些都是建筑构造的内容。荷载的大小是结构选型、材料选用及构造设计的依据，因此，在确定建筑构造时，必须考虑荷载的作用。

2. 人为因素的作用

各种人为因素包括噪声、振动、化学辐射、爆炸、火灾等，应通过对房屋相应的部位采取可靠的构造措施来提高房屋的生存能力。

3. 自然因素的影响

我国地域辽阔，各地区之间的气候、地质、水文等情况差异较大，太阳辐射、冰冻、降雨、风雪、地下水、地震等因素将对建筑物带来很大影响，为保证正常使用，在建筑构造设计中，必须在建筑物的相关部位采取防水、防潮、保温、隔热、防震、防冻等措施。

二、建筑构造的设计原则

建筑构造方案的选择，直接影响建筑物的使用功能、抵御自然侵袭的能力、结构上的安全可靠、造价的经济性，以及建筑的整体艺术效果。在建筑构造设计中，应根据建筑的类型特点、使用功能的要求及影响建筑构造的因素，分清主次和轻重，综合权衡利弊关系，根据以下设计原则，妥善处理。

1. 满足建筑物的功能要求

满足使用功能要求是确定构造方案的首要原则。由于建筑物所在地区不同、用途不同，在建筑设计时会对建筑构造提出保温、隔热、隔声、吸声、采光、通风等不同要求，如北方建筑要求保温，而南方建筑要求隔热；剧院、音乐厅等要求吸声；住宅要求隔声等。为满足建筑物各项功能要求，必须综合运用有关技术知识，以便选择和确定出经济合理的构造方案。

2. 保证结构坚固，有利于结构安全

除根据荷载大小，结构的强度、刚度、稳定性等要求来确定建筑物构件的必要尺寸外，还应确定构造方案。在构造方案上首先应考虑安全适用，以确保房屋使用安全，经久耐用。

3. 适应建筑工业化的需要

在建筑构造设计中，应用和改进传统的建筑方法的同时，应大力开发对新材料、新技术、新构造的应用，因地制宜地发展适用的工业化建筑体系。

4. 考虑建筑经济、社会和环境的综合效益

建筑构造设计在选择材料上，在保证建筑物坚固耐久的前提下，应注意节约钢材、木材、水泥三大建筑材料，尽量利用当地材料和工业废料。在构造设计时应考虑降低建筑造价，减少材料消耗，降低维修和管理的费用。同时，还必须保证建筑的工程质量。

5. 注意美观

建筑构件的选型、尺寸、色彩、材料质感以及制作的精细程度，直接影响着建筑的整体艺术效果，在建筑构造设计时应认真研究，设计出新颖优美的空间环境。

6. 保护环境

建筑构造设计应选用无毒、无害、无污染、有益于人体健康的材料和产品，采用取得国家环境认证的标志产品。

单元四　设计标准化与统一模数制

一、建筑设计标准化

建筑设计标准化、系列化、通用化是建筑工业化的重要前提。众所周知，任何一项社会生产活动，要达到高质量、高速度，就必须实行机械化、工业化，而当它的生产过程走向机械化、工业化时，就必然对设计、制造、安装和使用提出标准化、系列化和通用化的要求，否则，机械化和工业化将是不完整和不落实的，高质量和高速度也将成为一句空话。要实现建筑工业化，就必须使建筑构配件尺寸统一、类型最少，并做到一种构件多种使用，为了达到这样的目的，就必须在建筑设计中实行标准化、系列化和通用化。

建筑标准化即建筑工业化，是指用现代工业的生产方式来建造房屋，其内容包括三个方面，即建筑设计标准化、构配件生产工厂化和施工机械化。其中，建筑设计标准化是实现其余两个方面目标的前提，只有实现了设计标准化，才能简化建筑构配件的规格类型，为工厂生产商品化的建筑构配件创造基础条件，为建筑产业化、机械化施工打下基础。

所谓系列化，就是在标准化的基础上，把同类型建筑物和构配件的主要参数（包括几何参数、技术参数、工艺参数）经过技术经济比较，按一定规律排列起来，形成系列，尽可能以较少的品种规格，满足多方面的需要，为集中专业化、大批量生产创造条件。

所谓通用化，就是对那些能够在各类建筑中互换通用的构配件加以归类统一，如楼板与屋面板的统一、单层厂房墙板与多层厂房墙板的统一等。应逐步打破各类建筑中专用构配件的界限，研究适合于住宅、宿舍、学校、旅馆、医院、幼儿园等建筑的通用构配件，实现"一件多用"，并尽可能使工业和民用建筑的构配件也互相通用。

建筑设计标准化、系列化、通用化的范围，应随着科学技术的发展而扩大，它不仅应包括建筑构配件，而且应包括整幢建筑物和建筑群组；不仅应包括建筑、结构、设备，而且还应包括生产工艺和施工机具等，而要做到这些，设计是关键。

二、建筑统一模数制

（一）建筑模数制

建筑模数是选定的标准尺度单位，作为建筑物、建筑构配件、建筑制品以及有关设备尺寸相互协调中的增值单位。我国规定，以"100 mm"作为统一与协调建筑尺度的基本单位，称为基本模数，以"M"表示。

模数中凡为基本模数的整数倍的叫作扩大模数，水平扩大模数基数为 3M、6M、12M、15M、30M、60M，其相应的尺寸分别是 300 mm、600 mm、1 200 mm、1 500 mm、3 000 mm、6 000 mm。竖向扩大模数基数为 3M、6M，其相应的尺寸分别是 300 mm、600 mm。

模数尺寸中凡为基本模数的分数倍的叫作分模数。分模数基数为 M/10、M/5、M/2，其相应的尺寸分别是 10 mm、20 mm、50 mm。

基本模数、扩大模数和分模数构成一个完整的模数数列，见表 4-4。

表 4-4　常用模数数列　　　　　　　　　　　　　　　　　　　　　　　　　　　mm

模数名称	基本模数	扩　大　模　数					分　模　数		
模数基数	1M	3M	6M	12M	15M	30M	60M	M/10	M/5	M/2
基数数值	100	300	600	1 200	1 500	3 000	6 000	10	20	50
模数数列	100	300						10		
	200	600	600					20	20	
	300	900						30		
	400	1 200	1 200	1 200				40	40	
	500	1 500			1 500			50		50
	600	1 800	1 800					60	60	
	700	2 100						70		
	800	2 400	2 400	2 400				80	80	
	900	2 700						90		
	1 000	3 000	3 000		3 000	3 000		100	100	100
	1 100	3 300						110		
	1 200	3 600	3 600	3 600				120	120	
	1 300	3 900						130		
	1 400	4 200	4 200					140	140	
	1 500	4 500			4 500			150		150
	1 600	4 800	4 800	4 800				160	160	
	1 700	5 100						170		
	1 800	5 400	5 400					180	180	
	1 900	5 700						190		
	2 000	6 000	6 000	6 000	6 000	6 000	6 000	200	200	200
	2 100	6 300						220		
	2 200	6 600	6 600					240		
	2 300	6 900								250
	2 400	7 200	7 200	7 200				260		
	2 500	7 500			7 500			280		
	2 600		7 800					300		300
	2 700		8 400	8 400				320		
	2 800		9 000		9 000	9 000		340		
	2 900		9 600	9 600						350
	3 000				10 500			360		
	3 100			10 800				380		
	3 200			12 000	12 000	12 000	12 000	400		400
	3 300				15 000					450
	3 400					18 000	18 000			500
	3 500					21 000				550
	3 600					24 000	24 000			600
应用范围	主要用于建筑物层高、门窗洞口和构配件截面	(1)主要用于建筑物的开间或柱距、进深或跨度、层高、构配件截面尺寸和门窗洞口等处；(2)扩大模数 30M 数列按 3 000 mm 进级，其幅度可增至 360M；60M 数列按 6 000 mm 进级，其幅度可增至 360M						(1)主要用于缝隙、构造节点和构配件截面等处；(2)分模数 M/2 数列按 50 mm 进级，其幅度可增至 10M		

水平基本模数 1M～20M 的数列，主要用于门窗洞口和构配件截面等处；竖向基本模数 1M～36M 的数列，主要用于建筑物的层高、门窗洞口和构配件截面等处；水平扩大模数 3M、6M、12M、15M、30M、60M 的数列，主要用于建筑物的开间或柱距、进深或跨度、层高、构配件截面尺寸和门窗洞口等处；竖向扩大模数 3M 的数列，主要用于建筑物的高度、层高和门窗洞口等处；分模数 M/10、M/5、M/2 的数列，主要用于缝隙、构造节点、构配件截面等处。

（二）建筑模数尺寸与定位轴线

1. 建筑设计中各种尺度的关系

为了保证建筑物构配件的安装与有关尺寸间的相互协调，在建筑模数协调中把尺寸分为标志尺寸、构造尺寸和实际尺寸三种。

(1)标志尺寸。标志尺寸用以标注建筑物定位轴线间的距离(如开间或柱距、进深或跨度、层高等)以及建筑构配件、建筑组合件、建筑制品、有关设备位置界限之间的尺寸。标志尺寸应符合模数数列的规定。

(2)构造尺寸。构造尺寸是指建筑构配件、建筑组合件、建筑制品等的设计尺寸，一般情况下，标志尺寸减去缝隙为构造尺寸。缝隙尺寸应符合模数数列的规定。

(3)实际尺寸。实际尺寸是指建筑构配件、建筑组合件、建筑制品等生产制作后的实有尺寸。这一尺寸因生产误差造成，与设计的构造尺寸有差值，这个差值应符合施工验收规范的规定。

为了保证建筑制品、构配件等有关尺寸的统一与协调，《建筑模数协调标准》(GB/T 50002—2013)规定了标志尺寸、构造尺寸、实际尺寸及其相互间的关系，如图 4-2 所示。

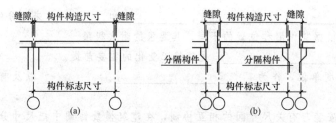
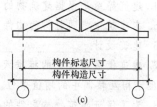

图 4-2　几种尺寸间的关系

(a)标志尺寸大于构造尺寸；(b)有分隔构件连接；(c)构造尺寸大于标志尺寸

2. 定位轴线的划分

在建筑设计或结构布置时，为了统一围护结构和主要承重结构的规格(如梁的跨度等)，简化构造方案和便于确定其位置，规定了"定位轴线"。

定位轴线像坐标一样，它既是设计图纸中确定房屋各组成构件位置的主要方法，也是施工中定位放线的重要依据。

定位轴线布置的一般原则如下：

(1)处理定位轴线时，要有利于标准构件的选用、构造节点的简化和施工方便。

(2)凡承重墙或自承重墙、柱子、大梁或屋架等主要承重构件的位置，都应画上轴线，并编上轴线号。横向定位轴线，通常用以自左向右顺序编写①、②、③、…来表示；纵向定位轴线，通常用以自下而上顺序编写Ⓐ、Ⓑ、Ⓒ、…来表示。非承重的隔断墙及其他次要的承重构件，一般不编轴线号，凡需确定位置的建筑局部构件，都应注明它们与附近轴线的尺寸关系，定位轴线之间的尺寸要和构件的标志尺寸相一致，且符合建筑模数的要求。

（3）定位轴线的具体位置，总是沿着屋面板的接缝处屋架的端部外侧设置，或与屋架的侧面中心线重合，对于通过墙、柱的轴线位置，需视结构、荷载、构件搭接关系等情况而定。一般来说，定位轴线在横向是与墙、柱中心线重合，在纵向则由墙内缘或柱外缘通过。

模块小结

本模块主要介绍了民用建筑的基本组成、建筑物的类型、等级、建筑物的影响因素和设计原则，以及建筑模数与定位轴线。其中，民用建筑的组成、分类与等级，设计标准化与统一模数制，为建筑设计和建筑构造打下了坚实的基础。

思考与练习

一、填空题

1. 一般民用建筑通常由 _____ 、 _____ 、 _____ 、 _____ 、 _____ 、 _____ 、 _____ 七个主要构造部分组成。

2. 基础承受建筑物的全部荷载，并把荷载传给 _____ 。

3. 当建筑物采用柱作为垂直承重构件时，墙填充在柱间，仅起 _____ 和 _____ 作用。

4. 建筑等级是根据建筑物的 _____ 、 _____ 和 _____ 来划分的。

5. 在建筑中相同材料的构件根据其作用和位置的不同，其要求的耐火极限 _____ 。

6. 建筑设计 _____ 、 _____ 、 _____ 是建筑工业化的重要前提。

7. 建筑模数是选定的标准尺度单位，作为 _____ 、 _____ 、 _____ 以及有关设备尺寸相互协调中的增值单位。

8. 为了保证建筑物构配件的安装与有关尺寸间的相互协调，在建筑模数协调中把尺寸分为 _____ 、 _____ 和 _____ 。

二、简答题

1. 为什么基础的安全性要求高？

2. 为什么墙体应具有足够的强度、刚度、稳定性、良好的耐热性能及防火、隔声、防水、耐久性能？

3. 什么是建筑结构？建筑结构由哪些体系组成？

4. 建筑等级是如何划分的？

5. 建筑按照其重要性、规模、使用要求的不同，可以分为哪几个级别？请举例说明。

6. 建筑构造的影响因素大致有哪几个方面？

7. 什么是建筑标准化？

8. 定位轴线布置的一般原则是什么？

三、实训题

参考一套完整的建筑施工图进行识图训练。

模块五　基础、墙体与变形缝构造

知识目标

（1）了解地基与基础的概念；掌握基础埋置深度的概念及影响因素。
（2）了解基础不同的分类方法，掌握其构造形式。
（3）了解墙体的类型、组成材料和组砌方法。
（4）掌握砖墙细部构造及隔墙的构造要求。
（5）掌握变形缝的构造，特别是墙体、屋顶、楼底层、基础。
（6）了解阳台的类型、承重结构的布置，掌握阳台、雨篷的构造形式。

能力目标

（1）能够区别各种不同类型的墙体。
（2）能够在实际工作中应用各种变形缝。

素养目标

（1）培养严谨细致的工作态度。
（2）培养发现问题、解决问题的能力。
（3）培养严谨的工作作风和爱岗敬业的工作态度及良好的职业道德。

单元一　基础的类型和构造

一、地基与基础的概念

地基是承受由基础传递的荷载的土层，它不是建筑物的组成部分。在建筑中，将建筑上部结构所承受的各种荷载传递到地基上的结构构件称为基础。支承基础的土体或岩体称为地基。地基承受着由基础传递的建筑物的全部荷载。地基在建筑物荷载作用下的应力和应变随着土层深度的增加而减小，在达到一定深度后就可以忽略不计。直接承受荷载的土层称为持力层，持力层以下的土层称为下卧层，如图 5-1 所示。

动画：地基与基础的关系

如建筑物的总荷载用 N 表示。地基在保持稳定的条件下，每平方米所能承受的最大垂直压力称为地基承载力，用 R 表示。由于地基承载力一般小于建筑物地上部分的强度，所以，基础底面需要宽出上部结构(底面宽为 B)，基础底面积用 A 表示。当 $R \geqslant N/A$ 时，说明建筑物传递给基础底面的平均压力不超过地基承载力，地基能够保证建筑物的稳定和安全。

地基对保证建筑物的坚固耐久性具有非常重要的作用。基础传递给地基的荷载如果超过地基的承载能力，地基就会出现较大的沉降变形和失稳，甚至会出现土层的滑移，直接影响建筑物的安全和正常使用。在建筑设计中，当建筑物总荷载确定时，可通过增加基础底面积或提高地基的承载力来保证建筑物的稳定和安全。

随堂思考

1. 地基与基础的区别是什么？
2. 人们通常将事物的根本或起点称之为"基础"。建筑物的基础起什么作用？基础可以怎样做？

（一）地基的分类

地基可分为天然地基和人工地基两大类。

1. 天然地基

如果天然土层具有足够的承载力，不需要经过人工改良和加固，就可直接承受建筑物的全部荷载并满足变形要求，则这种地基称为天然地基。岩石、碎石土、砂土、粉土、黏性土等，一般均可作为天然地基。

2. 人工地基

当土层的承载能力较低或虽然土层较好，但因上部荷载较大，土层不能满足承受建筑物荷载的要求时，必须对土层进行处理，以提高其承载能力，改善其变形性质或渗透性质，这种经过人工方法进行处理的地基称为人工地基。

基础是建筑物的重要组成部分，是建筑地面以下的承重构件，它承受建筑物上部结构传下来的全部荷载，并将这些荷载连同本身的重量一起传到地基上。

（二）基础的埋置深度

为确保建筑物的坚固安全，基础要埋入土层中一定的深度。一般将自室外设计地面标高至基础底部的垂直高度称为基础的埋置深度，简称埋深，如图 8-2 所示。根据埋置深度的不同，基础常分为深基础和浅基础。其实深基础与浅基础并无明显的界限，通常将埋置深度大于 5 m 的称为深基础，埋置深度小于 5 m 的称为浅基础。一般来说，基础的埋置深度越浅，土方开挖量就越小，基础材料用量也越少，工程造价就越低。但当基础埋置得过浅时，基础底面的土层受到压力后会把基础周围的土挤走，使基础产生滑移而失去稳定性；同时基础埋得过浅，还容易受外界各种不良因素的影响。所以，基础的埋置深度最浅不能小于 500 mm。

【提示】桩基础的埋深指的是室外设计地坪到承台底的垂直高度，而从承台底到下部桩尖的距离叫作桩长。

影响基础埋置深度的因素很多，一般应根据以下几个方面综合考虑确定。

1. 建筑物自身的特性

当建筑物设有地下室、地下管道或设备基础时，常须将基础局部或整体加深。为了保护基础不露出地面，构造要求基础顶面距离室外设计地面不得小于 100 mm。

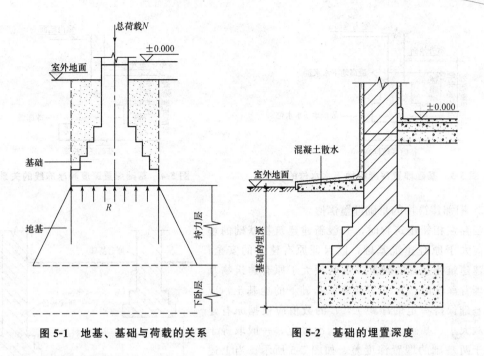

图 5-1 地基、基础与荷载的关系　　图 5-2 基础的埋置深度

2. 作用在地基上的荷载大小和性质

荷载有恒荷载和活荷载之分。其中,恒荷载引起的沉降量最大,因此,当恒荷载较大时,基础埋置深度应大一些。按作用方向不同,荷载又可分为竖直方向荷载和水平方向荷载。

当基础要承受较大水平荷载时,为了保证结构的稳定性,也常将埋置深度加大。

3. 工程地质和水文地质条件

不同的建筑场地,其土质情况也不相同,就是同一地点,当深度不同时土质也会有变化。一般情况下,基础应设置在坚实的土层上,而不要设置在淤泥等软弱土层上。当表面软弱土层较厚时,可采用深基础或人工地基。

一般基础宜埋置在地下水水位以上,以减少特殊的防水、排水措施,以及防止受化学污染的水对基础的侵蚀,有利于施工。当必须埋在地下水水位以下时,宜将基础埋置在最低地下水水位以下不小于 200 mm 处,如图 5-3 所示。

4. 地基土冻胀和融陷的影响

对于冻结深度浅于 500 mm 的南方地区或地基土为非冻胀土,可不考虑土的冻结深度对基础埋置深度的影响。对于季节冰冻地区,当地基为冻胀土时,应使基础底面低于当地冻结深度。在寒冷地区,土层会因气温变化而产生冻融现象。土层冰冻的深度称为冰冻线,当基础埋置深度在土层冰冻线以上时,如果基础底面以下的土层冻胀,会对基础产生向上的顶力,严重的会使基础上抬起拱;如果基础底面以下的土层解冻,顶力消失,使基础下沉。这样的过程会使建筑产生裂缝和破坏,因此,在寒冷地区基础埋置深度应在冰冻线以下 200 mm 处,如图 5-4 所示。采暖建筑的内墙基础埋深可以根据建筑的具体情况进行适当的调整。

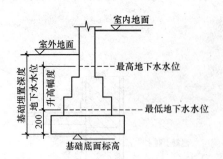

图 5-3 基础埋置深度和地下水水位的关系

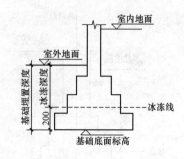

图 5-4 基础埋置深度和冰冻线的关系

5. 相邻建筑物的基础埋置深度

当存在相邻建筑物时，一般新建建筑物基础的埋深不应大于原有建筑基础，以保证原有建筑的安全；当新建建筑物基础的埋置深度必须大于原有建筑物基础的埋置深度时，为了不破坏原基础下的地基土，应与原基础保持一定的净距 L，L 的数值应根据原有建筑荷载大小、基础形式和土质情况确定，一般取等于或大于两基础的埋置深度差，如图 5-5 所示。当上述要求不能满足时，应采取分段施工、设临时加固支撑、打板桩、地下连续墙等施工措施，或加固原有建筑物的地基。

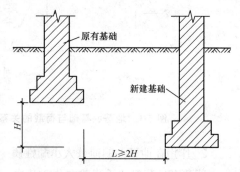

图 5-5 基础埋置深度与相邻基础的关系

二、基础的类型

基础的类型较多，可以按材料和受力特点分，也可以按构造形式分。

(一) 按构造形式分类

基础按构造形式分有条形基础、独立基础、井格基础、筏形基础、箱形基础和桩基础等。

1. 条形基础

当建筑物为砖或石墙承重时，承重墙下一般采用条形基础。条形基础呈连续的带状，也称为带形基础，如图 5-6 所示。条形基础按上部结构形式，可分为墙下条形基础和柱下条形基础。

当上部结构荷载较大而土质较差时，可采用混凝土或钢筋混凝土建造，墙下钢筋混凝土条形基础一般做成无肋式；如地基在水平方向上压缩性不均匀，为了增加基础的整体性，减少不均匀沉降，也可做成有肋式的条形基础。

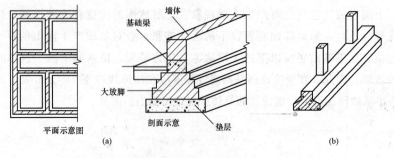

图 5-6 条形基础
(a) 墙下条形基础；(b) 柱下条形基础

当建筑采用柱承重结构，在荷载较大且地基较软弱时，为了提高建筑物的整体性，防止出现不均匀沉降，可将柱下基础沿一个方向连续设置成条形基础。

2. 独立基础

当建筑物承重体系为梁、柱组成的框架、排架或其他类似结构时，其柱下基础常采用的基本形式是独立基础。常见的断面形式有阶梯形、锥形等[图 5-7(a)、(b)]。当采用预制柱时，则基础做成杯口形，柱子嵌固在杯口内，又称杯形基础[图 5-7(c)]。有时为了满足局部工程条件变化的需要，须将个别杯形基础底面降低，便形成高杯口基础，也称长颈基础[图 5-7(d)]。

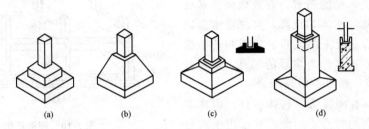

图 5-7 独立基础

(a)阶梯形；(b)锥形；(c)杯形；(d)长颈

3. 井格基础

当地基条件较差或上部荷载较大时，在承重的结构柱下使用独立柱基础已不能满足其承受荷载和整体要求，可将同一排柱子的基础连在一起。为了提高建筑物的整体刚度，避免不均匀沉降，常将柱下独立基础沿纵向和横向连接起来，形成井格基础，如图 5-8 所示。

4. 筏形基础

当建筑物上部荷载较大，而建造地点的地基承载能力又比较差，以致墙下条形基础或柱下条形基础已不能适应地基变形的需要时，可将墙或柱下基础面扩大为整片的钢筋混凝土板状基础形式，形成筏形基础，如图 5-9 所示。

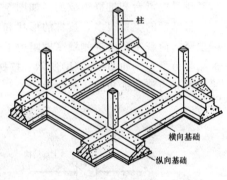

图 5-8 井格基础

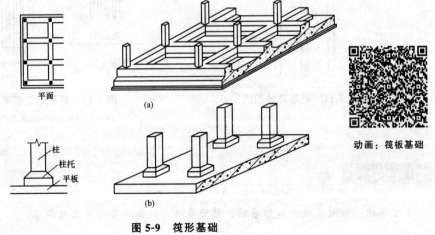

图 5-9 筏形基础

(a)梁板式；(b)平板式

筏形基础可分为梁板式和平板式两种类型。梁板式筏形基础[图5-9(a)]由钢筋混凝土筏板和肋梁组成，在构造上如同倒置的肋形楼盖；平板式筏形基础[图5-9(b)]一般由等厚的钢筋混凝土平板构成，构造上如同倒置的无梁楼盖。为了满足抗冲击要求，常在柱下做柱托。柱托可设在板上，也可设在板下。当设有地下室时，柱托应设在板底。

筏形基础的整体性好，能调节基础各部分的不均匀沉降，常用于建筑荷载较大的高层建筑。

5. 箱形基础

当筏形基础埋置深度较大时，为了避免回填土增加基础上承受的荷载，有效地调整基底压力和避免地基的不均匀沉降，可将筏形基础扩大，形成钢筋混凝土的底板、顶板和若干纵横墙组成的空心箱体作为房屋的基础，这种基础叫作箱形基础，如图5-10所示。

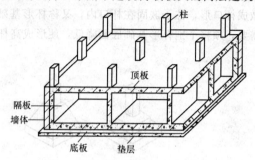

图 5-10　箱形基础

箱形基础具有刚度大、整体性好、内部空间可用作地下室的特点。因此，其适用于高层公共建筑、住宅建筑及需设地下室的建筑中。

6. 桩基础

当地基浅层土质不良，无法满足建筑物对地基变形和强度方面的要求时，常采用桩基础。桩基础是由承台和桩群组成的，如图5-11所示。

桩基础的类型很多，按桩的形状和竖向受力情况可分为摩擦型桩和端承型桩。摩擦型桩的桩顶竖向荷载主要由桩侧壁摩擦阻力承受，如图5-12(a)所示；端承型桩的桩顶竖向荷载主要由桩端阻力承受，如图5-12(b)所示。按材料桩可分为混凝土桩、钢筋混凝土桩和钢桩；按制作方法桩可分为预制桩和灌注桩两类。

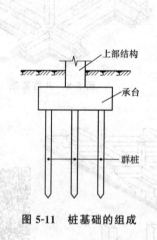

图 5-11　桩基础的组成

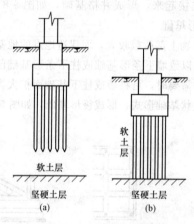

图 5-12　桩基础示意图
(a)摩擦型桩；(b)端承型桩

随堂思考

条形基础、独立基础、筏形基础、箱形基础、桩基础各有什么优缺点？

(二)按所用材料及受力特点分类

1. 刚性基础

刚性材料制作的基础称为刚性基础,如图 5-13 所示。刚性材料是指抗压强度高而抗拉和抗剪强度低的材料,如砖、石、混凝土等。用这类材料做基础,应设法不使其产生拉应力。当拉应力超过材料的抗拉强度时,基础底面将因受拉而产生开裂,造成基础破坏。

在刚性材料构成的基础中,墙或柱传来的压力是沿一定角度分布的。在压力分布角度内,基础底面受压而不受拉,这个角度称为刚性角。刚性基础底面宽度不可超出刚性角控制范围,多用于地基承载力高的低层和多层房屋的基础。

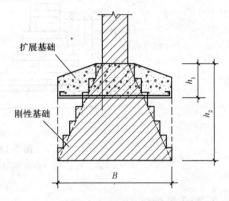

图 5-13　刚性基础与柔性基础(扩展基础)比较

2. 柔性基础

在混凝土基础的底部配以钢筋,利用钢筋来抵抗拉应力,可使基础底部能够承受较大弯矩,基础的宽度就可以不受刚性角的限制(图 5-14),称为柔性基础,如图 5-15 所示。柔性基础可以做得很宽,也可以尽量浅埋,适用于建筑物的荷载较大和地基承载力较小的情况。其下需要设置保护层以保护基础钢筋不受侵蚀。

动画:刚性基础

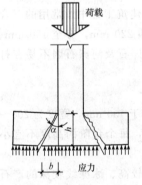

图 5-14　刚性角的形成

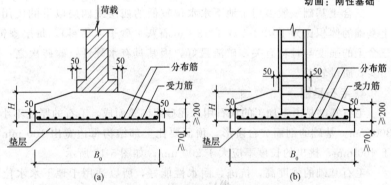

图 5-15　柔性基础构造示意图
(a)条形基础;(b)独立基础

三、刚性基础构造

1. 砖基础

用非黏土烧结砖砌筑的基础称为砖基础,它具有取材容易,构造简单,造价低廉等特点,但其强度低,耐久性和抗冻性较差,只宜用于等级较低的小型建筑中。

砖基础的剖面为阶梯形,称为大放脚。每一阶梯挑出的长度为砖长的 1/4(即 60 mm)。

砖基础有两种形式,即等高式和间隔式,砌筑时应先铺设砂、混凝土或灰土垫层。大放脚的砌法有两皮一收和二一间隔收两种,两皮一收是每砌两皮砖,收进 1/4 砖长;而二一间隔收是砌两皮砖,收进 1/4 砖长,再砌一皮砖,收进 1/4 砖长,如此反复。在相同底宽的情况下,二一间隔收可减少基础高度,但为了保证基础的强度,底层需用两皮一收砌筑,如图 5-16 所示。

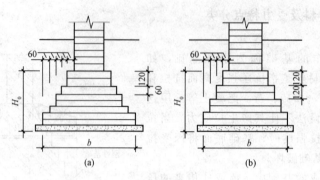

图 5-16 砖基础的构造

(a)二皮砖与一皮砖间隔挑出 1/4 砖；(b)二皮砖挑出 1/4 砖

2. 灰土基础

在地下水位较低的地区，可以在砖基础下设灰土垫层，灰土垫层有较好的抗压强度和耐久性，后期强度较高，属于基础的组成部分，称为灰土基础。灰土基础是由熟石灰粉和黏土按体积比为 3∶7 或 2∶8 的比例，加适量水拌和夯实而成。施工时，每层虚铺厚度为 220～250 mm，夯实后厚度为 150 mm，称为一步，一般灰土基础可做二至三步，如图 5-17 所示。

灰土基础的抗冻性、耐水性差，只能用于埋置在地下水水位以上，并且顶面应位于冰冻线以下的五层及五层以下的混合结构房屋和墙承重的轻型工业厂房。

3. 三合土基础

三合土基础一般多用于地下水水位较低的四层或四层以下的民用建筑工程中。常用的三合土基础的体积比为 1∶2∶4 或 1∶3∶6（石灰∶砂子∶集料），每层虚铺 220 mm，夯至 150 mm。三合土的强度与骨料有关，矿渣最好，因其具有水硬性；碎砖次之；碎石及河卵石因不易夯打结实，质量较差。

4. 毛石基础

毛石基础是由未加工的块石用水泥砂浆砌筑而成，毛石的厚度不小于 150 mm，宽度为 200～300 mm。基础的剖面成台阶形，顶面要比上部结构每边宽出 100 mm，每个台阶的高度不宜小于 400 mm，挑出的长度不应大于 200 mm，如图 5-18 所示。

毛石基础的强度高，抗冻、耐水性能好，所以适用于地下水水位较高、冰冻线较深的产石区的建筑。

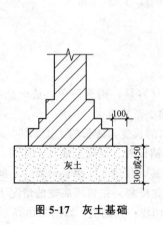

图 5-17 灰土基础

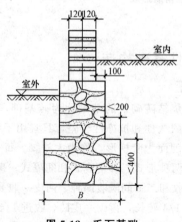

图 5-18 毛石基础

5. 混凝土基础和毛石混凝土基础

混凝土基础断面可分为矩形、阶梯形和锥形三种，高度一般不得小于 300 mm，如图 5-19(a)、(b)所示。当基础底面宽度大于 2 000 mm 时，为了节约混凝土常做成锥形，如图 5-19(c)所示。

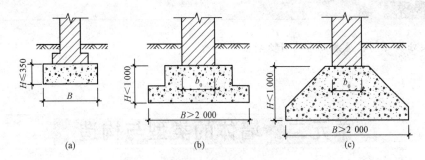

图 5-19 混凝土基础
(a)矩形；(b)阶梯形；(c)锥形

当混凝土基础的体积较大时，为了节约混凝土，可以在混凝土中加入粒径不超过 300 mm 的毛石，这种混凝土基础称为毛石混凝土基础。毛石混凝土基础中，毛石的尺寸不得大于基础宽度的 1/3，毛石的体积为总体积的 20%~30%，且应分布均匀。

混凝土基础和毛石混凝土基础具有坚固、耐久、耐水的特点，可用于受地下水和冰冻作用的建筑。

四、柔性基础(扩展基础)构造

将上部结构传来的荷载，通过向侧边扩展成一定底面积，使作用在基底的压应力等于或小于地基上的允许承载力，这种起到压力扩散作用的基础称为扩展基础，也称柔性基础。它包括柱下钢筋混凝土独立基础和墙下钢筋混凝土条形基础(图 5-20)。

当基础顶部的荷载较大或地基承载力较低时，就需要加大基础底部的宽度，以减小基底的压力。

如果采用无筋扩展基础，则基础高度就要相应增加。这样就会增加基础自重，加大土方工程量，给施工带来麻烦。此时，可采用扩展基础。这种基础在底板配置钢筋，利用钢筋增强基础两侧扩大部分的受拉和受剪能力，使两侧扩大不受宽高比的限制，如图 5-21 所示。扩展基础具有断面小、承载力大、经济效益较高等优点。

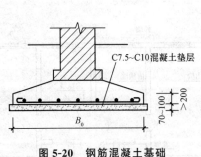

图 5-20 钢筋混凝土基础

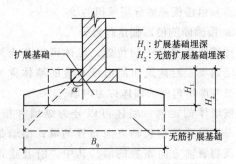

图 5-21 扩展基础与无筋扩展基础的比较

由于扩展基础的底部均配有钢筋，可以利用钢筋来承受拉力，以便使基础底部能够承受较大弯矩。这样，基础宽度的加大可不受刚性角的限制，可以做得很宽、很薄，还可尽量浅埋。扩展基础构造如图5-15所示。

随堂思考

扩展基础和无筋扩展基础各有什么特点？

单元二 墙体的类型与构造

墙体是组成建筑空间的竖向构件，它承担建筑地上部分的全部竖向荷载及风荷载，担负着抵御自然界中风、霜、雨、雪及噪声、冷热、太阳辐射等不利因素侵袭的责任，把建筑内部划分成不同的空间，界开室内与室外，是建筑物中的重要组成构件。当然，大多数墙体并不是经常同时具有上述三个作用，根据建筑的结构形式和墙体的具体情况，往往只具备其中的一两个作用。

一、墙体的类型

按照不同的划分方法，墙体有不同的类型。

1. 按构成墙体的材料和制品分类

按构成墙体的材料和制品分类，较常见的墙体有砖墙、石墙、砌块墙、板材墙、混凝土墙、玻璃幕墙等。

2. 按墙体的受力情况分类

按墙体的受力情况，墙体可以分为承重墙和非承重墙两类。凡是承担建筑上部构件传来荷载的墙称为承重墙；不承担建筑上部构件传来荷载的墙称为非承重墙。

动画：墙体类型认知

非承重墙包括自承重墙、框架填充墙、幕墙和隔墙。其中，自承重墙不承受外来荷载，其下部墙体只负责上部墙体的自重；框架填充墙是指在框架结构中，填充在框架中间的墙；幕墙是指悬挂在建筑物结构外部的轻质外墙，如玻璃幕墙、铝塑板墙等；隔墙是指仅起分隔空间、自身重量由楼板或梁分层承担的墙。

3. 按墙体的位置和走向分类

按墙体在建筑中的位置，墙体可以分为外墙和内墙两类。沿建筑四周边缘布置的墙体称为外墙；被外墙所包围的墙体称为内墙。

按墙体的走向，墙体可以分为纵墙和横墙。纵墙是指沿建筑物长轴方向布置的墙；横墙是指沿建筑物短轴方向布置的墙。其中，沿着建筑物横向布置的首尾两端的横墙俗称山墙；在同一道墙上门窗洞口之间的墙体称为窗间墙；门窗洞口上下的墙体称为窗上墙或窗下墙，如图5-22所示。

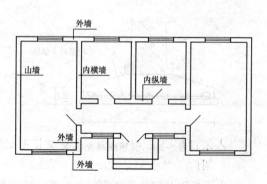

图5-22 墙体各部分的名称

4. 按墙体的施工方式和构造分类

按墙体的施工方式和构造，墙体可以分为叠砌式、版筑式和装配式三种。其中，叠砌式是一种传统的砌墙方式，如实砌砖墙、空斗墙、砌块墙等；版筑式的砌墙材料往往是散状或塑性材料，依靠事先在墙体部位设置模板，然后在模板内夯实与浇筑材料而形成墙体，如夯土墙、滑模或大模板钢筋混凝土墙；装配式墙是在构件生产厂家事先制作墙体构件，然后在施工现场进行拼装，如大板墙、各种幕墙。

二、砖墙的构造

(一)砖墙材料

砖墙是由砂浆等胶结材料将砖块砌筑而成的砌体，主要包括砖、砂浆、钢筋混凝土和板材等几种材料。

1. 砖

砌墙用砖的类型很多，按照砖的外观形状可以分为普通实心砖(标准砖)、多孔砖和空心砖三种。长期以来，应用最广泛的是普通实心砖。

我国标准砖的规格为 53 mm×115 mm×240 mm，如图 5-23(a)所示。在加入灰缝尺寸之后，砖的长、宽、厚之比为 4∶2∶1，如图 5-23(b)所示。即一个砖长等于两个砖宽加灰缝(240 mm＝2×115 mm＋10 mm)或等于四个砖厚加三个灰缝(240 mm＝4×53 mm＋3×9.5 mm)。在工程实际应用中，砌体的组合模数为一个砖宽加一个灰缝，即 115 mm＋10 mm＝125 mm。

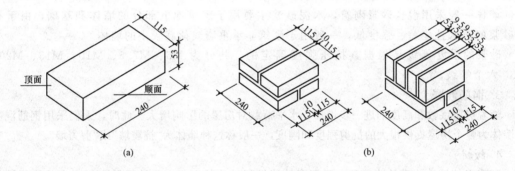

图 5-23　标准砖的尺寸关系
(a)标准砖的尺寸；(b)标准砖的组合尺寸关系

多孔砖与空心砖的规格一般与普通砖在长、宽方向相同，但增加了厚度尺寸，并使之符合模数的要求，如 240 mm×115 mm×95 mm。长、宽、高均符合现有模数协调的多孔砖和空心砖并不多见，而是常见于新型材料的墙体砌块，如图 5-24、图 5-25 所示。

烧结多孔砖和烧结实心砖通称为烧结普通砖，其强度等级是根据它的抗压强度和抗折强度确定的，共分为 MU7.5、MU10、MU15、MU20、MU25、MU30 六个等级。其中，建筑中砌墙常用的是 MU7.5 和 MU10。

2. 砂浆

砂浆可以将砌体内的砖块连接成一整体。用砂浆抹平砖表面，可以使砌体在压力下应力分布较均匀。另外，砂浆填满砌体缝隙，减少了砌体的空气渗透，提高了砌体的保温、隔热和抗冻能力。砌墙用砂浆统称为砌筑砂浆，主要有水泥砂浆、混合砂浆和石灰砂浆三

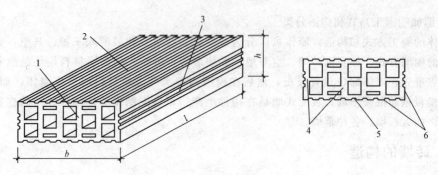

图 5-24　烧结空心砖的外形

1—顶面；2—大面；3—顺面；4—肋；5—凹槽线；6—外壁

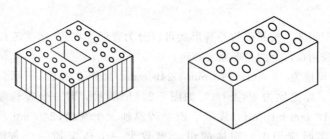

图 5-25　烧结多孔砖的外形

种。墙体一般采用混合砂浆砌筑，水泥砂浆主要用于砌筑地下部分的墙体和基础，由于石灰砂浆的防水性能差、强度低，一般用于砌筑非承重墙或荷载较小的墙体。

砂浆的强度等级是根据其抗压强度确定的，共分为 M5、M7.5、M10、M15、M20、M30 六个等级。

3. 钢筋混凝土

随着房屋层数和高度的进一步增加，水平荷载对房屋的影响增大。此时，人们采用钢筋混凝土墙体为整个房屋提供很大的抗剪强度和刚度，一般称这种墙体为"抗震墙"或"剪力墙"。

4. 板材

随着建筑结构体系的改革和大开间多功能框架结构的发展，各种轻质和复合多功能墙用板材也蓬勃兴起。目前可用于墙体的板材品种很多，按墙板的功能可分为外墙板、内墙板和隔墙板；按墙板的规格可分为大型墙板、条板拼装的大板和小张的轻型板；按墙板的结构可分为实心板、空心板和多功能复合墙板。

以建筑板材为围护结构的建筑体系，具有质轻、节能、施工方便快捷、使用面积大、开间布置灵活等特点，因此，具有良好的发展前景。

(二)墙体的组砌方式

墙体的组砌方式是指砖、砌块在墙体中的排列方式。墙体在组砌时应遵循"内外搭接、上下错缝"的原则，使砖、砌块在墙体中能相互咬合，以增加墙体的整体性，保证墙体不出现连续的垂直通缝，确保墙体的强度。砖之间的搭接和错缝的距离一般不小于 60 mm；砌块之间搭接长度不宜小于砌块长度的 1/3。

1. 砖墙的厚度

用普通砖砌筑的墙称为实心砖墙。由于烧结普通砖的尺寸是 240 mm×115 mm×53 mm，所以，实心砖墙的尺寸应为砖宽加灰缝[115 mm＋10 mm＝125 mm]的倍数。砖墙的厚度尺寸见表 5-1。

表 5-1　砖墙的厚度尺寸　　　　　　　　　　　　　　　　　　　　　　mm

墙厚名称	1/4 砖	1/2 砖	3/4 砖	1 砖	$1\frac{1}{2}$ 砖	2 砖	$2\frac{1}{2}$ 砖
标志尺寸	60	120	180	240	370	490	620
构造尺寸	53	115	178	240	365	490	615
习惯称呼	60 墙	12 墙	18 墙	24 墙	37 墙	49 墙	62 墙

2. 砖墙的组砌方式

图 5-26 所示为砖墙组砌名称及错缝。当墙面不抹灰作清水时，组砌还应考虑墙面图案的美观。

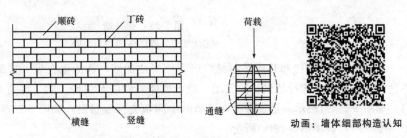

图 5-26　砖墙组砌名称及错缝

（1）实体砖墙。实体砖墙即用烧结砖砌筑的不留空隙的砖墙，多层混凝土结构中墙面常采用实体墙。实体砖墙常见的组砌方式如图 5-27 所示。其中，一顺一丁、多顺一丁、十字式较为常见。

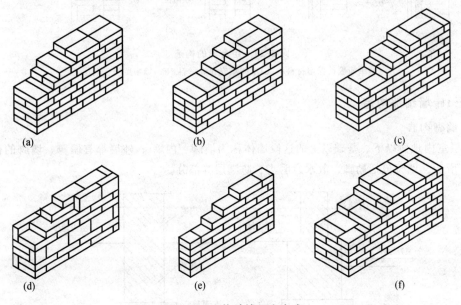

图 5-27　实体砖墙组砌方式

(a)一顺一丁；(b)多顺一丁；(c)十字式；(d)370 mm 厚墙；
(e)120 mm 厚墙；(f)180 mm 厚墙

（2）空斗墙。用普通砖侧砌或平砌与侧砌相结合砌成的墙体称为空斗墙。全部采用侧砌方式的称为无眠空斗墙，如图5-28(a)所示；采用平砌与侧砌相结合方式的称为有眠空斗墙，如图5-28(b)所示。空斗墙具有节省材料、自重轻、隔热效果好的特点，但整体性稍差，施工技术水平要求较高。目前南方普通小型民居仍在采用空斗墙。

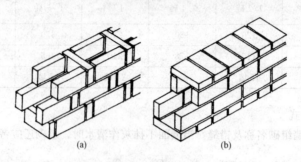

图 5-28 空斗墙

(a)无眠空斗墙；(b)有眠空斗墙

（3）组合墙。用砖和其他保温材料组合而形成的墙，称为组合墙。这种墙可改善普通墙的热工性能，我国北方寒冷地区比较常用。组合墙体的做法有三种：第一种是在墙体单面敷设保温材料，如图5-29(a)所示；第二种是在砖墙的中间填充保温材料，如图5-29(b)所示；第三种是在墙中留空气间层，如图5-29(c)所示。

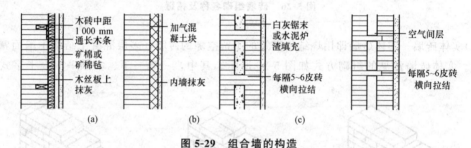

图 5-29 组合墙的构造

(a)单面敷设保温材料；(b)中间填充保温材料；(c)墙中留空气间层

(三)砖墙细部构造

1. 墙脚构造

底层室内地面以下、基础以上的这段墙体称为墙脚。内墙、外墙都有墙脚，墙脚的位置如图5-30所示。墙脚包括勒脚、散水、明沟、防潮层等部分。

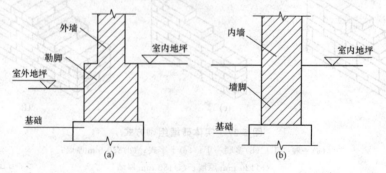

图 5-30 墙脚位置

(a)外墙；(b)内墙

(1)勒脚。勒脚是外墙接近室外地面的部分。勒脚位于建筑墙体的下部,由于承担的上部荷载多,而且容易受到雨、雪的侵蚀和人为因素的破坏,因此需要对这部分墙体加以特殊的保护。

勒脚的高度一般应在 500 mm 以上,有时为了满足建筑立面形象的要求,可以把勒脚顶部提高至首层窗台处。目前,勒脚常用饰面的办法,即采用密实度大的材料来处理勒脚。勒脚应坚固、防水和美观。常见的做法有以下几种:

1)在勒脚部位抹 20~30 mm 厚 1∶2 或 1∶2.5 的水泥砂浆,或做水刷石、斩假石等,如图 5-31(a)所示。

2)在勒脚部位加厚 60~120 mm,再用水泥砂浆或水刷石等贴面,如图 5-31(b)所示。

当墙体材料防水性能较差时,勒脚部分的墙体应当换用防水性能好的材料。常用的防水性能好的材料有大理石板、花岗石板、水磨石板、面砖等。

3)用天然石材砌筑勒脚,如图 5-31(c)所示。

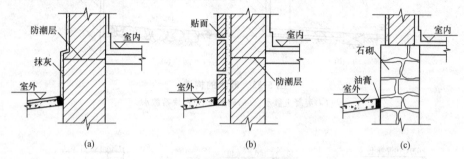

图 5-31 勒脚的构造做法
(a)抹灰;(b)贴面;(c)石材砌筑

(2)散水和明沟。散水也称散水坡、护坡,是沿建筑物外墙四周设置的向外倾斜的坡面,其作用是将屋面下落的雨水排到远处,进而保护建筑四周的土壤,降低基础周围土壤的含水率。散水表面应向外侧倾斜,坡度为 3%~5%。散水的宽度一般为 600~1 000 mm。为保证屋面雨水能够落在散水上,当屋面采用无组织排水方式时,散水的宽度应比屋檐的挑出宽度宽 200 mm 左右。散水的做法通常有砖散水、块石散水、混凝土散水等,其构造如图 5-32 所示。在降水量较少的地区或临时建筑也可采用砖、块石做散水的面层。散水一般采用混凝土或碎砖混凝土做垫层,土壤冻深在 600 mm 以上的地区,宜在散水垫层下面设置砂垫层,以免散水被土壤冻胀而遭破坏。砂垫层的厚度与土壤的冻胀程度有关,通常砂垫层的厚度在 300 mm 左右。

当散水垫层为刚性材料时,每隔 6~15 m 应设置伸缩缝,伸缩缝及散水和建筑外墙交界处应用沥青填充。

对于年降水量较大的地区,常在散水的外缘或直接在建筑物外墙根部设置的排水沟称为明沟。明沟通常用混凝土浇筑成宽 180 mm、深 150 mm 的沟槽,也可用砖、石砌筑,如图 5-33 所示。沟底应有不小于 1% 的纵向排水坡度。

拓展练习

当详图样中某些部位由于图形比例较小,其具体内容或要求无法标注时,常用引出线注出文字说明或详图索引符号(图 5-34)。

引出线用细实线绘制,并宜用与水平方向成 30°、45°、60°、90°的直线或经过上述角度再折为水平的折线。文字说明宜注写在水平线的上方或端部。

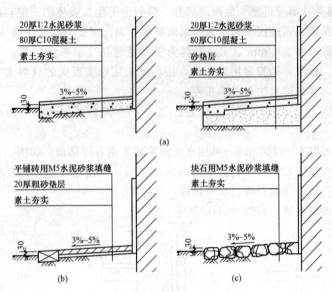

图 5-32 散水的构造
(a)混凝土散水；(b)砖散水；(c)块石散水

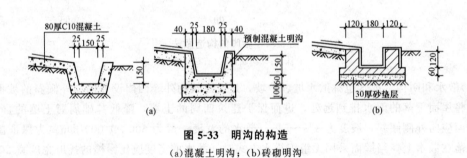

图 5-33 明沟的构造
(a)混凝土明沟；(b)砖砌明沟

  对多层构造部位加以说明，引出线必须通过说明的各层，文字说明编排次序应与构造层次保持一致(即垂直引出时，是由上到下注写；水平引出时，是从左到右注写)，文字说明应注写在引出横线的上方或一侧。

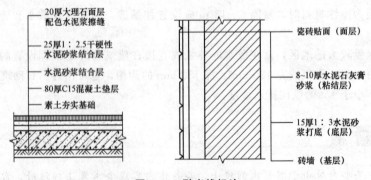

图 5-34 引出线标注

2. 踢脚构造

  踢脚是室内楼地面与墙面相交处的构造处理。它的作用是保护墙的根部，当人们清洗楼地面时不致污染墙身。踢脚面层宜用强度高、光滑耐磨、耐脏的材料做成。通常应与楼地面面层所用材料一致。踢脚凸出墙面抹灰面或装饰面宜为 3~8 mm。当踢脚块材厚度大于 10 mm 时，其上端宜做坡线脚处理。复合地板踢脚板厚度不应小于 12 mm；踢脚高度一般为 100~150 mm。常用的踢脚有水泥砂浆踢脚、塑料地板踢脚、水磨石踢脚、大理石(花岗石)踢脚、硬木踢脚等(图 5-35)。

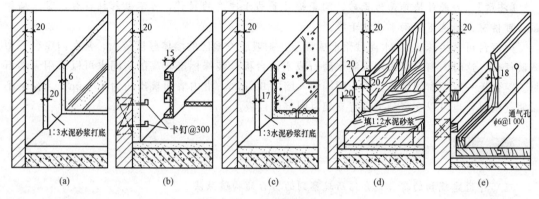

图 5-35　踢脚构造
(a)水泥砂浆踢脚；(b)塑料地板踢脚；(c)水磨石踢脚；(d)大理石(花岗石)踢脚；(e)硬木踢脚

3. 墙裙构造

墙裙是踢脚的延伸，高度一般为 1 200~1 800 mm。卫生间、厨房墙裙的作用是防水和便于清洗，常用的墙裙有水泥砂浆墙裙、乳胶漆墙裙、瓷砖墙裙、水磨石墙裙、石质板材墙裙等。一般居室内墙裙主要做装饰，常用纸面石膏板贴面墙裙、塑料条形和板墙裙、胶合板(或实木板)墙裙等。

随堂思考

观察身边建筑物的散水和墙裙，并查阅相应的图集，讨论并交流观察到的散水和墙裙的构造、做法、尺寸、坡度等。

4. 门窗洞口构造

(1)窗台。窗台是窗洞下部的构造，用来排除窗外侧流下的雨水和内侧的冷凝水，并起一定的装饰作用。位于窗外的称为外窗台，位于室内的称为内窗台。当墙很薄，窗框沿墙内缘安装时，可不设内窗台。窗台的构造如图 5-36 所示。

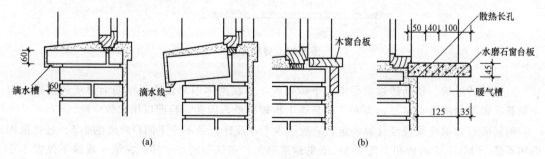

图 5-36　窗台构造
(a)外窗台；(b)内窗台

外窗台面一般应低于内窗台面,并应形成5%的外倾坡度,以利于排水,防止雨水流入室内。外窗台的构造有悬挑窗台和不悬挑窗台两种。悬挑窗台常用砖平砌或侧砌,也可采用预制钢筋混凝土,其挑出的尺寸应不小于 60 mm。窗台表面的坡度可由斜砌的砖形成,或用 1∶2.5 水泥砂浆抹出,并在挑砖下缘前端抹出滴水槽或滴水线。悬挑外窗台下边缘的滴水应做成半圆形凹槽,以免排水时雨水沿窗台底面流至下部墙体。

【注意】 如果外墙饰面为瓷砖、陶瓷锦砖等易于冲洗的材料,可不做悬挑窗台,窗下墙的脏污可借窗上墙流下的雨水冲洗干净。

内窗台可直接抹 1∶2 水泥砂浆形成面层。一般北方地区的墙体厚度较大,常在内窗台下留置暖气槽,这时内窗台可采用预制水磨石或木窗板。装修标准较高的房间也可以采用天然石材。窗台板一般靠窗间墙来支承,两端伸入墙内 60 mm,沿内墙面挑出约为 40 mm。当窗下不设暖气槽时,也可以在窗洞下设置支架以固定窗台板。

随堂思考

观察身边建筑物的窗台,介绍所观察到的窗台的构造做法。

(2)门窗过梁。门窗过梁简称过梁,是指设置在门窗洞口上部的横梁,主要用来承受洞口上部墙体传来的荷载,并将这些荷载传递给洞口两侧的墙体。过梁的种类较多,目前常用的有砖拱过梁、钢筋砖过梁和钢筋混凝土过梁三种,其中以钢筋混凝土过梁最为常见。

1)砖拱过梁。砖拱过梁有平拱和弧拱两种,其中以砖砌平拱过梁应用居多。砖拱过梁应事先设置胎模,由砖侧砌而成,拱中央的砖垂直放置,称为拱心。两侧砖对称,拱心分别向两侧倾斜,灰缝呈上宽(不大于 15 mm)下窄(不小于 5 mm)的楔形,靠材料之间产生的挤压摩擦力来支撑上部墙体,为了使砖拱能更好地工作,平拱的中心应比拱的两端略高,为跨度的 1/100~1/50,如图 5-37 所示。砖砌平拱过梁的适用跨度多小于 1.2 m,但不适用于过梁上部有集中荷载或建筑有振动荷载的情况。

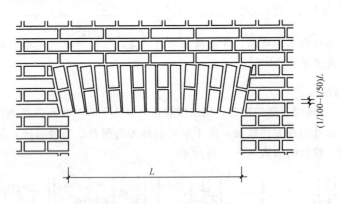

图 5-37 砖拱过梁

2)钢筋砖过梁。钢筋砖过梁是指由平砖砌筑,并在砌体中加设适量钢筋而形成的过梁。由于钢筋砖过梁的跨度可达 2 m 左右,而且施工比较简单,因此,目前应用比较广泛。

钢筋砖过梁的高度应经计算确定,一般不少于 5 皮砖,且不少于洞口跨度的 1/5。过梁范围内用不低于 MU7.5 的砖和不低于 M2.5 的砂浆砌筑,砌法与砖墙一样,在第一皮砖下设置不小于 30 mm 厚的砂浆层,并在其中放置钢筋。钢筋两端伸入墙内 250 mm,并在端部做 60 mm 高的垂直弯钩,钢筋的数量为每 120 mm 墙厚不少于 1Φ6,如图 5-38 所示。

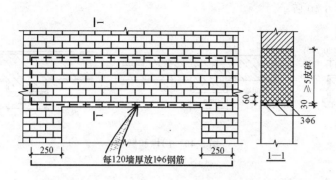

图 5-38 钢筋砖过梁

钢筋砖过梁适用于跨度不超过 1.5 m、上部无集中荷载的洞口。当墙身为清水墙时,采用钢筋砖过梁可使建筑立面获得统一的效果。

3) 钢筋混凝土过梁。当门窗洞口跨度超过 2 m 或上部有集中荷载时,需采用钢筋混凝土过梁。钢筋混凝土过梁有现浇和预制两种。钢筋混凝土过梁的适应性较强,目前已被大量采用。

钢筋混凝土过梁的截面尺寸及配筋应经计算确定,并应是砖厚的整数倍。过梁两端伸入墙体的长度应在 240 mm 以上。为便于过梁两端墙体的砌筑,钢筋混凝土过梁的高度应与砖的皮数尺寸相协调,如 120 mm、180 mm、240 mm。钢筋混凝土过梁的宽度通常与墙厚相同,当墙面不抹灰时(俗称清水墙),过梁的宽度应比墙厚小 20 mm。钢筋混凝土过梁的截面形状有矩形和 L 形。矩形过梁多用于内墙和外混水墙中;L 形过梁多用于外清水墙和有保温要求的墙体中,此时应注意将 L 口朝向室外,如图 5-39 所示。

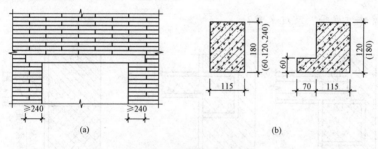

图 5-39 钢筋混凝土过梁
(a)过梁立面;(b)过梁的断面形状和尺寸

随堂思考

砖拱过梁、钢筋砖过梁、钢筋混凝土过梁各有什么优缺点?

5. 墙身加固构造

由于墙身承受集中荷载、开设门窗洞口及地震等因素的作用,墙体的稳定性受到影响,需对墙身采取加固措施,下面是常用的几种方法:

(1)增加壁柱和门垛。当墙体要承受梁传来的集中荷载,而墙厚又不足以承担,或墙体的长度和高度超过一定限度并影响到墙体稳定性时,常在墙身局部适当位置增设凸出墙面的壁柱。

壁柱凸出墙面的尺寸一般为 120 mm×370 mm、240 mm×370 mm、240 mm×490 mm 或根据结构计算确定，如图 5-40 所示。

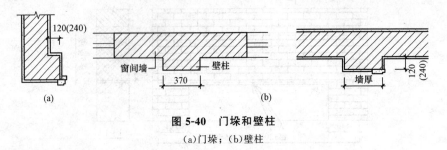

图 5-40　门垛和壁柱
(a)门垛；(b)壁柱

(2)设置圈梁。圈梁是指沿建筑物外墙、内纵墙和部分横墙设置的连续封闭的梁。其作用是加强房屋的空间刚度和整体性，对建筑起到腰箍的作用，以防止由于基础不均匀沉降、振动荷载等引起的墙体开裂。

圈梁有钢筋混凝土圈梁和钢筋砖圈梁两种，如图 5-41 所示。目前，多采用钢筋混凝土材料，钢筋砖圈梁已很少采用。钢筋混凝土圈梁的宽度宜与墙厚相同，当墙厚大于 240 mm 时，允许其宽度减小，但不宜小于墙厚的 2/3。圈梁高度应大于 120 mm，并在其中设置纵向钢筋和箍筋，如为 8 度抗震设防，纵筋为 4Φ10，箍筋为 Φ6@200。钢筋砖圈梁应采用不低于 M5 的砂浆砌筑，高度为 4～6 皮砖。纵向钢筋不宜少于 6Φ6，水平间距不宜大于 120 mm，分上、下两层设在圈梁顶部和底部的灰缝内。

随堂思考

圈梁可以兼作过梁吗？反过来呢？

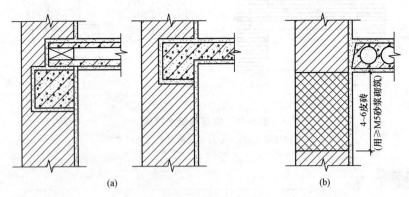

图 5-41　圈梁构造
(a)钢筋混凝土圈梁；(b)钢筋砖圈梁

(3)设置构造柱。构造柱是从构造角度考虑设置的，常设在建筑物的四角、内外墙交接处、楼梯间、电梯间的四角以及某些较长墙体的中部。构造柱的设置部位，一般情况下应符合表 5-2 的要求。

构造柱的截面不宜小于 240 mm×180 mm，常用 240 mm×240 mm。纵向钢筋宜采用 4Φ12，箍筋不少于 Φ6@250 mm，并在柱的上下端适当加密。构造柱应先砌墙后浇柱，墙与柱的连接处宜留出5进5出的马牙槎，进出60 mm，并沿墙高每隔500 mm设2Φ6的拉结钢筋，每边伸入墙内不宜少于1 000 mm，如图5-42所示。施工时，应当先砌墙体，并留出马牙槎，随着墙体的上升，逐段现浇钢筋混凝土构造柱。

表 5-2 砖砌体房屋构造柱设置要求

房屋层数				设置部位	
6度	7度	8度	9度		
≤五	≤四	≤三		楼、电梯间四角，楼梯斜梯段上下端对应的墙体处；	隔12 m或单元横墙与外纵墙交接处；楼梯间对应的另一侧内横墙与外纵墙交接处
六	五	四	二	外墙四角和对应转角；错层部位横墙与外纵墙交接处；	隔开间横墙(轴线)与外墙交接处；山墙与内纵墙交接处
七	六、七	五、六	三、四	大房间内外墙交接处；较大洞口两侧	内墙(轴线)与外墙交接处；内墙的局部较小墙垛处；内纵墙与横墙(轴线)交接处

注：1. 较大洞口，内墙指不小于2.1 m的洞口；当外墙在内外墙交接处已设置构造柱时允许适当放宽，但洞侧墙体应加强。
　　2. 当按规定确定的层数超出本表范围，构造柱设置要求不应低于表中相应裂度的最高要求且宜适当提高。

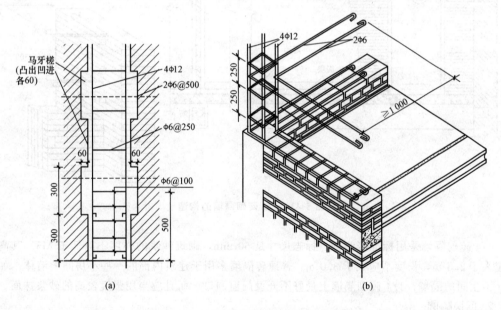

图 5-42 构造柱
(a)平直墙面处的构造柱；(b)转角处的构造柱

三、隔墙的构造

隔墙是用来分隔建筑空间并起一定装饰作用的非承重构件。隔墙较固定，能在较大程度上限定空间，也能在一定程度上满足隔声、遮挡视线等要求。隔墙的类型很多，按其构造方式，可分为块材隔墙、立筋隔墙和板块隔墙三大类。

(一) 块材隔墙

块材隔墙是采用普通砖、空心砖、加气混凝土块等块状材料砌筑的隔墙，具有取材方便、造价较低、隔声效果好的特点。块材隔墙有普通砖隔墙和砌块隔墙两种。

1. 普通砖隔墙

普通砖隔墙分为 1/4 砖厚和 1/2 砖厚两种，以 1/2 砖砌隔墙为主。

1/2 砖砌隔墙又称为半砖隔墙，是用烧结普通砖采用全顺式砌筑而成，砌墙用砂浆强度应不低于 M5。由于隔墙的厚度较薄，为确保墙体的稳定，应控制墙体的长度和高度。当墙体的长度超过 5 m 或高度超过 3 m 时，应采取加固措施。

为使隔墙与两端的承重墙或柱固接，隔墙两端的承重墙须预留出马牙槎，并沿墙高每隔500~800 mm 埋入 2ϕ6 拉结钢筋，伸入隔墙不小于 500 mm。在门窗洞口处，应预埋混凝土块，安装窗框时打孔旋入膨胀螺栓，或预埋带有木楔的混凝土块，用圆钉固定门窗框，如图 5-43 所示。为使隔墙的上端与楼板之间结合紧密，隔墙顶部采用斜砌立砖或每隔 1 m 用木楔打紧。

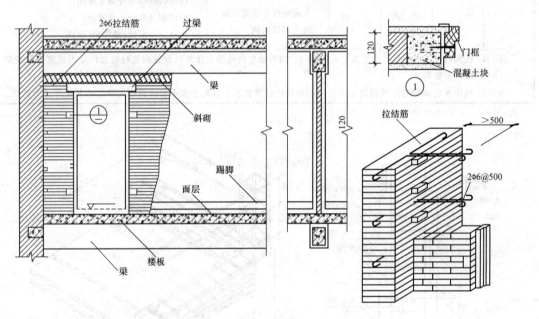

图 5-43　1/2 砖砌隔墙的构造

1/4 砖砌隔墙是用标准砖侧砌，标志尺寸是 60 mm，砌筑砂浆的强度不应低于 M5。其高度不应大于 2.8 m，长度不应大于 3.0 m。普通砖隔墙多用于建筑内部的一些小房间的墙体，如厕所、卫生间的隔墙。1/4 砖砌隔墙上最好不开设门窗洞口，而且应当用强度较高的砂浆抹面。

2. 砌块隔墙

采用轻质砌块来砌筑隔墙，可以将隔墙直接砌在楼板上，不必再设承重梁。目前应用较多的砌块有炉渣混凝土砌块、陶粒混凝土砌块、加气混凝土砌块。炉渣混凝土砌块和陶粒混凝土砌块的厚度通常为 90 mm，加气混凝土砌块多采用 100 mm 的厚度。由于加气混凝土防水防潮的能力较差，因此在潮湿环境中应慎重采用，或在表面做防潮处理。

另外，由于砌块的密度和强度较低，如果要在砌块隔墙上安装暖气散热片或电源开关、插座，应预先在墙体内部设置埋件。

为了减少隔墙的质量，可采用质轻、块大的砌块，目前最常用的是加气混凝土砌块、粉煤灰硅酸盐砌块、水泥炉渣空心砖等砌筑的隔墙。隔墙厚度由砌块尺寸而定，一般为 90~120 mm。砌块大多具有质轻、孔洞率大、隔热性能好等优点，但吸水性强，所以，砌筑时应在墙下先砌 3~5 皮烧结砖。

砌块隔墙厚度较薄，也需采取加强稳定性措施，其方法与砖隔墙类似，如图 5-44 所示。

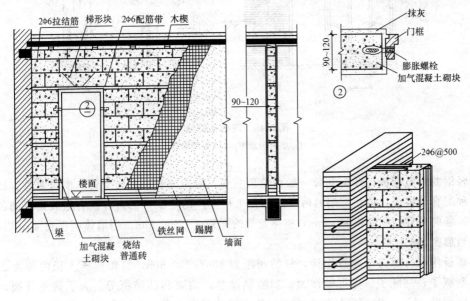

图 5-44　加气混凝土砌块隔墙构造

(二)立筋隔墙

立筋隔墙一般采用木材、薄壁型钢做骨架，用灰板条抹灰、钢丝网抹灰、纸面石膏板、吸声板或其他装饰面板做罩面。它具有自重轻、占地小、表面装饰方便的特点。

1. 灰板条隔墙

灰板条隔墙由木方加工而成的上槛、下槛、立筋(龙骨)、斜撑等构件组成骨架，然后在立筋上沿横向钉上灰板条，如图 5-45(a)所示。由于它的防火性能差、耗费木材多，不适于在潮湿环境中使用，目前较少使用。

为保证墙体骨架的干燥，常在下槛下方事先砌 3 皮砖，厚度为 120 mm；然后将上槛、下槛分别固定在顶棚和楼板(或砖垄上)上；立筋再固定在上槛、下槛上，立筋一般采用 50 mm×20 mm 或 50 mm×100 mm 的木方，立筋的间距为 500~1 000 mm，斜撑间距约为 1 500 mm。

灰板条要钉在立筋上，板条长边之间应留出 6~9 mm 的缝隙，以便抹灰时灰浆能够挤入缝隙之中，使之能附着在灰板条上。灰板条应在立筋上接头，两根灰板条接头处应留出 3~5 mm 的空隙，以免抹灰后灰板条膨胀相顶而弯曲，灰板条的接头连续高度应不超过 500 mm，以免在墙面出现通长裂缝，如图 5-45(b)所示。为了使抹灰粘结牢固，灰板条表面不能够刨光，砂浆中应掺入麻刀或其他纤维材料。

2. 石膏板隔墙

石膏板隔墙是目前使用较多的一种隔墙。石膏板又称纸面石膏板，是一种新型建筑材料，它的自重轻、防火性能好，加工方便且价格不高。

石膏板隔墙的骨架可以采用薄壁型钢、木方和石膏板条。目前，采用薄壁型钢骨架的较多，

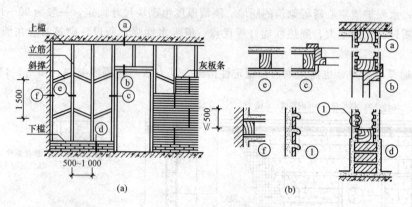

图 5-45 灰板条隔墙
(a)组成示意图；(b)细部构造

又称为轻钢龙骨石膏板。轻钢龙骨一般由沿顶龙骨、沿地龙骨、竖向龙骨、横撑龙骨、加强龙骨和各种配套件组成。组装骨架的薄壁型钢是工厂生产的定型产品，并配有组装需要的各种连接构件。竖向龙骨的间距≤600 mm，横撑龙骨的间距≤1 500 mm。当墙体高度在 4 m 以上时，还应适当加密。

石膏板用自攻螺钉与龙骨连接，钉的间距为 200～250 mm，钉帽应压入板内约为 2 mm，以便于刮腻子。刮腻子后即可做饰面，如喷刷涂料、油漆和贴壁纸等。为了避免开裂，板的接缝处应加贴 50 mm 宽玻璃纤维带或根据墙面观感要求，事先在板缝处预留凹缝。

（三）条板隔墙

条板隔墙是采用在构件生产厂家生产的轻质板材，如加气混凝土条板、石膏条板、碳化石灰板、水泥玻璃纤维空心条板、泰柏板以及各种复合板，在现场直接装配而成的隔墙。这种隔墙装配性好，施工速度快，防火性能好，但价格较高。

1. 水泥玻璃纤维空心条板隔墙

石膏条板和水泥玻璃纤维空心条板多为空心板，长度为 2 400～3 000 mm，略小于房间的净高，宽度一般为 600～1 000 mm，厚度为 60～100 mm。水泥玻璃纤维空心条板隔墙采用胶粘剂进行粘结安装。为使之结合紧密，板的侧面多做成企口。板之间采用立式拼接，当房间高度大于板长时，水平接缝应当错开至少 1/3 板长。当条板安装时，条板下部先用小木楔顶紧后，用细石混凝土堵严，板缝用胶粘剂粘结，并用胶泥刮缝，平整后再进行表面装修。水泥玻璃纤维空心条板隔墙的构造如图 5-46 所示。

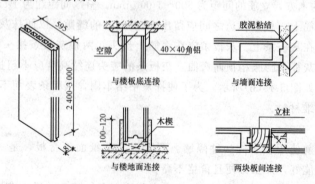

图 5-46 水泥玻璃纤维空心条板隔墙

2. 碳化石灰条板隔墙

图 5-47 所示为碳化石灰条板隔墙构造。安装时，在板顶与楼板之间用木楔将板条楔紧，条板间的缝隙用水玻璃胶粘剂(水玻璃：细矿渣：细砂：泡沫剂＝1：1：1.5：0.01)或 108 胶水泥砂浆(1：3 的水泥砂浆加入适量的 108 胶)进行粘结，待安装完成后，进行表面装修。

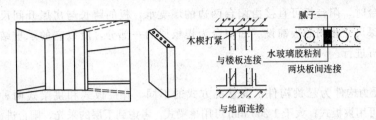

图 5-47 碳化石灰条板隔墙构造

由于板材隔墙采用的是轻质大型板材，施工中直接拼装而不依赖骨架，因此，它具有自重轻、安装方便、施工速度快，工业化程度高的特点。

框架结构中分隔室内空间的墙体与剪力墙结构中的墙体的作用是否一样？

单元三 阳台与雨篷构造

一、阳台的构造

阳台是楼房建筑中各层伸出室外的平台，可供使用者在上面休息、眺望、晾晒衣物或从事其他活动。同时，良好的阳台造型设计还可以增加建筑物的外观美感。

阳台由阳台板和栏杆扶手组成，阳台板是阳台的承重结构，栏杆扶手是阳台的围护构件，设在阳台临空的一侧。

(一)阳台的类型

按阳台与外墙的相对位置不同，阳台可分为凸阳台、凹阳台、半凸半凹阳台及转角阳台，如图 5-48 所示；按施工方法不同，阳台还可分为预制阳台和现浇阳台；住宅建筑的阳台根据使用功能的不同，又可分为生活阳台和服务阳台。

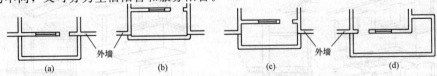

图 5-48 阳台的类型

(a)凸阳台；(b)凹阳台；(c)半凸半凹阳台；(d)转角阳台

(二)阳台承重结构的布置

阳台承重结构通常是楼板的一部分,因此,阳台承重结构应与楼板的结构布置统一考虑,主要采用钢筋混凝土阳台板。钢筋混凝土阳台板可采用现浇式、装配式或现浇与装配相结合的方式。

1. 凹阳台

当为凹阳台时,阳台板可直接由阳台两边的墙支承,板的跨长与房屋开间尺寸相同,也可采用与阳台进深尺寸相同的板铺设。凹阳台为楼板层的一部分,所以它的承重结构布置可按楼板层的受力分析进行。

2. 凸阳台

凸阳台的受力构件为悬挑构件,按悬挑方式的不同,有挑板式和挑梁式两种。挑出长度在 1 200 mm 以内可用挑板式;大于 1 200 mm 可用挑梁式。考虑到下层的采光,阳台进深不能太大。

(1)挑板式,即阳台的承重结构是由楼板挑出的阳台板构成,如图 5-49 所示。这种阳台板底平整、造型简洁,但结构构造及施工较麻烦。挑板式阳台板具体的悬挑方式有两种:一种是楼板悬挑阳台板,如图 5-49(a)所示;另一种是墙梁悬挑阳台板,如图 5-49(b)、(c)所示。

(2)挑梁式,即在阳台两端设置挑梁,挑梁上搁板,如图 5-50 所示。此种阳台构造简单、施工方便,阳台板与楼板规格一致,是较常采用的一种方式。在处理挑梁与板的关系上有几种方式:第一种是挑梁外露,如图 5-50(a)所示;第二种是在挑梁梁头设置边梁,如图 5-50(b)所示;第三种是设置 L 形挑梁,梁上搁置卡口板,如图 5-50(c)所示。

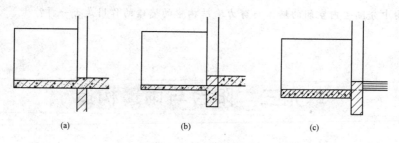

图 5-49 挑板式阳台
(a)楼板悬挑阳台板;(b)墙梁悬挑阳台板(墙不承重);(c)墙梁悬挑阳台板(墙承重)

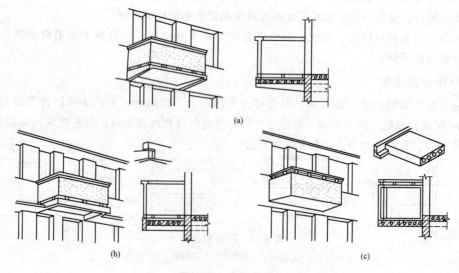

图 5-50 挑梁式阳台
(a)挑梁外露;(b)设置边梁;(c)L 形挑梁卡口板

(三)阳台的细部构造

1. 阳台栏杆、栏板与扶手的形式

栏杆和栏板是阳台的围护结构,它还承担使用者对阳台侧壁的水平推力,因此,其必须具有足够的强度和适当的高度,以保证使用安全。

(1)栏杆。栏杆是很好的装饰构件,不仅对阳台自身,乃至对整个建筑都起着重要的装饰作用。栏杆按外形,可分为空花式、实体式和混合式三种,如图5-51所示。

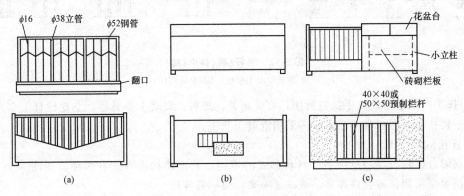

图 5-51 阳台栏杆的形式
(a)空花式;(b)实体式;(c)混合式

钢筋混凝土栏杆可分为现浇与预制两种。目前,使用较多的是现浇钢筋混凝土栏杆。当与阳台板或阳台梁以及扶手连接时,可将混凝土栏杆(板)中的钢筋与阳台板或面梁、扶手内主筋锚固绑扎,然后整体现浇。对预制混凝土栏杆(板),则用预埋钢板焊接,也可将预留的插筋插入预留孔内,用水泥砂浆灌注,如图5-52所示。

(2)栏板。栏板现多用钢筋混凝土栏板,有现浇和预制两种。现浇栏板通常与阳台板整浇在一起;预制栏板可将预留钢筋与阳台板的预留部分浇筑在一起,或预埋铁件焊接。

砖砌栏板的厚度一般为 60 mm 或 120 mm,当栏板厚度为 120 mm 时,应在栏板上部设置加入通长钢筋的现浇混凝土压顶,并设置 120 mm×120 mm 钢筋混凝土小构造柱,留出钢筋与栏板和扶手拉结,如图5-52所示。

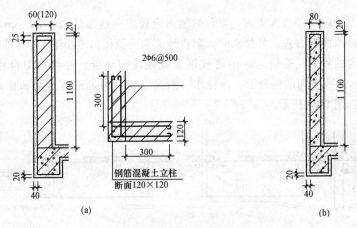

图 5-52 栏杆(板)构造
(a)砖砌栏板;(b)钢筋混凝土栏板

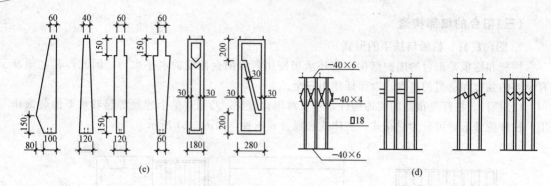

图 5-52 栏杆(板)构造(续)

(c)钢筋混凝土栏板；(d)金属栏杆

(3)扶手。扶手是供人手扶持所用，有金属管、塑料、混凝土等类型。空花栏杆上多采用金属管和塑料扶手，栏板和组合栏板多采用混凝土扶手。

2. 连接构造

根据阳台栏杆(栏板)及扶手材料和形式的不同，其连接构造方式有多种，如图 5-53 所示，栏杆与挡水带采用预埋铁件焊接，或榫接坐浆，或插筋连接。

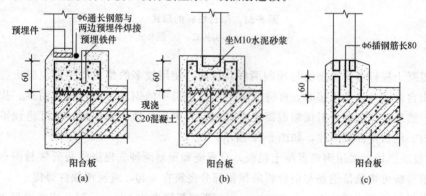

图 5-53 栏杆与阳台板的连接

(a)预埋铁件焊接；(b)榫接坐浆；(c)插筋连接

3. 阳台排水

为防止阳台上的雨水等流入室内，阳台的地面应较室内地面低 20～50 mm，阳台的排水可分为外排水和内排水两种方式。外排水时，阳台地面向两侧做出不小于 1‰ 的排水坡，坡向排水口。同时，在阳台的外侧栏板设 φ50 的镀锌钢管或硬质塑料管，并伸出阳台栏板外面不少于 80 mm，以防落水溅到下面的阳台上。内排水一般是在阳台内侧设置地漏和排水立管，将积水引入地下管网，如图 5-54 所示。

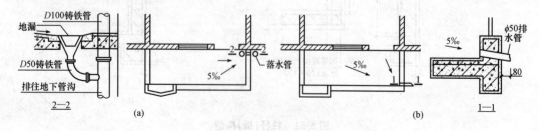

图 5-54 阳台排水构造

(a)地漏排水；(b)排水管排水

二、雨篷的构造

雨篷除能保护大门不受侵害外,还具有一定的装饰作用。按结构形式的不同,雨篷有板式和梁板式两种,且多为现浇钢筋混凝土悬挑构件,其悬挑长度一般为1～1.5 m。大型雨篷下常加设柱支撑,形成门廊,如图5-55所示。

图 5-55 加柱式大型雨篷

雨篷所受的荷载较小,因此雨篷板的厚度较薄,一般做成变截面形式,根部厚度不小于70 mm,端部厚度不小于50 mm。板式雨篷一般与门洞口上的过梁整体现浇,要求上下表面相平。当雨篷挑出长度较小时,构造处理较简单,可采用无组织排水。在板底周边设滴水,雨篷顶面抹15 mm厚1∶2水泥砂浆内掺5%防水剂,如图5-56(a)所示。

当门洞口尺寸较大,雨篷挑出尺寸也较大时,雨篷应采用梁板式结构,即雨篷由梁和板组成。为使雨篷底面平整,通常将周边梁向上翻起成侧梁式(也称翻梁),如图5-56(b)所示,一般是在雨篷外沿用砖或钢筋混凝土板制成一定高度的卷檐。当雨篷尺寸更大时,可在雨篷下面设柱支撑。

雨篷顶面应做好防水和排水处理,一般采用20 mm厚的防水砂浆抹面进行防水处理。防水砂浆应沿墙面上升,高度不小于250 mm,同时,在板的下部边缘做滴水,防止雨水沿板底漫流。雨篷顶面需设置1%的排水坡,并在一侧或双侧设排水管将雨水排除。为了立面需要,可将雨水由落水管集中排除,这时雨篷外缘上部需做挡水边坎。

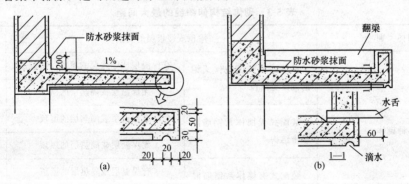

图 5-56 雨篷
(a)板式雨篷;(b)梁板式雨篷

单元四 变形缝构造

建筑物在温度变化、地基不均匀沉降和地震等外界因素的作用下,在结构内部将产生附加应力和变形,造成建筑物的开裂和变形,甚至引起结构破坏,影响建筑物的安全使用。因此,在设计时,事先将建筑物分成若干个相对独立的部分,以保证各部分能自由变形、互不干扰。这种在建筑各个部分之间人为设置的构造缝称为变形缝。

一、变形缝的种类

变形缝包括伸缩缝、沉降缝和防震缝三种。

1. 伸缩缝

伸缩缝也称温度缝。由于冬夏和昼夜之间气温的变化会引起建筑物构配件因热胀冷缩而产生附加应力和变形。因此,为了避免这种因温度变化引起的破坏,通常沿建筑物长度方向每隔一定距离预留一定宽度的缝隙。

2. 沉降缝

沉降缝是为了预防建筑物各部分由于不均匀沉降引起的破坏而设置的变形缝。

3. 防震缝

防震缝的作用是将建筑物分成若干体型简单、结构刚度均匀的独立单元,以防止建筑物的各部分在地震时相互拉伸、挤压或扭转,造成变形和破坏。

二、变形缝的设置、宽度尺寸及构造特点

1. 伸缩缝

伸缩缝要求将建筑物的墙体、楼层、屋顶等地面以上的构件在结构和构造上全部断开,由于基础埋置在地下,受温度变化影响较小,不必断开。伸缩缝的位置和间距与建筑物的材料、结构形式、使用情况、施工条件及当地温度变化情况有关,设计时应根据有关规范的规定设置(表5-3、表5-4)。

表 5-3 砌体结构伸缩缝的最大间距

砌体类别	屋顶或楼板层的类别		间距/m
各种砌体	整体式或装配整体式钢筋混凝土结构	有保温层或隔热层的屋顶、楼板层	50
		无保温层或隔热层的屋顶	40
	装配式无檩体系钢筋混凝土结构	有保温层或隔热层的屋顶	60
		无保温层或隔热层的屋顶	50
	装配式有檩体系钢筋混凝土结构	有保温层或隔热层的屋顶	75
		无保温层或隔热层的屋顶	60

续表

砌体类别	屋顶或楼板层的类别	间距/m
变通黏土、空心砖砌体	黏土瓦和石棉水泥瓦	100
石砌体	木屋顶或楼板层	80
硅酸盐砖、硅酸盐砌块、混凝土砌块	砖石屋顶或楼板层	75

注：1. 层高大于5 m的混合结构单层建筑，其伸缩缝间距可按表中数值乘以1.3采用，但当墙体采用硅酸盐砖、硅酸盐砌块和混凝土砌块砌筑时，不得大于75 m。
2. 温差较大且温度变化频繁地区和严寒地区不采暖的建筑及构筑物墙体的伸缩缝最大间距，应按表中数值予以适当减小后采用。

表 5-4 钢筋混凝土结构伸缩缝的最大间距

结构类型		室内或土中间距/m	露天间距/m
排架结构	装配式	100	70
框架结构	装配式	75	50
	现浇式	55	35
剪力墙结构	装配式	65	40
	现浇式	45	30
挡土墙及地下室墙等结构	装配式	40	30
	现浇式	30	20

注：1. 如有充分依据或可靠措施，表中数值可以增减。
2. 当屋面板上部无保温或隔热措施时，框架剪力墙结构的伸缩缝间距，可按表中露天栏的数值选用；排架结构的伸缩缝间距，可按适当低于室内栏的数值选用。
3. 排架结构的柱顶面（从基础顶面算起）低于8 m时，宜适当减小伸缩缝间距。
4. 外墙装配、内墙现浇的剪力墙结构，其伸缩缝最大间距按现浇式一栏的数值选用；滑模施工的剪力墙结构，宜适当减小伸缩缝间距；现浇墙体在施工中应采取措施减小混凝土收缩应力。

(1)墙体伸缩缝的构造。根据墙体的厚度和所用材料不同，伸缩缝可做成平缝、高低缝和企口缝等形式，如图5-57所示。伸缩缝的宽度一般为20～30 mm。为减少外界环境对室内环境的影响以及考虑建筑立面处理的要求，需对伸缩缝进行嵌缝和盖缝处理，缝内一般填沥青麻丝、油膏、泡沫塑料等材料。当缝口较宽时，还应用镀锌铁皮、彩色钢板、铝皮等金属调节片覆盖。一般外侧缝口用镀锌薄钢板或铝合金片盖缝，内侧缝口用木盖缝条盖缝。

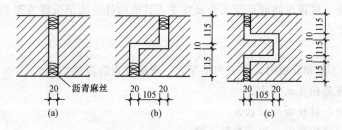

图 5-57 墙体伸缩缝的形式
(a)平缝；(b)高低缝；(c)企口缝

(2)楼地板层伸缩缝的构造。楼地板层伸缩缝的位置和缝宽应与墙体、屋顶伸缩缝一致。伸缩缝的处理应满足地面平整、光洁、防滑、防水和防尘等要求,可用油膏、沥青麻丝、橡胶、金属等弹性材料进行封缝,然后在上面铺钉活动盖板或橡胶、塑料板等地面材料。顶棚盖缝条只固定一侧,以保证两侧构件能自由伸缩变形。

(3)屋顶伸缩缝的构造。屋顶伸缩缝的处理应考虑屋面的防水构造和使用功能要求。一般不上人屋面,如卷材防水屋面,可在伸缩缝两侧加砌矮墙,并做好泛水处理,但在盖缝处应保证自由伸缩而不漏水;上人屋面,如刚性防水屋面,可采用油膏嵌缝并做泛水。

2. 沉降缝

沉降缝一般与伸缩缝合并设置,兼起伸缩缝的作用,但伸缩缝不可代替沉降缝。沉降缝的形式与伸缩缝基本相同,只是盖缝板在构造上应保证两侧单元在竖向能自由沉降。凡符合下列条件之一者应设置沉降缝,设置宽度按表5-5取值:

(1)当建筑物建造在不同的地基土壤上时。
(2)当同一建筑物相邻部分高度相差在两层以上或部分高度差超过10 m以上时。
(3)当建筑物部分的基础底部压力值有很大差别时。
(4)原有建筑物和扩展建筑物之间。
(5)当相邻的基础宽度和埋置深度相差悬殊时。

表5-5 沉降缝的宽度

地基情况	建筑物高度	沉降缝宽度/mm
一般地基	$H<5$ m	30
	$H=5\sim10$ m	50
	$H=10\sim15$ m	70
软弱地基	2~3层	50~80
	4~5层	80~120
	5层以上	>120
湿陷性黄土地基		≥30~70

沉降缝分为以下几种类型:

(1)基础沉降缝。为了保证沉降缝两侧的建筑能够各自成独立的单元,应自基础开始在结构及构造上将其完全断开。常见的基础沉降缝有悬挑式基础和双墙式基础两种类型(图5-58),在构造上需要进行特殊的处理。

(2)墙体沉降缝。墙体沉降缝构造与伸缩缝构造基本相同,只是调节片或盖缝板在构造上需要保证两侧结构在竖向相对变位不受约束,如图5-59所示。

(3)屋顶沉降缝。屋顶沉降缝处泛水金属铁皮或其他构件应满足沉降变形的要求,并有维修余地,如图5-60所示。

3. 防震缝

当设计烈度为8度和9度时,有下列情况之一者应设置防震缝:

(1)房屋立面高差在6 m以上。
(2)房屋有错层,且楼板高差较大。
(3)房屋各部分结构刚度、质量截然不同。

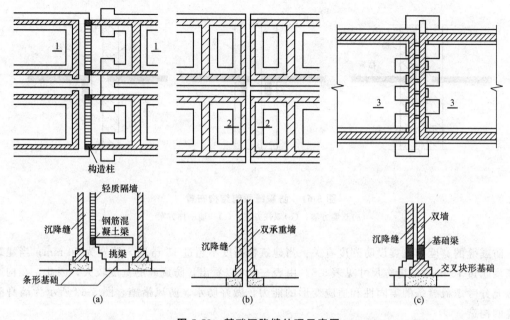

图 5-58 基础沉降缝处理示意图
(a)悬挑式基础方案；(b)双墙式基础方案；(c)双墙基础交叉排列方案

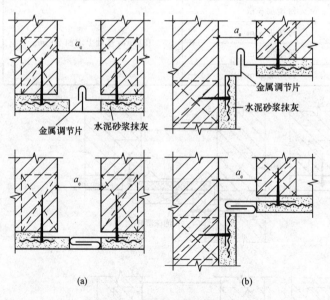

图 5-59 墙体沉降缝的构造
a_e—沉降缝宽度

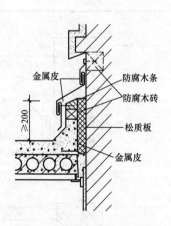

图 5-60 屋顶沉降缝的构造

防震缝应沿建筑的全高设置，缝的两侧应布置墙或柱，形成双墙、双柱或一墙一柱，使各部分封闭，增加刚度，如图 5-61 所示。由于建筑物的底部受地震影响较小，一般情况下基础不设防震缝。当防震缝与沉降缝合并设置时，基础也应设缝断开。

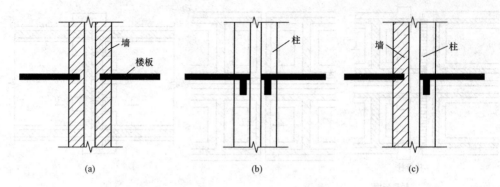

图 5-61　防震缝两侧结构布置
(a)双墙方案；(b)双柱方案；(c)一墙一柱方案

防震缝的宽度与抗震设防烈度有关：当建筑物高度不超过 15 m 时，缝宽为 70 mm；当建筑物高度超过 15 m 时，缝宽尺寸见表 5-6。由表 5-6 可以看出，防震缝的宽度较大，因此，在构造上应充分考虑盖缝条的牢固性和适应变形的能力，做好防水、防风措施。图 5-62 所示为墙身防震缝的构造。

表 5-6　防震缝的宽度

抗震设防烈度	建筑物高度	缝宽
6 度	每增加 5 m	在 70 mm 基础上增加 20 mm
7 度	每增加 4 m	
8 度	每增加 3 m	
9 度	每增加 2 m	

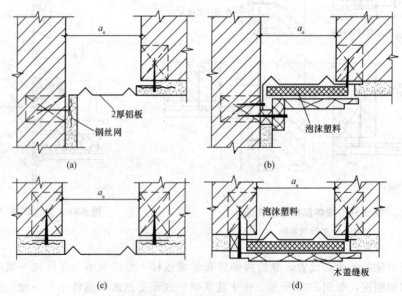

图 5-62　防震缝的构造
(a)外墙转角；(b)内墙转角；(c)外墙平缝；(d)内墙平缝
a_e—防震缝宽度

防震缝处应用双墙使缝两侧的结构封闭,其构造要求与伸缩缝相同,但不应做错口缝和企口缝,缝内不填任何材料。由于防震缝的宽度较大,构造上更应注意盖缝的牢固、防风沙、防水和保温等问题。

模块小结

本模块主要介绍了基础类型与构造,墙体、阳台、雨篷、变形缝的类型与构造四部分内容。

地基有天然地基和人工地基两种,地基与基础之间相互影响、相互制约。影响基础埋置深度的因素有建筑物自身的特性、作用在地基上的荷载大小的性质、工程地质和水文地质条件、地基土冻胀和融陷的影响、相邻建筑物的埋置深度等。

墙是建筑物的主要构件之一,起到承重和围护作用。砖墙是砌体的主要形式。墙体细部构造包括勒脚、散水、明沟、窗台、门窗、过梁、圈梁、构造柱等主要内容,在实际工作中这部分内容会经常用到,学习过程中需要熟练地掌握。

阳台与雨篷也是建筑物中的水平构件。雨篷设在建筑物外墙出入口的上方,用来遮挡雨雪;阳台是楼板层伸出建筑物外墙以外的部分,主要用于室外活动。

变形缝是伸缩缝、沉降缝和防震缝的总称,是为防止建筑物在外界因素作用下产生变形,导致开裂,甚至破坏而预留的构造缝。

对于模块内容的学习,必要时可到施工现场参观,以加强对基础、变形缝等的认识。

思考与练习

一、填空题

1. _____是承受由基础传下来的荷载的土层,它不是建筑物的组成部分。
2. 在建筑中,将建筑上部结构所承受的各种荷载传递到地基上的结构构件称为_____。
3. 地基在建筑物荷载作用下的应力和应变随着土层深度的增加而_____,在达到一定深度后就可以忽略不计。
4. 地基有天然地基和人工地基两种,地基与基础之间相互_____、相互_____。
5. 按构造形式的不同,基础可以分为_____、_____、_____、_____及_____等。
6. 刚性材料指抗压强度高而抗拉和抗剪强度低的材料,用这类材料做基础,应设法不使其产生_____。
7. 砖基础的剖面为阶梯形,称为_____。每一阶梯挑出的长度为砖长的_____。
8. 混凝土基础断面有矩形、阶梯形和锥形三种,高度一般不得小于_____。
9. 按构成墙体的材料和制品分类,较常见墙体的有砖墙、石墙、砌块墙、_____、_____等。
10. 砂浆的强度等级是根据其抗压强度确定的,共分为_____、_____、_____、_____、_____、_____六个等级。
11. 外窗台面一般应低于内窗台面,并应形成_____的外倾坡度,以利于排水,防止雨水流入室内。

12. 隔墙是用来分隔建筑空间并起一定装饰作用的_____构件。

13. 砌筑时应在墙下先砌_____皮烧结砖。

14. 阳台由阳台板和栏杆扶手组成，_____是阳台的承重结构，_____是阳台的围护构件，设在阳台临空的一侧。

15. 变形缝包括_____、_____和_____三种。

二、简答题

1. 为确保建筑物的坚固安全，对基础的埋置深度有何要求？
2. 影响基础埋置深度的因素有哪些？
3. 当地基条件较差或上部荷载较大时，可采用哪种类型的基础？
4. 何谓柔性基础？柔性基础的适用范围是什么？
5. 砖基础的基本形式有哪几种？请详述。
6. 我国标准砖的规格是什么？其长、宽、厚之间有何关系？
7. 勒脚坚固、防水和美观的常见做法有哪几种？
8. 常见的门窗过梁有哪几种？请详述。
9. 墙身加固的常见方法有哪几种？
10. 为使隔墙与两端的承重墙或柱固接，隔墙两端的承重墙应如何做？
11. 阳台主要有哪些类型？
12. 如何防止阳台上的雨水等流入室内？
13. 砌体结构伸缩缝的最大间距有什么要求？
14. 什么情况下应设置沉降缝？
15. 什么情况下应设置防震缝？

三、实训题

1. 结合实际结构施工图进行识图。

2. 绘出你家里卧室的外墙身剖面图。要求沿外墙窗纵剖，从楼板以下至基础以上绘制，重点表示清楚以下部位：

(1)墙脚构造(包括勒脚、散水或明沟、墙身水平防潮层及室内外地面的构造处理等)；

(2)窗及窗台、过梁或圈梁的构造。

绘制要求：

(1)图中必须标明材料、构造做法、尺寸标注等。图中线条、材料符号等，按建筑制图标准表示。字体应工整，线型粗细分明。

(2)比例为1∶10。用一张竖向A3号图纸完成，注写图名和比例。

模块六　屋面、楼板和地坪构造

知识目标

(1)了解屋面的作用与类型，掌握屋面坡度大小的确定及表示方法。
(2)了解平屋面的组成及防水构造做法。
(3)了解坡屋面的组成、屋面承重结构的布置及防水构造做法。
(4)了解楼板层与楼板的构造组成，熟悉钢筋混凝土楼板的类型及结构布置。
(5)掌握地坪层与楼地面的构造。

能力目标

(1)能够掌握不同类型钢筋混凝土楼板层的构造做法。
(2)能够合理、准确地描述楼地面的构造情况。

素养目标

(1)遵守相关规范、标准和管理规定。
(2)具有严谨的工作作风、较强的责任心和科学的工作态度。
(3)培养发现问题、解决问题的能力。
(4)爱岗敬业，严谨务实，团结协作，具有良好的职业操守。

单元一　屋面组成及构造简介

一、屋面概述

(一)屋面的作用

屋面也称屋盖，是建筑物的最顶部，是建筑物围护结构的一部分，是建筑立面的重要组成部分，除应满足自重轻、构造简单、施工方便等要求外，还必须具备坚固耐久、防水排水、保温隔热、抵御侵蚀等功能。

(二)屋面的坡度

屋面坡度主要是为屋面排水而设定的。从排水角度考虑，排水坡度越大越好；但从结构上、经济上以及上人活动等方面考虑，坡度则越小

动画：屋面坡度表示方法

越好。另外,屋面坡度的大小还取决于屋面材料的防水性能,采用防水性能好、单块面积大的屋面材料时,如油毡、钢板等,屋面坡度可以小一些;采用黏土瓦、小青瓦等单块面积小、接缝多的屋面材料时,坡度就必须大一些。坡度的大小与屋面选用的材料、当地降雨量大小、屋面结构形式、建筑造型等因素有关。屋面坡度太小容易渗漏,坡度太大又浪费材料,因此,要综合考虑各方面因素,合理确定屋面排水坡度。表 6-1 为屋面的排水坡度。

表 6-1 屋面的排水坡度

屋面类别	屋面排水坡度/%	屋面类别	屋面排水坡度/%
卷材防水、刚性防水的平屋面	2~5	平瓦	20~50
波形瓦	10~50	油毡瓦	≥20
网架、悬索结构金属板	≥4	压型钢板	5~35
种植土屋面	1~3		

注:1. 平屋面采用结构找坡不应小于 3%,采用材料找坡宜为 2%;
2. 卷材屋面的坡度不宜大于 25%,当坡度大于 25% 时应采取固定和防止滑落的措施;
3. 卷材防水屋面天沟、檐沟纵向坡度不应小于 1%,沟底水落差不得超过 200 mm。天沟、檐沟排水不得流经变形缝和防火墙;
4. 平瓦必须铺置牢固,地震设防地区或坡度大于 50% 的屋面,应采取固定加强措施;
5. 架空隔热屋面坡度不宜大于 5%,种植屋面坡度不宜大于 3%。

(三)屋面的类型

屋面的类型与建筑物的屋面材料、屋面结构类型以及建筑造型要求等因素有关。按照屋面的排水坡度和构造形式,屋面可分为平屋面、坡屋面和曲面屋面三种类型。

1. 平屋面

平屋面是指屋面排水坡度小于或等于 5% 的屋面。平屋面的主要特点是坡度平缓,其常用的坡度为 2%~3%,上部可做成露台、屋面花园等供人使用;其具有体积小、构造简单、节约材料、造价经济的特点,在建筑工程中应用最为广泛(图 6-1)。

动画:结构找坡

动画:材料找坡

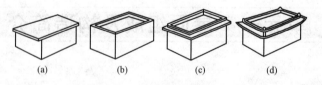

图 6-1 平屋面的形式

(a)挑檐平屋面;(b)女儿墙平屋面;(c)挑檐女儿墙平屋面;(d)盝顶平屋面

2. 坡屋面

屋面坡度大于 10% 的屋面称为坡屋面。坡屋面在我国有着悠久的历史,由于坡屋面造型丰富多彩,并能就地取材,至今仍被广泛应用。坡屋面按其分坡的多少可分为单坡屋面、双坡屋面和四坡屋面,如图 6-2 所示。当建筑物进深不大时,可选用单坡顶;当建筑物进深较大时,宜采用双坡顶或四坡顶。

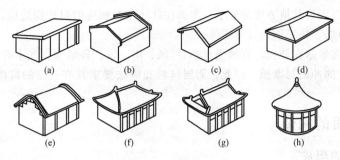

图 6-2 坡屋面的形式
(a)单坡顶；(b)硬山双坡顶；(c)悬山双坡顶；(d)四坡顶；(e)卷棚顶；(f)庑殿顶；(g)歇山顶；(h)圆攒尖顶

3. 曲面屋面

曲面屋面是由各种薄壳结构、悬索结构以及网架结构等作为屋面承重结构的屋面，如双曲拱屋面、扁壳屋面、鞍形悬索屋面等，如图 6-3 所示。这类结构受力合理，能充分发挥材料的力学性能，因而能节约材料；但是，因其施工复杂，造价高，故常用于大跨度的大型公共建筑中。

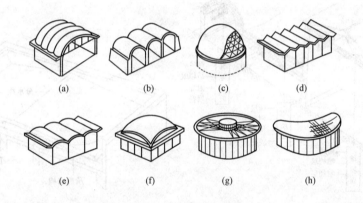

图 6-3 曲面屋面的形式
(a)双曲拱屋面；(b)砖石拱屋面；(c)球形网壳屋面；(d)V形折板屋面；
(e)筒壳屋面；(f)扁壳屋面；(g)车轮形悬索屋面；(h)鞍形悬索屋面

随堂思考

1. 平屋顶为何也要设置坡度？
2. 坡度的表示方法有哪几种？

(四)屋面的基本组成

屋面通常由四部分组成，即顶棚、结构层、附加层和面层，如图 6-4 所示。

(1)顶棚。顶棚是指房间的顶面，又称天棚。当承重结构采用梁板结构时，可在梁、板底面抹灰，形成抹灰顶棚。当装修要求较高时，可做吊顶处理；有些建筑可不设置顶棚(如坡屋面)。

(2)结构层。结构层主要用于承受屋面上所有荷载及屋面自重等，并将这些荷载传递给支撑它的墙或柱。

(3)附加层。为满足其他方面的要求,屋面往往还增加相应的附加构造层,如隔汽层、找坡层、保温(或隔热)层、找平层、隔离层等。

(4)面层。面层暴露在外面,直接受自然界(风、雨、雪、日晒和空气中有害介质)的侵蚀和人为(上人和维修)的冲击与摩擦。因此,面层材料和做法要求具有一定的抗渗性能、抗摩擦性能和承载能力。

二、平屋面的构造

(一)平屋面的组成

平屋面一般由屋面、保温隔热层、结构层和顶棚层四部分组成,如图 6-5 所示。因各地气候条件不同,所以,其组成也略有差异。我国南方地区一般不设保温层,而北方地区则很少设隔热层。

1. 屋面

屋面是屋面构造中最上面的表面层次,要承受施工荷载和使用时的维修荷载,以及自然界风吹、日晒、雨淋、大气腐蚀等的长期作用,因此,屋面材料应有一定的强度、良好的防水性和耐久性能。

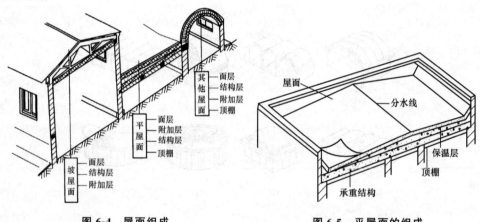

图 6-4 屋面组成　　　　图 6-5 平屋面的组成

根据防水层材料及做法的不同,屋面可分为柔性防水屋面和刚性防水屋面两种形式。柔性防水屋面是以沥青、油毡、油膏等柔性材料铺设的屋面防水层,多用于北方温差大的寒冷和湿热地区;刚性防水屋面是以细石混凝土、防水砂浆等刚性材料做屋面防水层,多用于南方温差小的炎热地区。

2. 保温隔热层

为防止冬季、夏季顶层房间过冷或过热,需要在屋面中设置相应的保温隔热层,以保证建筑具有良好的室内环境和舒适性。保温层、隔热层通常设置在结构层与防水层之间。常用的保温材料有无机粒状材料和块状制品,如膨胀珍珠岩、水泥蛭石、聚苯乙烯泡沫塑料板等。

3. 结构层

结构层承受着屋面传来的各种荷载和屋面自重。平屋面主要采用钢筋混凝土结构,按施工方法不同,有现浇钢筋混凝土结构、预制装配式混凝土结构和装配整体式钢筋混凝土结构三种形式。其中,最常用的是预制装配式混凝土结构,如空心板和槽形板等。

4. 顶棚层

顶棚位于屋面的底部,用来满足室内对顶部的平整度和美观要求。在大多数情况下,屋面顶棚构造与楼板层顶棚构造是相同的，一般采用直接式顶棚和悬吊式顶棚。

(二)平屋面防水构造

平屋面的屋面防水方式根据施工方法的不同可分为柔性防水和刚性防水。详见本书第十二章单元一相关内容。

三、坡屋面的构造

(一)坡屋面的组成

坡屋面由承重结构、屋面、顶棚等部分组成，根据使用要求不同，有时还需要增设保温层或隔热层。

1. 承重结构

承重结构主要承受作用在屋面上的各种荷载，并将它们传递到墙或柱上。坡屋面的承重结构一般由椽条、檩条、屋架或大梁等组成，其结构类型有横墙承重、屋架承重等。

2. 屋面

屋面是屋面的上覆盖层，直接承受风、雨、雪和太阳辐射等大自然的作用。它包括屋面覆盖材料和基层材料，如挂瓦条、屋面板等。

坡屋面的屋面坡度较大，可采用各种小尺寸的瓦材相互搭盖来防水。由于瓦材尺寸小、强度低，不能直接搁置在承重结构上，需在瓦材下面设置基层将瓦材连接起来构成屋面。所以，坡屋面一般由基层和面层组成，面层不同，屋面基层的构造形式也不相同。其一般由檩条、椽条、木望板及挂瓦条等组成。

3. 顶棚

顶棚是屋面下面的遮盖部分，可使室内上部平整，起反射光线和装饰作用。

4. 保温层或隔热层

保温层或隔热层可设在屋面层或顶棚处，常用的保温隔热材料，可根据工程具体要求选用松散材料、块状材料和板状材料。

(二)坡屋面的承重结构

坡屋面与平屋面相比坡度较大，故其承重结构的屋面是一斜面。承重结构系统可分为横墙承重、梁架承重和屋架承重等。

1. 横墙承重

当建筑物开间小于 3.9 m 时，可将横墙上部按屋面坡度砌出斜坡，上面铺设钢筋混凝土屋面板或搭檩条后铺设屋面板，俗称"硬山搁檩"，如图6-6所示。其具有构造简单、施工方便、节约木材、有利于防火和隔声等优点，但房屋开间尺寸受到一定限制。横墙承重适用于住宅、办公楼、旅馆等开间较小的建筑。

2. 梁架承重

梁架承重是我国传统的结构形式，它由柱和梁组成排架，檩条置于梁间承受屋面荷载并将各排架连成一完整骨架。内外墙体均填充在骨架之间，仅起分隔和围护作用，不承受荷载。梁架交

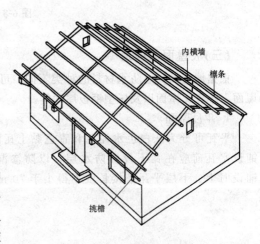

图 6-6 横墙承重

接点为榫齿结合,整体性和抗震性较好。梁架结构如图6-7所示。

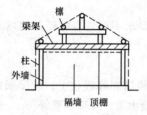
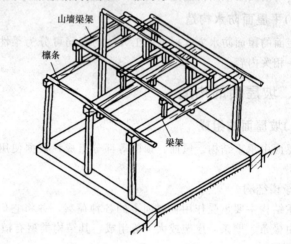

图6-7 梁架结构

3. 屋架承重

屋架承重是将物件搁置在承重墙上,再在物件上放置檩条承受屋面荷载的屋面结构形式,如图6-8所示。

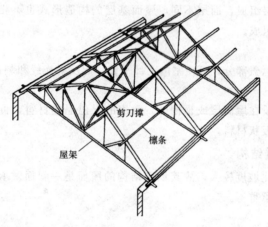

图6-8 屋架承重

(三)坡屋面的构造

根据坡屋面面层防水材料的种类不同,可将坡屋面划分为平瓦屋面、油毡瓦屋面、波形瓦屋面、小青瓦屋面以及压型钢板屋面等。

1. 平瓦屋面

平瓦可分为灰白色水泥瓦和青色黏土瓦两种。瓦面上有顺水凹槽,瓦底后部设挂瓦条。铺设平瓦前应在瓦下设置防水层,以防渗漏,其方法是铺设一层卷材或垫设泥背、灰背,铺设时上、下层平瓦搭接长度不得小于70 mm,在屋脊处用脊瓦压盖,如图6-9所示。

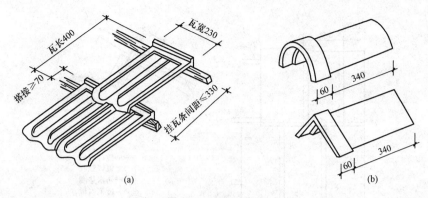

图 6-9 平瓦和脊瓦
(a)平瓦的规格和构造要求；(b)筒形脊瓦和三角形脊瓦

平瓦屋面是坡屋面中应用最多的一种形式，其细部构造主要包括檐口、天沟、屋脊等。另外，烟囱出屋面处的处理除要满足防水要求外，还要满足防火规范的要求。

2. 油毡瓦屋面

油毡瓦是以玻璃纤维为胎基，经浸涂石油沥青后，面层热压各色彩砂，背面撒以隔离材料而制成的瓦状材料，其形状有方形和半圆形两种。油毡瓦具有柔性好、耐酸碱、不褪色、质量轻的优点。其适用于坡屋面的防水层或多层防水层的面层。

油毡瓦适用于排水坡度大于 20% 的坡屋面，可铺设在木板基层和混凝土基层的水泥砂浆找平层上。其构造如图 6-10 所示。

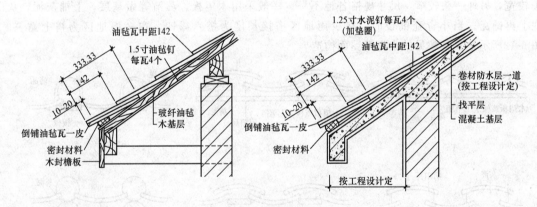

图 6-10 油毡瓦屋面

3. 波形瓦屋面

波形瓦可用石棉水泥、塑料、玻璃钢和金属等材料制成。其中，以石棉水泥波形瓦应用最多。石棉水泥波形瓦屋面具有质量轻、构造简单、施工方便、造价低廉等优点，但易脆裂，保温隔热性能较差，多用于室内要求不高的建筑中。

石棉水泥波形瓦分为大波瓦、中波瓦和小波瓦三种规格。石棉水泥波形瓦尺寸较大，且具有一定的刚度，可直接铺钉在檩条上，檩条的间距要保证每张瓦至少有三个支承点。瓦的上下搭接长度不小于 100 mm，左右方向也应满足一定的搭接要求，并应在适当部位去角，以保证搭接处瓦的层数不致过多，如图 6-11 所示。

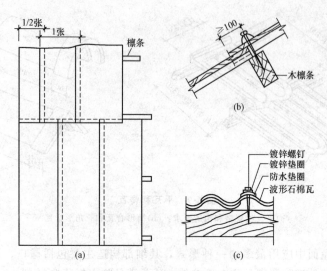

图 6-11 石棉水泥瓦屋面
(a)波形石棉瓦铺法；(b)上下两瓦搭接；(c)相邻两瓦搭接

另外，在工程中常用的还有塑料波形瓦屋面、玻璃钢瓦屋面和彩色压型钢板瓦屋面，其构造方法与石棉水泥瓦基本相同。

4. 小青瓦屋面

小青瓦屋面是我国传统民居中常用的一种屋面形式，小青瓦断面呈圆弧形，平面形状为一头较宽，另外一头较窄，尺寸规格各地不一。一般采用木望板、苇箔等做基层，上铺灰泥，灰泥上再铺瓦。当小青瓦铺设时，在少雨地区搭接长度为搭六露四，在多雨地区为搭七露三。图 6-12 所示是几种常见的小青瓦屋面构造

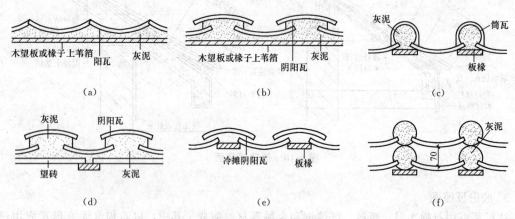

图 6-12 小青瓦屋面构造
(a)单层瓦(适用于少雨地区)；(b)、(d)阴阳瓦(适用于多雨地区)；(c)筒板瓦(适用于多雨地区)；
(e)冷摊瓦(适用于炎热地区)；(f)通风屋面(适用于炎热地区)

5. 压型钢板屋面

压型钢板是将镀锌钢板轧制成型，表面涂刷防腐涂层或彩色烤漆而成的屋面材料，具有多种规格，有的中间填充了保温材料，成为夹芯板，可提高屋面的保温效果。压型钢板屋面一般与钢屋架相配合，可先在钢屋架上固定 I 形或槽形檩条，然后在檩条上固定钢板支架。这种屋

面具有自重轻、施工方便、装饰性与耐久性强的优点，一般用于对屋面的装饰性要求较高的建筑。

压型钢板与檩条的连接固定应采用带防水垫圈的镀锌螺栓（螺钉）在波峰固定。当压型钢板波高超过 35 mm 时，压型钢板应通过钢支架与檩条相连，檩条多为槽钢、工字钢等（图 6-13）。

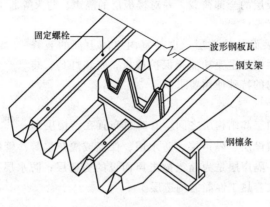

图 6-13　金属压型板屋面

单元二　楼板类型与构造

一、楼板层的组成

楼板层是用来分隔建筑空间的水平承重构件，其竖向将建筑物分成许多个楼层。楼板层一般由面层、结构层和顶棚层等几个基本层次组成。当房间对楼板层有特殊要求时，可加设相应的附加层，如防水层、防潮层、隔声层、隔热层等，如图 6-14 所示。

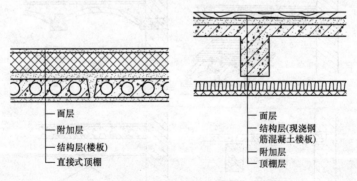

图 6-14　楼板层的组成

1. 面层

面层又称楼面，是楼板层上表面的构造层，也是室内空间下部的装修层。面层对结构层起着保护作用，使结构层免受损坏，同时也起装饰室内的作用。根据各房间功能要求的不同，面层有多种不同的做法。

2. 结构层

结构层通常称为楼板，位于面层和顶棚层之间，是楼板层的承重部分，其包括板、梁等构件。结构层承受整个楼板层的全部荷载，并对楼板层的隔声、防火等起主要作用。

3. 顶棚层

顶棚层是楼板层下表面的构造层，也是室内空间上部的装修层，又称天花、天棚。顶棚的主要功能是保护楼板、安装灯具、装饰室内空间以及满足室内的特殊使用要求。

4. 附加层

动画：楼板组成及设计要求认知

附加层通常设置在面层和结构层之间，有时也布置在结构层和顶棚之间，主要有管线敷设层、隔声层、防水层、保温或隔热层等。管线敷设层是用来敷设水平设备暗管线的构造层；隔声层是为隔绝撞击声而设的构造层；防水层是用来防止水渗透的构造层；保温或隔热层是改善热工性能的构造层。

随堂思考

1. 楼板层中最重要的是哪个部分？
2. 观察所在教室的楼板层或地坪层，讨论它们的组成。

二、楼板的类型

楼板是楼板层的结构层，可将其承受的楼面传来的荷载连同其自重有效地传递给其他的支撑构件，即墙或柱，再由墙或柱传递给基础。在砖混结构建筑中，楼板还对墙体起着水平支撑作用，以增加建筑物的整体刚度。因此，楼板要有足够的强度和刚度，并符合隔声、防火要求。

按所使用材料的不同，楼板可分为木楼板、砖拱楼板、钢筋混凝土楼板、压型钢板组合楼板等类型，如图 6-15 所示。

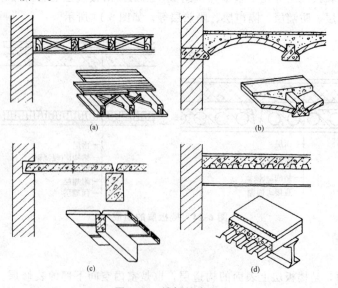

图 6-15　楼板的类型

(a)木楼板；(b)砖拱楼板；(c)钢筋混凝土楼板；(d)压型钢板组合楼板

三、钢筋混凝土楼板层构造

钢筋混凝土楼板按施工方式不同,可分为现浇式钢筋混凝土楼板、预制装配式钢筋混凝土楼板和装配整体式钢筋混凝土楼板三种类型。

(一)现浇式钢筋混凝土楼板

现浇式钢筋混凝土楼板是在施工现场通过支模、绑扎钢筋、浇筑混凝土及养护等工序所制成的楼板。这种楼板具有能够自由成型、整体性强、抗震性能好的优点,但模板用量大、工序多、工期长、工人劳动强度大,并且施工受季节影响较大。现浇式钢筋混凝土楼板分为板式楼板、梁板式楼板、无梁楼板和钢衬板组合楼板四种。

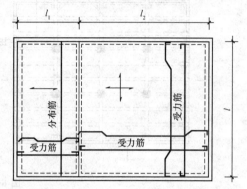

1. **板式楼板**

将楼板现浇成一块平板,四周直接支承在墙上,这种楼板称为板式楼板。按其支撑情况和受力特点,板式楼板分为单向板和双向板(图 6-16)。当板的长边尺寸 l_2 与短边尺寸 l_1 之比(l_2/l_1)大于 2 时,在荷载作用下,楼板基本上只在 l_1 方向上挠曲变形;而在 l_2 方向上的挠曲很小,这表明荷载基本沿 l_1 方向传递,

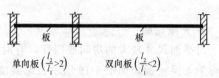

图 6-16 单向板和双向板

称为单向板;当 l_2/l_1 不大于 2 时,楼板在两个方向都挠曲,即荷载沿两个方向传递,称为双向板。

板式楼板的底面平整,便于支模施工,但当楼板跨度大时,需增加楼板的厚度,耗费材料较多,所以板式楼板适用于平面尺寸较小的房间,如厨房、卫生间及走廊等。

2. **梁板式楼板**

当房间平面尺寸较大时,为了避免楼板的跨度过大,可在楼板下设梁来增加板的支点,从而减小板跨。这时,楼板上的荷载先由板传递给梁,再由梁传递给墙或柱。这种由板和梁组成的楼板,称为梁板式楼板。根据梁的布置情况,梁板式楼板可分为单梁式楼板、双梁式楼板和井梁式楼板三种。

(1)单梁式楼板。当房间有一个方向的平面尺寸相对较小时,可以只沿短跨方向设梁,将梁直接搁置在墙上,这种梁板式楼板属于单梁式楼板,如图 6-17 所示。单梁式楼板的结构较简单,仅适用于教学楼、办公楼等建筑。

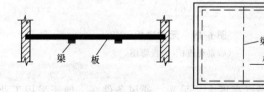

图 6-17 单梁式楼板

(2)双梁式楼板。双梁式楼板是当房间两个方向的平面尺寸都较大时,在纵、横两个方向都设置梁,其有主梁和次梁之分。主梁和次梁的布置应整齐、有规律,并考虑建筑物的使用要求、

房间的大小形状以及荷载作用情况等，一般主梁沿房间短跨方向布置，次梁则垂直于主梁布置，如图 6-18 所示。

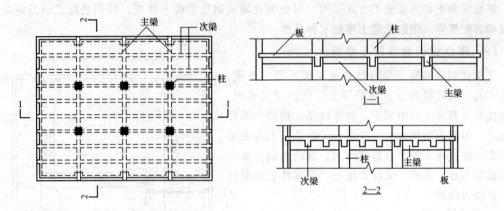

图 6-18　双梁式楼板

3. 无梁楼板

对平面尺寸较大的房间或门厅，有时楼板层也可以不设梁，直接将板支承于柱上，这种楼板称为无梁楼板，如图 6-19 所示。无梁楼板可分为无柱帽和有柱帽两种类型。当楼面荷载较大时，为避免楼板太厚，应采用有柱帽无梁楼板，以增加板在柱上的支承面积；当楼面荷载较小时，可采用无柱帽楼板。无梁楼板的柱网应尽量按方形网格布置，跨度在 6 m 左右较为经济，呈方形布置。由于板的跨度较大，故板厚不宜小于 150 mm，一般为 160～200 mm。

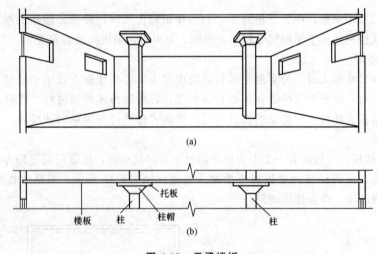

图 6-19　无梁楼板
(a)直观图；(b)投影图

无梁楼板的板底平整，室内净空高度大，采光、通风条件好，便于采用工业化的施工方式，适用于楼面荷载较大的公共建筑(如商店、仓库、展览馆等)和多层工业厂房。

4. 钢衬板组合楼板

钢衬板组合楼板是利用压型钢衬板，分单层或双层支承在钢梁上，然后在其上现浇钢筋混凝土而形成的整体式楼板结构，主要用于大空间的高层民用建筑或大跨度的工业建筑，如图 6-20 所示。压型钢板作为混凝土永久性模板，简化了施工程序，加快了施工进度。

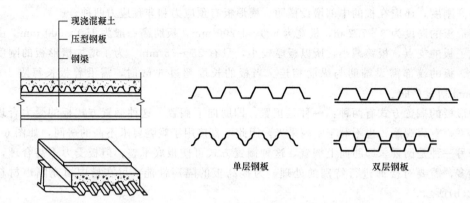

图 6-20　钢衬板组合楼板

随堂思考

1. 现浇式钢筋混凝土楼板有什么优缺点？
2. 观察校内建筑，交流讨论楼板下梁柱的设置。

(二)预制装配式钢筋混凝土楼板

预制钢筋混凝土楼板是指在预制构件加工厂或施工现场外预先制作，然后再运到施工现场装配而成的钢筋混凝土楼板。这种楼板可节省模板、减少施工工序、缩短工期，提高施工工业化的水平，但由于其整体性能差，所以近年来在实际工程中的应用逐渐减少。

1. 预制钢筋混凝土板的种类

预制装配式钢筋混凝土楼板按楼板的构造形式，可分为实心平板、槽形板和空心板三种；按楼板的应力状况，又可分为预应力和非预应力两种。预应力构件与非预应力构件相比，可推迟裂缝的出现和限制裂缝的发展，并且节省钢材30%～50%，节约混凝土10%～30%，可以减轻自重、降低造价。

(1)实心平板。预制实心平板的板面较平整，其跨度较小，一般不超过 2.4 m，板厚为 60～100 mm，宽度为 600～1 000 mm。由于板的厚度较小，且隔声效果较差，故一般不用作房间的楼板，两端常支承在墙或梁上，用作楼梯平台、走道板、隔板、阳台栏板、管沟盖板等，如图 6-21 所示。

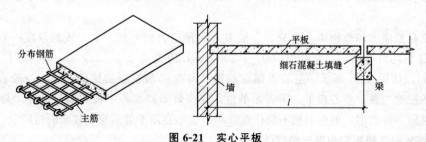

图 6-21　实心平板

(2)槽形板。槽形板是一种梁板结合构件，在板的两侧设有相当于小梁的肋，构成槽形断面，用以承受板的荷载。为便于搁置和提高板的刚度，在板的两端常设端肋封闭。跨度较大的板为提高刚度，还应在板的中部增设横肋。槽形板有预应力和非预应力两种。

槽形板的跨度为 3～7.2 m，板宽为 600～1 200 mm，板肋高一般为 150～300 mm。由于板肋形成了板的支点，板跨减小，所以板厚较小，只有 25～35 mm。为了增加槽形板的刚度和便于搁置，板的端部需设端肋与纵肋相连。当板的长度超过 6 m 时，需沿着板长每隔 1 000～1 500 mm 增设横肋。

槽形板的搁置方式有两种：一种是正置，即肋向下搁置，这种搁置方式板的受力合理，但板底不平，有碍观瞻，也不利于室内采光，因此可直接用于观瞻要求不高的房间，如图 6-22(a) 所示；另一种是倒置，即肋向上搁置，这种搁置方式可使板底平整，但板受力不甚合理，材料用量稍多，需要对楼面进行特别的处理。为提高板的隔声性能，可在槽内填充隔声材料，如图 6-22(b) 所示。

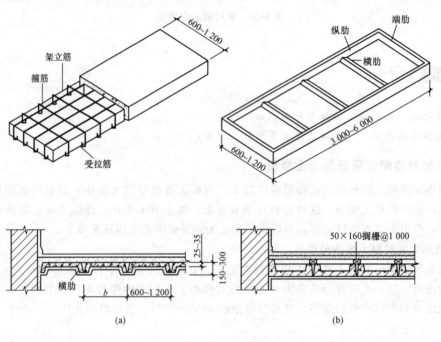

图 6-22　槽形板
(a)正置槽形板；(b)倒置槽形板

(3)空心板。空心板是将楼板中部沿纵向抽孔而形成中空的一种钢筋混凝土楼板。孔的断面形式有圆形、椭圆形、方形和长方形等，由于圆形孔制作时抽芯脱模方便且刚度好，故应用最普遍。

空心板有预应力和非预应力之分，一般多采用预应力空心板。空心板的厚度一般为 110～240 mm，视板的跨度而定，宽度为 500～1 200 mm，跨度为 2.4～7.2 m，较为经济的跨度为 2.4～4.2 m，如图 6-23 所示。空心板侧缝的形式与生产预制板的侧模有关，一般有 V 形缝、U 形缝和凹槽缝三种。空心板上、下表面平整，隔声效果较实心平板和槽形板好，是预制板中应用最广泛的一种类型，但空心板不能任意开洞，故不宜用于管道穿越较多的房间。

2. 预制装配式楼板的布置与细部处理

(1)预制装配式楼板的布置。对预制板进行结构布置时，应根据房间的平面尺寸，并结合所选板的规格来定。板的布置方式有两种：一种是预制楼板直接搁置在承重墙上，形成板式结构

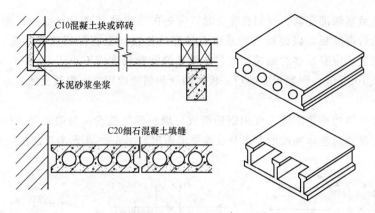

图 6-23 空心板

布置,多用于横墙较密的住宅、宿舍、旅馆等建筑;另一种是预制楼板搁置在梁上,梁支承于墙或柱上,形成梁式结构布置,多用于教学楼、试验楼、办公楼等较大空间的建筑物,如图 6-24 所示。

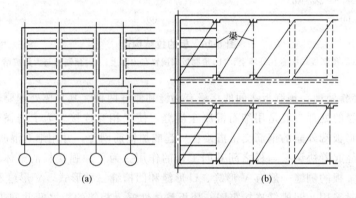

图 6-24 板的结构布置

(a)板式结构布置;(b)梁式结构布置

预制板在梁上的搁置方式有两种:一种是搁置在梁的顶面,如矩形梁,如图 6-25(a)所示;另一种是搁置在梁出挑的翼缘上,如花篮梁、十字梁,如图 6-25(b)、(c)所示。

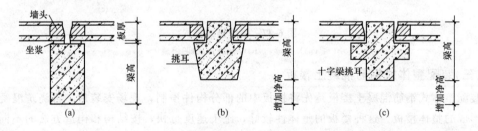

图 6-25 板在梁上的搁置

(a)板搁置在矩形梁顶上;(b)板搁置在花篮梁挑耳上;(c)板搁置在十字梁挑耳上

板搁置在梁上的构造要求和做法与搁置在墙上时基本相同,只是板在梁上的搁置长度应不小于 80 mm。

(2)预制板的安装。空心板安装前,为了提高板端的承压能力,避免灌缝材料进入孔洞内,应用混凝土或砖填塞端部孔洞。预制板安装时，应先在墙或梁上铺 10~20 mm 厚的 M5 水泥砂浆进行坐浆，然后再铺板，以使板与墙或梁有较好的连接，也能保证墙或梁受力均匀。同时，预制板在墙和梁上均应有足够的搁置长度，在梁上的搁置长度应不小于 80 mm，在砖墙上的搁置长度应不小于 100 mm。预制板安装后，板的端缝和侧缝应用细石混凝土灌注，以提高板的整体性。

为了增加建筑物的整体刚度，可用钢筋将板与墙、板与板或板与梁之间进行拉结。拉结钢筋的配置应视建筑物对整体刚度的要求及抗震要求而定，图 6-26 所示为板的拉结构造示意图。

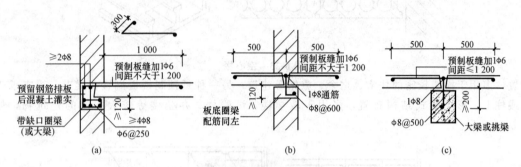

图 6-26 板的拉结构造
(a) 预制板端搁置在外墙上；(b) 预制板端搁置在内墙上；(c) 预制板与大梁拉结

(3) 预制板接缝处理。预制板之间的接缝有端缝和侧缝两种。其具体处理要求如下：

1) 端缝。端缝的处理一般是用细石混凝土灌缝，使之相互连接。为了增强建筑物的整体性和抗震性能，可将板端外露的钢筋交错搭接在一起或加钢筋网片，并用细石混凝土灌实。

2) 侧缝。侧缝起着协调板与板之间共同工作的作用。为了加强楼板的整体性，侧缝内应用细石混凝土灌实。板的侧缝一般有 V 形缝、U 形缝和凹槽缝三种形式，V 形缝和 U 形缝便于灌缝，多在板较薄时采用。凹槽缝连接牢固，楼板整体性好，相邻的板之间共同工作的效果较好。侧缝接缝形式如图 6-27 所示。

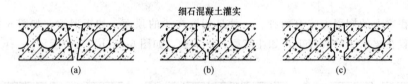

图 6-27 侧缝接缝形式
(a) V 形缝；(b) U 形缝；(c) 凹槽缝

(三) 装配整体式钢筋混凝土楼板

装配整体式钢筋混凝土楼板是先将楼板中的部分构件预制，现场安装后，再浇筑混凝土面层而形成的整体楼板。这种楼板的整体性较好，施工速度也快，按结构和构造方法的不同，可分为叠合楼板和密肋填充块楼板。

1. 叠合楼板

叠合楼板是由预制板和现浇钢筋混凝土层叠合而成的装配整体式楼板。它是以预制钢筋混凝土薄板为永久模板来承受施工荷载的。叠合楼板的预制板部分，通常采用预应力或非预应力薄板，板的跨度一般为 4~6 m，预应力薄板最大可达 9 m，板的宽度一般为 1.1~1.8 m，板厚通常为 50~70 mm。叠合楼板的总厚度一般为 150~250 mm。为使预制薄板与现浇叠合层牢固地结合在一起，可对预制薄板的板面做适当处理，如板面刻槽、板面露出结合钢筋等，如图 6-28(a)、(b)所示。

叠合楼板的预制板部分，也可采用钢筋混凝土空心板，现浇叠合层的厚度较薄，一般为 30～50 mm，如图 6-28(c)所示。

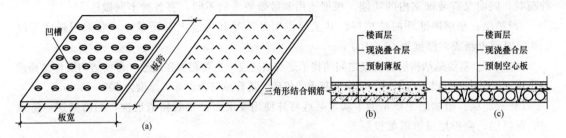

图 6-28　叠合楼板
(a)预制薄板的板面处理；(b)预制薄板叠合楼板；(c)预制空心板叠合楼板

2. 密肋填充块楼板

密肋填充块楼板是采用间距较小的密肋小梁做承重构件，小梁之间用轻质砌块填充，并在上面整浇面层而形成的楼板，如图 6-19 所示。密肋小梁可分为现浇和预制两种。

(1)现浇密肋填充块楼板是以陶土空心砖、矿渣混凝土空心块等作为肋间填充块来现浇密肋和面板而成。填充块与肋和面板相接触的部位带有凹槽，用来与现浇的肋、板咬接，加强楼板的整体性。肋的间距一般为 300～600 mm，面板的厚度一般为 40～50 mm，如图 6-29(a)所示。

(2)预制小梁填充块楼板的小梁采用预制倒 T 形断面混凝土梁，在小梁之间填充陶土空心砖、矿渣混凝土空心块、炉渣空心砖等填充块，上面现浇混凝土面层而成，如图 6-29(b)所示。

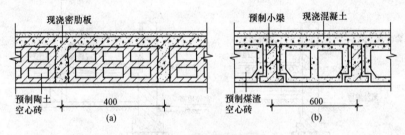

图 6-29　密肋填充块楼板
(a)现浇密肋填充块楼板；(b)预制小梁填充块楼板

单元三　地坪层与楼地面构造

一、地坪层构造

(一)地坪层的组成

地坪层也称地层，是分隔建筑物最底层房间与下部土的水平构件，它承受着作用在上面的各种荷载,并将这些荷载安全地传给地基。

地坪层由面层、垫层和基层三部分组成,对有特殊要求的地坪层,常在面层与垫层之间增设附加层,如保温层、防水层等。

(1)面层。面层构造同楼板面层,也称地面。其是地坪层的最上部分,直接承受着上面的各种荷载,同时又有装饰室内的功能。根据使用和装修要求的不同,有各种不同做法。

(2)垫层。垫层即地坪的结构层。其主要作用是承受和传递上部荷载,一般采用强度等级C10的混凝土制成,厚度为60~100 mm。

(3)基层。基层是结构层与土壤之间的找平层或填充层,主要起加强地基、帮助结构层传递荷载的作用。基层一般可以就地取材,如采用灰土、碎砖、道砟或三合土等,厚度为100~150 mm。

(4)附加层。附加层主要是为了满足某些特殊使用要求而设置的构造层次,如防潮层、防水层、保温层、隔声层或管道敷设层等。

(二)地坪层的类别与构造

地坪层按其与土壤的关系,可分为实铺地坪层与空铺地坪层两种。

1. 实铺地坪层

实铺地坪层在建筑工程中的应用较广,如图6-30所示。

2. 空铺地坪层

当房间要求地面能严格防潮或有较好的弹性时,可采用空铺地坪,即在夯实的地垄墙上铺设预制钢筋混凝土板或木板层,如图6-31所示。采用空铺地坪时,应在外墙勒脚部位及地垄墙上设置通风口,以便空气对流。

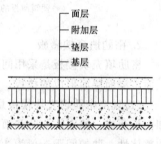

图9-30 实铺地坪层构造

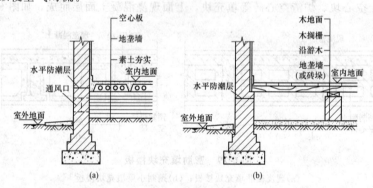

图 6-31 空铺地坪层
(a)钢筋混凝土预制板空铺地层;(b)木板空铺地层

(三)地坪层变形缝

当地坪层采用刚性垫层时,变形缝应从垫层到面层处断开,垫层处缝内填沥青麻丝或聚苯板,其构造如图6-32所示。当地坪层采用非刚性垫层时,可不设变形缝。

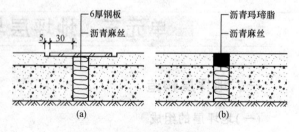

图 6-32 地坪层变形缝的构造

二、楼地面构造

楼板层的面层和地坪层的面层统称为地面。地面按其所用的材料和施工方式的不同,可分为整体类地面、块材类地面、木楼地面、卷材类地面和涂料类地面等几种。

(一)整体楼地面

整体楼地面是采用在现场拌和的湿料,经浇、抹形成的面层。根据材料不同,常见的整体楼地面有水泥砂浆地面、细石混凝土地面、水磨石地面。

1. 水泥砂浆楼地面

水泥砂浆楼地面是在混凝土垫层或楼板上涂抹水泥砂浆而形成的面层。其构造比较简单,且坚固、耐磨、防水性能好,但导热系数大、易结露、易起灰、不易清洁,是一种被广泛采用的低档楼地面。其通常有单面层和双面层两种做法,如图 6-33 所示。

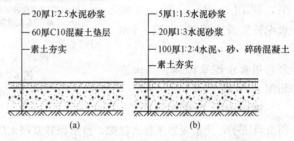

图 6-33 水泥砂浆楼地面
(a)底层地面单层做法;(b)底层地面双层做法

2. 现浇水磨石楼地面

图 6-34 所示为现浇水磨石楼地面,其构造多采用双层构造。施工时,底层应先用 10~15 mm 厚的水泥砂浆找平,然后按设计图案用 1:1 的水泥砂浆固定分隔条(如铜条、铝条或玻璃条等),最后用 1:(1.5~2.5)的水泥石渣浆抹面,其厚度为 12 mm,经养护一周后磨光打蜡形成。

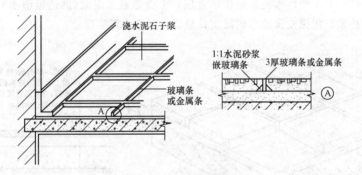

图 6-34 现浇水磨石楼地面

现浇水磨石楼地面整体性好、防水、不起尘、易清洁、装饰效果好,但导热系数偏大、弹性小。其适用于人群停留时间较短或需经常用水清洗的楼地面,如门厅、营业厅、厨房、盥洗室等房间。

3. 细石混凝土地面

细石混凝土地面是在结构层上浇 30~40 mm 厚不低于强度等级 C20 的细石混凝土,在其初凝时用铁板滚压或用木板拍浆,出浆水后再撒水泥粉,用铁板抹光、压实。与水泥地面相比,细石混凝土地面不易起砂,而且耐久性好、强度高、整体性好。

(二)块材楼地面

块材楼地面属于中、高档楼地面,它是通过铺贴各种天然或人造的预制块材或板材而形成的建筑地面。这种楼地面易清洁、经久耐用、花色品种多、装饰效果强,但工效低、价格高,主要适用于人流量大、清洁要求和装饰要求高、有水作用的建筑。

1. 缸砖、瓷砖、陶瓷锦砖楼地面

缸砖、瓷砖、陶瓷锦砖的共同特点是表面致密光洁、耐磨、吸水率低、不变色，属于小型块材。其铺贴工艺是：先在混凝土垫层或楼板上抹15～20 mm厚1∶3的水泥砂浆找平，再用5～8 mm厚1∶1的水泥砂浆或水泥胶（水泥∶108胶∶水＝1∶0.1∶0.2）粘贴，最后用素水泥浆擦缝。其构造如图6-35所示。

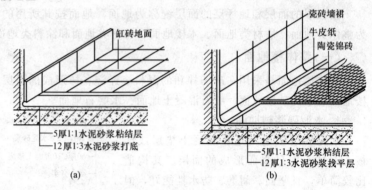

图6-35 缸砖、瓷砖、陶瓷锦砖楼地面
(a)缸砖楼地面；(b)陶瓷锦砖楼地面

陶瓷锦砖在整张铺贴后，用滚筒压平，使水泥砂浆挤入缝隙，待水泥砂浆硬化后，用草酸洗去牛皮纸，然后用白水泥浆擦缝。

2. 花岗石板、大理石板楼地面

花岗石板、大理石板的尺寸一般为(300 mm×300 mm)～(600 mm×600 mm)，厚度为20～30 mm，属于高级楼地面材料。花岗石板的耐磨性与装饰效果好，但价格昂贵。

花岗石板、大理石板楼地面的构造如图6-36所示。板材铺设前应按房间尺寸预定制作；铺设时需预先试铺，合适后再开始正式粘贴。其具体做法是：首先，在混凝土垫层或楼板找平层上实铺30 mm厚1∶(3～4)干硬性水泥砂浆作结合层，上面撒素水泥面(洒适量清水)；然后，铺贴楼地面板材，缝隙挤紧，用橡皮锤或木槌敲实；最后，用素水泥浆擦缝。

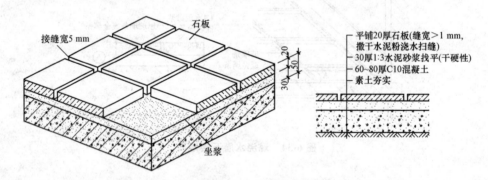

图6-36 花岗石板、大理石板楼地面

(三) 木楼地面

木楼地面按构造方式可分为空铺、实铺和粘贴三种。空铺式木楼地面的构造比较复杂，一般是将木楼地面进行架空铺设，使板下有足够的空间，以便于通风，保持干燥。空铺式木楼地面耗费木材量较多、造价较高，多不采用，主要用于要求环境干燥且对楼地面有较高弹性要求的房间。实铺式木楼地面有铺钉式和粘贴式两种做法。当在地坪层上采用实铺式木楼地面时，必须在混凝土垫层上设防潮层。粘贴木楼地面是在混凝土垫层或楼板上先用20 mm厚1∶2.5的水泥砂浆找平，干燥后用专用胶粘剂粘结木板材。其构造如图6-37所示。

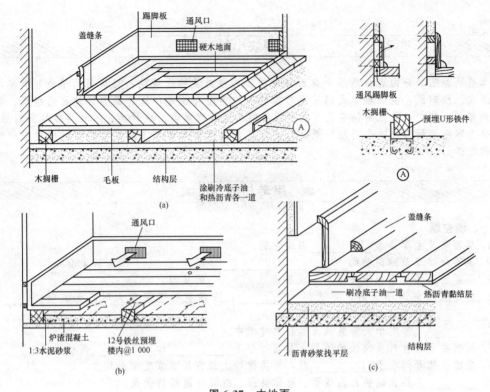

图 6-37　木地面
(a)拼花木地面；(b)条木地面；(c)粘贴木地面

(四)楼地面变形缝构造

地面变形缝包括温度伸缩缝、沉降缝和防震缝。其位置和大小应与墙面、屋面变形缝一致，大面积的地面还应适当增加伸缩缝。构造上要求从基层到饰面层脱开，缝内常用可压缩变形的沥青玛琋脂、金属调节片、沥青麻丝等材料做封缝处理。为了美观，还应在面层和顶棚加设盖缝板，盖缝板应不妨碍构件之间变形需要(伸缩、沉降)。另外，金属调节片要做防锈处理，盖缝板形式和色彩应和室内装修协调。图 6-38 所示为楼地面变形缝构造。

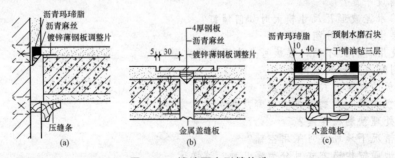

图 6-38　楼地面变形缝构造

随堂思考

1. 整体楼地面、块材楼地面、木地板楼地面各有什么优缺点？适用于什么样的建筑？
2. 观察校内建筑的楼地面，举例说明有哪些类型的楼地面。

模块小结

本模块分三部分内容介绍了平屋面与坡屋面的组成及构造做法；楼板层的组成、类型、以及现浇式、预制式、装配整体式钢筋混凝土楼板的类型与构造；地坪层与楼地面的组成、类型及构造要求。其中，重点是钢筋混凝土楼板层的构造和整体类、块材类、木材类楼地面的做法，这部分内容在实际工作中应用较广泛。只有熟练掌握理论知识，才能在结合实际的过程中进行全面的发挥。

思考与练习

一、填空题

1. 屋面坡度主要是为_____而设定的。
2. 屋面的类型与建筑物的_____、_____以及_____等因素有关。
3. 平屋面是指屋面排水坡度小于或等于_____的屋面。
4. 当建筑物进深不大时，可选用_____；当建筑物进深较大时，宜采用_____或_____。
5. _____常用于大跨度的大型公共建筑中。
6. 根据防水层材料及做法的不同，屋面可分为_____和_____两种形式。
7. 当建筑物开间小于_____时，可将横墙上部按屋面坡度砌出斜坡。
8. _____具有能够自由成型、整体性强、抗震性能好的优点。
9. 对_____进行结构布置时，应根据房间的平面尺寸，并结合所选板的规格来定。
10. 地坪层由_____、_____和_____三部分组成，对有特殊要求的地坪层，常在面层与垫层之间增设附加层，如保温层、防水层等。
11. 地面变形缝包括_____、_____和_____。

二、简答题

1. 如何合理确定屋面排水坡度？
2. 按照屋面的排水坡度和构造形式，屋面可分为哪几类？
3. 屋面由哪几部分组成？请详述。
4. 什么是梁架承重？
5. 如何铺设平瓦？
6. 当石棉水泥波形瓦尺寸较大时如何铺钉？
7. 楼板层由哪几部分组成？
8. 根据使用材料的不同，楼板可分为哪几种类型？
9. 如何判断单向板和双向板？
10. 槽形板的搁置方式有哪几种？
11. 预制板在梁上的搁置方式有哪几种？
12. 如何处理预制板接缝？
13. 什么情况下地坪层可采用空铺？
14. 木楼地面按构造方式可分为哪几种？试详述。

三、实训题

仔细观察你所熟悉的一所建筑的屋面类型及细部构造，分析屋面的承重方案及排水方式，同时绘出相应的图样（含各部分的节点详图）。

1. 根据本章学过的内容绘制表示空心板与内墙、外墙和板与梁的节点构造。
2. 绘图表示悬挑钢筋混凝土雨篷的构造。

模块七 楼梯构造

知识目标

(1) 了解楼梯的组成、形式,掌握楼梯的尺度要求。
(2) 了解几种常见楼梯的平面布局特点和适用条件,掌握楼梯的组成和尺度要求。
(3) 了解钢筋混凝土楼梯的基本类型,掌握现浇钢筋混凝土、预制钢筋混凝土楼梯的构造特点,掌握楼梯的细部构造,特别是防滑处理的方法。
(4) 了解台阶与坡道的设置形式,掌握其构造做法。

能力目标

(1) 能够按照要求进行楼梯设计。
(2) 能够合理地处理楼梯施工中的构造问题。

素养目标

(1) 具有严谨的工作作风、较强的责任心和科学的工作态度。
(2) 培养发现问题、解决问题的能力。
(3) 爱岗敬业,严谨务实,团结协作,具有良好的职业操守。

单元一 楼梯的组成、类型及尺度

一、楼梯的组成

楼梯一般由楼梯段、楼梯平台、栏杆(板)扶手三部分组成,如图 7-1 所示。

1. 楼梯段

楼梯段是楼梯的主要使用和承重部分,由踏步和斜梁构成。踏步的水平面称为踏面,其宽度为踏步宽。踏步的垂直面称为踢面,其数量称为级数,高度称为踏步高。为了消除或减轻疲劳,每一楼梯段的级数一般不应超过 18 级。同时,考虑人们行走的习惯性,楼梯段的

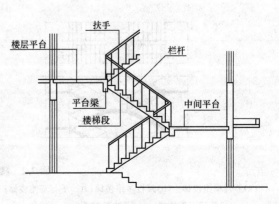

图 7-1 楼梯的组成

级数也不应少于3级。这是因为，级数太少不易被人们察觉，容易摔倒。

2. 楼梯平台

楼梯平台是两楼梯段之间的水平连接部分，主要用于缓解疲劳，使人们在上楼过程中得到暂时的休息。根据位置的不同，楼梯平台可分为中间平台和楼层平台两种。

3. 栏杆(板)扶手

栏杆(板)扶手是设在梯段及平台边缘的安全保护构件，以保证人们在楼梯上行走安全。当梯段宽度不大时，可只在梯段临空面设置。当梯段宽度较大时，非临空面也应加设靠墙扶手。当梯段宽度很大时，则需在楼梯中间加设中间扶手。

动画：楼梯组成认知

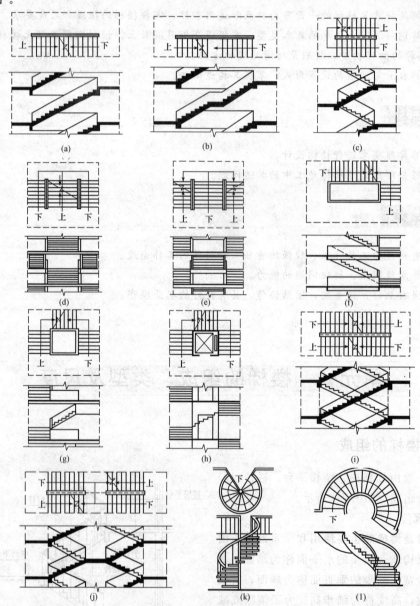

图 7-2 楼梯的类型

(a)直行单跑楼梯；(b)直行多跑楼梯；(c)平行双跑楼梯；(d)平行双分楼梯；(e)平行双合楼梯；(f)折行双跑楼梯；(g)折行三跑楼梯；(h)设电梯的折行三跑楼梯；(i)、(j)交叉跑(剪刀)楼梯；(k)螺旋楼梯；(l)弧形楼梯

二、楼梯的类型

楼梯类型(图 10-2)的选择主要取决于其所处的位置、楼梯间的平面形状与大小、楼层高低与层数、人流多少与缓急等因素，设计时需综合权衡这些因素。目前，在建筑中采用较多的是双跑平行楼梯(简称为双跑楼梯或两段式楼梯)，诸如三跑楼梯、双分平行楼梯、双合平行楼梯等，均是在双跑平行楼梯的基础上变化而成。螺旋楼梯对建筑室内空间具有良好的装饰性，适合在公共建筑的门厅等处设置。由于其踏步是扇面形的，交通能力较差，如果要达到疏散目的，踏步尺寸应满足有关规范的要求。

随堂思考

仔细观察校内建筑的某个楼梯，辨别其类型，并认识其主要的组成部分。

三、楼梯的尺度

1. 楼梯的坡度

楼梯的坡度即楼梯段的坡度，可以采用两种方法来表示：一种是用楼梯段与水平面的夹角表示；另一种是用踏步的高宽比表示。普通楼梯的坡度范围一般为 20°～45°，合适的坡度一般为 30°左右，最佳坡度为 26°34′。当坡度小于 20°时，采用坡道；当坡度大于 45°时，采用爬梯。楼梯、爬梯及坡道的坡度范围如图 7-3 所示。

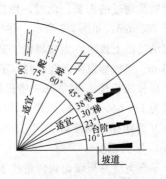

图 7-3 楼梯、爬梯、坡道的坡度

2. 踏步尺寸

踏步由踏面和踢面组成，两者投影长度之比决定了楼梯的坡度。一般认为，踏面的宽度应大于成年男子脚的长度，使人们在上、下楼梯时脚可以全部落在踏面上，以保证行走时的舒适。踢面的高度取决于踏面的宽度，成人以 150 mm 左右较适宜，不应高于 175 mm。

通常，踏步尺寸按下列经验公式确定：

$$2h+b=600\sim620 \text{ mm} \quad 或 \quad h+b=450 \text{ mm}$$

式中　h——踏步高度(mm)；

　　　b——踏步宽度(mm)。

踏步的尺寸应根据建筑的功能、楼梯的通行量及使用者的情况进行选择，具体规定见表 7-1。

表 7-1　常用适宜踏步尺寸　　　　　　　　　　　　　　　　　　mm

名　称	住　宅	学校、办公楼	剧院、食堂	医院(病人用)	幼儿园
踏步高	156～175	140～160	120～150	150	120～150
踏步宽	250～300	280～340	300～350	300	260～300

由于踏步的宽度往往受到楼梯间进深的限制，可以在踏步的细部进行适当变化，来增加踏面的有效尺寸，如加做踏步檐或使踢面倾斜，如图 7-4 所示。踏步檐的挑出尺寸一般为 20～

30 mm，使踏步的实际宽度大于其水平投影宽度。

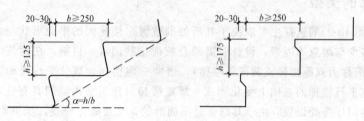

图 7-4 踏步出挑形式

3. 楼梯段尺度

楼梯段尺度可分为楼梯段宽度和楼梯段长度。楼梯段宽度应根据紧急疏散时要求通过的人流股数的多少确定。作为主要通行用的楼梯，楼梯段宽度应至少满足两个人相对通行。计算通行量时，每股人流应按 $0.55+(0\sim0.15)$ m 计算，其中 $0\sim0.15$ m 为人在行进中的摆幅。非主要通行的楼梯，应满足单人携带物品通过的需要。此时，楼梯段的净宽一般不应小于 900 mm，如图 7-5 所示。住宅套内楼梯的梯段净宽应满足以下规定：当楼梯段一边临空时，不应小于 0.75 m；当楼梯段两侧有墙时，不应小于 0.9 m。

楼梯段长度 L 则是每一楼梯段的水平投影长度，其值为 $L=b\times(N-1)$。其中，b 为踏面水平投影步宽，N 为楼梯段踏步数。

图 7-5 楼梯段的宽度
(a)单人通行；(b)双人通行；(c)三人通行

4. 平台宽度

平台宽度是指墙面到转角扶手中心线之间的距离。平台宽度可分为中间平台宽度和楼层平台宽度。平台宽度与楼梯段宽度的关系如图 7-6 所示。对于平行和折行多跑楼梯等类型楼梯，其转向后的中间平台宽度应不小于梯段宽度，以保证通行和梯段同股数人流。同时，应便于家具搬运，医院建筑还应保证担架在平台处能转向通行，其中间平台宽度应不小于 1 800 mm。对于直行多跑楼梯，其中间平台宽度等于楼梯段宽度，或者不小于 1 000 mm。对于楼层平台宽度，则应比中间平台更宽松一些，以利于人流分配和停留。

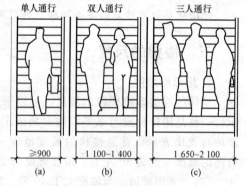

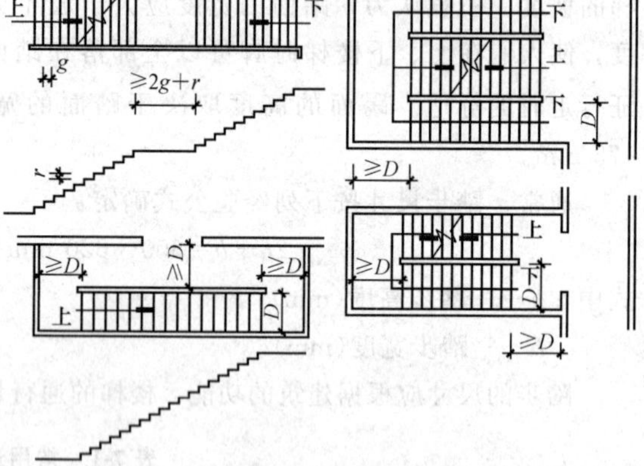

图 7-6 楼梯段和平台的尺寸关系
D—楼梯段净宽度；g—踏面尺寸；r—踢面尺寸

5. 梯井宽度

两段楼梯之间的空隙，称为楼梯井。楼梯井一般为楼梯施工方便和安置栏杆扶手而设置，其宽度一般在 100 mm 左右。但公共建筑楼梯井的净宽一般不应小于 150 mm。有儿童经常使用的楼梯，当楼梯井净宽大于 200 mm 时，必须采取安全措施，防止儿童坠落。

楼梯井从顶层到底层贯通，在平行多跑楼梯中，可不设置楼梯井。但为了楼梯段安装和平台转弯缓冲，也可设置楼梯井。为安全计，楼梯井宽度应小些。

6. 栏杆扶手尺度

楼梯栏杆扶手的高度是指从踏步面中心到扶手面的垂直高度。它与楼梯的坡度大小有关，一般情况下，栏杆扶手的高度为 900 mm，平台处水平栏杆扶手的高度不小于 1 050 mm，供儿童使用的楼梯扶手高为 500～600 mm，如图 7-7 所示。

动画：楼梯尺度设计认知

7. 楼梯净空高度

楼梯净空高度是指楼梯平台上部和下部过道处的净空高度，以及上下两层楼梯段间的净空高度。为保证人流通行和家具搬运，要求平台处的净高不应小于 2 m，楼梯段间的净高不应小于 2.2 m，如图 7-8 所示。

【提示】识读楼梯尺寸时，先识读楼梯平面图，再结合平面图识读剖面图；识读平面图时，先识读楼梯间的开间、进深，再识读楼梯的各个平面尺度；识读剖面图时，先识读各部位的标高，再识读楼梯的剖面尺度。

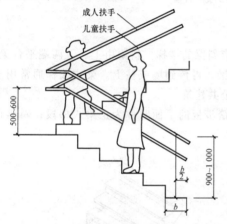

图 7-7　扶手高度位置

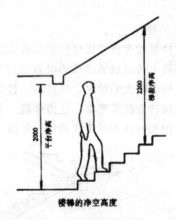

图 7-8　楼梯净空高度

单元二　钢筋混凝土楼梯

由于钢筋混凝土楼梯坚固、耐久、耐火，所以在民用建筑中被大量采用。钢筋混凝土楼梯按施工方法不同，可分为现浇式钢筋混凝土楼梯和预制装配式钢筋混凝土楼梯两类。

一、现浇式钢筋混凝土楼梯

现浇式钢筋混凝土楼梯是在现场支模板、绑扎钢筋、浇筑混凝土而形成的整体楼梯。具有整体性好、刚度好、坚固耐久等特点，但耗用人工、模板较多，施工速度较慢，因而多用于楼梯形式复杂或抗震要求较高的房屋中。现浇钢筋混凝土楼梯分为板式楼梯和梁式楼梯两类。

1. 板式楼梯

板式楼梯是指由梯段板承受该梯段全部荷载的楼梯。梯段板和平台相连，通常的处理手段是在平台处设置平台梁，以支承上、下梯段及平台板。

楼梯段相当于是一块斜放的现浇板，平台梁是支座，其作用是将在楼梯段和平台上的荷载同时传递给平台梁，再由平台梁传递到承重横墙或柱上。根据力学和结构的要求，梯段板的跨度增大或梯段上使用荷载增大，都将导致梯段板的截面高度加大。这种楼梯构造简单、施工方便，但自重大、材料消耗多，适用于荷载较小、楼梯跨度不大的房屋。现浇钢筋混凝土板式楼梯如图7-9所示。

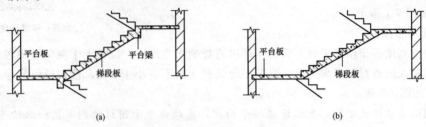

图7-9 现浇钢筋混凝土板式楼梯
(a)有平台梁；(b)无平台梁

2. 梁式楼梯

梁式楼梯是指在板式楼梯的梯段板边缘处设有斜梁的楼梯。斜梁由上、下两端平台梁支承，作用在楼梯段上的荷载通过楼梯段斜梁传至平台梁，再传到墙或柱上。梁式楼梯通常用于荷载较大、建筑层高较大的情况，如商场、教学楼等公共建筑。

梁式楼梯传力路线明确、受力合理。斜梁在踏步板的下面时称为正梁式梯段；斜梁在踏步板的上面或侧面时称为反梁式梯段，如图7-10所示。

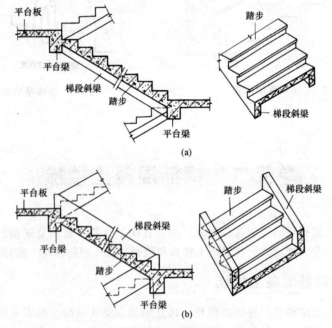

图7-10 现浇钢筋混凝土梁式楼梯
(a)正梁式梯段；(b)反梁式梯段

二、预制装配式钢筋混凝土楼梯

装配式钢筋混凝土楼梯是将组成楼梯的各个部分分成若干个小构件,在预制厂预制,再到现场组装,或在现场预制好后组装。装配式钢筋混凝土楼梯能够提高建筑工业化程度,具有施工进度快,受气候影响小,构件由工厂生产、质量容易保证等优点,但施工时需要配套起重设备,投资较多、灵活性差。

装配式钢筋混凝土楼梯按其构件尺寸和施工现场吊装能力的不同,可分为小型构件装配式楼梯和中型及大型构件装配式楼梯。

(一)小型构件装配式楼梯

常用的小型构件包括踏步板、斜梁、平台梁、平台板等构件,一般把踏步板作为基本构件。小型构件虽然具有生产、运输、安装方便的优点,但也存在着施工难度大、施工进度慢、需要现场湿作业配合等缺点。小型构件装配式楼梯主要有悬挑式、墙承式和梁承式三种。

1. 悬挑式楼梯

悬挑式楼梯是将单个踏步板的一端嵌固于楼梯间侧墙中,另一端自由悬空而形成的楼梯段。踏步板的悬挑长度一般在 1.2 m 左右,最大不超过 1.8 m。踏步板的断面一般采用 L 形,其伸入墙体长度应不小于 240 mm,伸入墙体部分截面通常为矩形,如图 7-11 所示。这种构造的楼梯不宜在地震区使用。

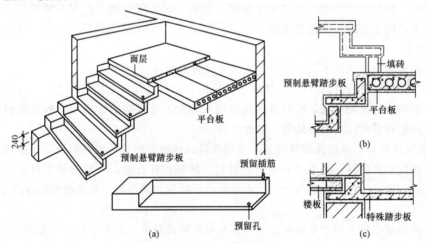

图 7-11　悬挑式钢筋混凝土楼梯
(a)安装示意图；(b)平台转弯处节点；(c)遇楼板处节点

2. 墙承式楼梯

墙承式楼梯是将一字形或 L 形踏步板直接搁置于两端的墙上,这种楼梯适宜于直跑式楼梯。当采用平行双跑楼梯时,需要在楼梯间中部加设一道墙以支承两侧踏步板。由于楼梯间中部增设墙后,可能会阻挡行人视线,对搬运物品也不方便。为保证采光并且解决行人视线被阻问题,通常在加设的墙上开窗洞。墙承式楼梯构造如图 7-12 所示。

3. 梁承式楼梯

梁承式楼梯是装配而成的梁式楼梯,由踏步板、斜梁、平台梁和平台板等基本构件组成。一般是将踏步板搁置在斜梁上,而将斜梁搁置在平台梁上,平台梁搁置在两边侧墙上；平台板可以搁置在两边侧墙上,也可以一边搁在墙上,另一边搁在平台梁上,其平面布置如图 7-13 所示。梁承式楼梯的踏步板截面形式有三角形、正L形、反L形和一字形四种；斜梁截面形式有矩形、L形、锯齿形三种。

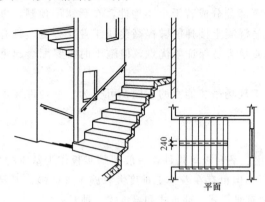

图 7-12 墙承式楼梯

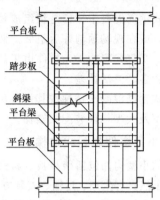

图 7-13 梁承式楼梯平面布置

（二）中型及大型构件装配式楼梯

中型构件装配式楼梯一般由楼梯段、平台梁、中间平台板几个构件组合而成；大型构件装配式楼梯是将楼梯段与中间平台板一起组成一个构件，从而可以减少预制构件的种类和数量，简化施工过程，减轻劳动强度，加快施工速度，但施工时需用中型及大型吊装设备。大型构件装配式楼梯主要用于装配工业化建筑中。

1. 楼梯段

楼梯段按其构造形式的不同，可分为板式和梁板式两种。

（1）板式楼梯段。板式楼梯段为一整块带踏步的单向板，有实心和空心之分。为了减轻楼梯的自重，一般沿板的横向抽孔，孔形可为圆形或三角形，形成空心楼梯段。板式楼梯段相当于明步楼梯，其底面平整，适用于住宅、宿舍建筑。

（2）梁板式楼梯段。梁板式楼梯段是在预制梯段的两侧设斜梁，梁板形成一个整体构件，一般比板式楼梯段节省材料。为了进一步节省材料、减轻构件自重，一般需设法对踏步截面进行改造，常用的方法有：在踏步板内留孔，或将踏步板踏面和踢面相交处的凹角处理成小斜面。

2. 平台梁

平台梁是楼梯中的主要承重构件之一，平台梁的形式很多，常见平台梁的断面形式有矩形、L形和花篮形三种。

3. 平台板

平台板可采用预制钢筋混凝土空心板、槽形板或平板。平台板一般采用槽形板，其中一个边肋截面加大，并留出缺口，以供搁置楼梯段用，如图 7-14 所示。采用平板时，一般垂直于平台梁布置。

三、钢筋混凝土楼梯起止步的处理

为了节省楼梯所占空间，上行和下行梯段最好在同一位置起步和止步。由于现浇钢筋混凝土楼梯是在现场绑扎钢筋的，因此可以顺利地做到这一点，如图 7-15(a)所示。预制装配式楼梯为了减少构件的类型，往往要求上行和下行梯段应在同一高度进入平台梁，容易形成上下梯段错开一步或半步起止步的局面，如图 7-15(b)所示，对节省面积不利。为了解决这个问题，可以把平台梁降低，如图 7-15(c)所示；或将斜梁做成折线形，如图 7-15(d)所示。在处理此处构造时，应根据工程实际选择合适的方案，并与结构专业配合好。

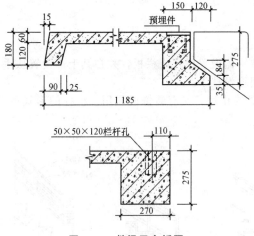

图 7-14 带梁平台板图

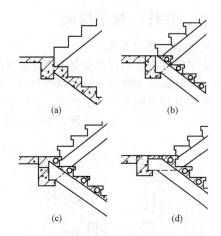

图 7-15 楼梯起止步的处理

(a)现浇楼梯可以同时起止步；(b)踏步错开一步；
(c)平台梁位置降低；(d)斜梁做成折线形

单元三　楼梯的细部构造

楼梯是建筑中与人体接触频繁的构件，最易受到人为因素的破坏。施工时，应对楼梯的踏步面层、踏步细部、栏杆和扶手进行适当的构造处理，以保证楼梯的正常使用和保持建筑的形象美观。

一、踏步面层及防滑处理

踏步面层应当平整光滑，耐磨性好。凡可以用来做室内地坪面层的材料，均可以用来做踏步面层，常见的踏步面层有水泥砂浆、水磨石、铺地面砖、各种天然石材等，还可以在面层上铺设地毯。面层材料应便于清扫，并具有相当的装饰效果，如图 7-16 所示。

为了保证人们上下楼行走方便，避免滑倒，在踏步前缘应有防滑措施，以提高踏步前缘的摩擦程度。在人流量较大的楼梯中均应设置防滑条，其位置应靠近踏步阳角处。常用的防滑条材料有：铁屑水泥、金刚砂、金属条、陶瓷锦砖及带防滑条缸砖等，如图 7-16 所示。防滑条应凸出踏步面层 2~3 mm，但不能太高。

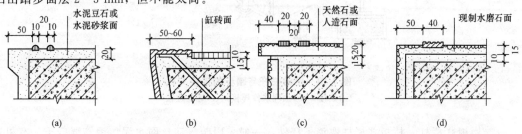

图 7-16 踏步面层及防滑条

(a)金刚砂防滑条；(b)铸铁防滑条；(c)马赛克防滑条；(d)有色金属防滑条

二、栏杆、扶手构造

1. 栏杆的形式与构造

为了保证楼梯的使用安全,应在楼梯段的临空一侧设置栏杆或栏板,并在其上部设置扶手。当楼梯的宽度较大时,还应在梯段的另一侧及中间增设扶手。

栏杆是楼梯的安全防护措施。它既有安全防滑的作用,又有装饰的作用。栏杆的形式可分为空花式、栏板式、混合式等,如图 7-17 所示。

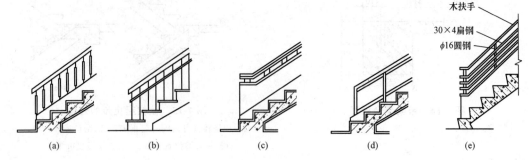

图 7-17 楼梯栏杆形式

(a)空花栏杆;(b)带幼儿扶手的空花栏杆;(c)钢筋混凝土栏板;(d)玻璃栏板;(e)混合栏板

(1)空花栏杆以栏杆竖杆作为主要受力构件,常见的制作材料有钢材、铝合金和不锈钢等。使用时应注意其空花尺寸不宜过大,一般控制在 110 mm 以下。其竖杆断面常见的形式有方形和圆形,并分为空心和实心两种,方形断面一般在(16×16)mm～(20×20)mm 之间,圆形断面一般采用 $\phi16 \sim \phi18$ mm,栏杆与踏步的连接如图 7-18 所示。

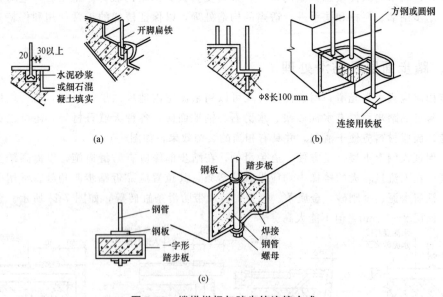

图 7-18 楼梯栏杆与踏步的连接方式

(a)锚接;(b)预埋铁件焊接;(c)螺栓连接

(2)栏板式栏杆。栏板式栏杆取消了杆件,一般采用砖、钢丝网水泥、钢筋混凝土、有机玻璃或钢化玻璃等材料制作。当采用砖砌栏板时,宜采用高强度等级的水泥砂浆砌筑 1/2、1/4 砖样板,并在适当部位加设拉筋,在顶部浇筑钢筋混凝土,将它连成整体,以增加强度。钢丝网水泥栏板构造如图 7-19 所示。

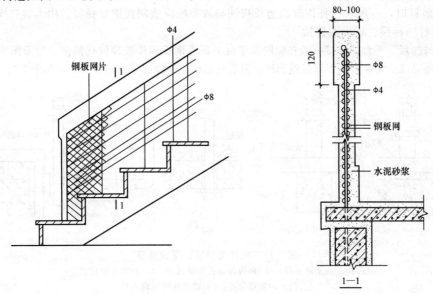

图 7-19 钢丝网水泥栏板构造

(3)混合式栏杆。混合式栏杆是空花式和栏板式两种栏杆的组合。混合式栏杆作为主要的抗侧力构件,常采用钢材或不锈钢等材料。栏板则作为防护和美观装饰构件,常采用轻质美观材料制作,如木板、塑料贴面、铝板、有机玻璃或钢化玻璃等。

2. 扶手的形式与构造

扶手可以用优质硬木、金属型材(铁管、不锈钢、铝合金等)、工程塑料及水泥砂浆抹灰、水磨石、天然石材等材料制作。常见扶手的类型如图 7-20 所示。室外楼梯不宜使用木扶手,以免淋雨后变形和开裂。无论何种材料的扶手,其表面必须要光滑、圆顺,便于使用者扶持。绝大多数扶手是连续设置的,接头处应当仔细处理,使之平滑过渡。

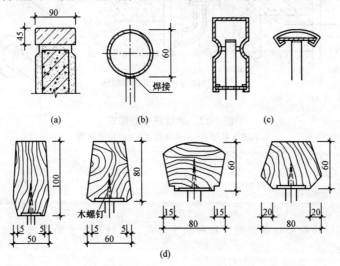

图 7-20 扶手类型
(a)石材扶手;(b)金属管扶手;(c)塑料扶手;(d)木扶手

3. 栏杆与扶手连接

当采用金属栏杆与金属扶手时,一般采用焊接或铆接的方法;当采用金属栏杆,且扶手为木材或硬塑料时,一般在栏杆顶部设通长扁铁与扶手底面或侧面槽口榫接,用木螺钉固定。

4. 栏杆与梯段、平台的连接

栏杆与梯段、平台的连接一般在梯段和平台上预埋钢板焊接或预留孔插接。为了保护栏杆免受锈蚀和增强美观,常在竖杆下部装设套环,覆盖住栏杆与梯段或平台的接头处,如图 7-21 所示。

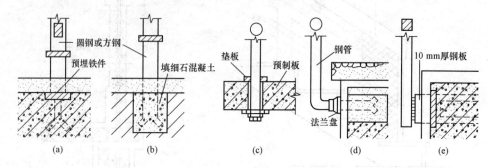

图 7-21　栏杆与梯段、平台连接
(a)梯段内预埋铁件;(b)梯段预留孔砂浆固定;(c)预留孔螺栓固定;
(d)踏步两侧预留孔;(e)踏步两侧预埋铁件

5. 扶手与墙体连接

扶手与墙体要有可靠的连接。当墙体为砖墙时,可在墙上预留洞,将扶手连接件伸入洞内,然后用混凝土嵌固;当墙体为钢筋混凝土时,通常采用预埋钢板焊接。靠墙扶手、顶层栏杆与墙体连接,如图 7-22 所示。

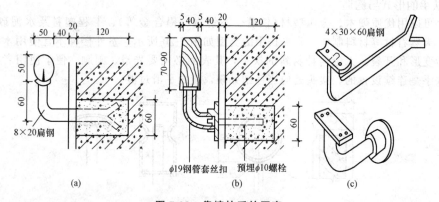

图 7-22　靠墙扶手的固定
(a)圆木扶手;(b)条木扶手;(c)扶手铁脚

随堂思考

观察校内各楼梯的踏步防滑处理、栏杆扶手形式、栏杆与踏步的连接、栏杆与扶手的连接,并进行交流、讨论。

单元四　台阶与坡道

一、台阶与坡道的形式

为了防止雨水灌入，保持室内干燥，建筑首层室内地面与室外地面均设有高差。民用房屋室内地面通常高于室外地面 300 mm 以上，单层工业厂房室内地面通常高于室外地面 150 mm。因此，在房屋出入口处，应设置台阶或坡道，以满足室内外的交通联系方便等需求，如图 7-23 所示。

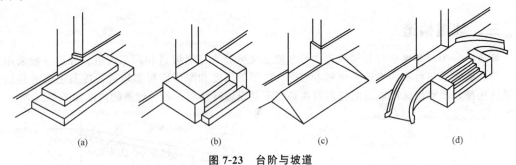

图 7-23　台阶与坡道
(a)三面踏步式；(b)单面踏步式；(c)坡道式；(d)踏步坡道结合式

随堂思考

为什么建筑物外要设置台阶？台阶的高度和室内踏步的高度一样吗？

二、台阶构造

室外台阶由平台和踏步组成，应选用耐久性、抗冻性好且比较耐磨的材料，如天然石材、混凝土、缸砖等。北方地区冬季室外地面较滑，台阶表面处理应粗糙一些。台阶构造如图 7-24 所示。

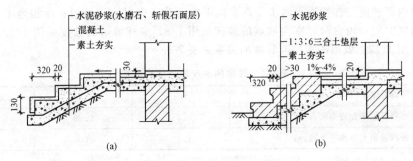

图 7-24　台阶构造
(a)混凝土台阶；(b)石台阶；

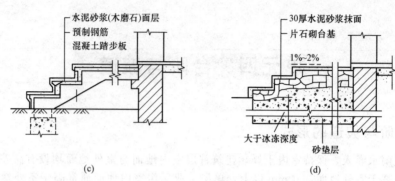

图 7-24 台阶构造（续）
(c)预制钢筋混凝土架空台阶；(d)换土地基台阶

三、坡道构造

坡道可分为行车坡道和轮椅坡道。行车坡道又可分为普通坡道和回车坡道。坡道一般采用实铺，其构造要求与台阶的构造要求基本相同。垫层的强度和厚度应根据坡道长度及上部荷载的大小进行选择，严寒地区的坡道同样需要在垫层下部设置砂垫层。各种坡道的构造如图 7-25 所示。

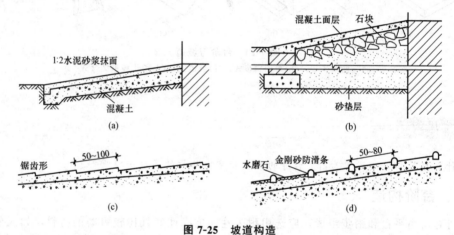

图 7-25 坡道构造
(a)混凝土坡道；(b)块石坡道；(c)防滑锯齿槽坡道；(d)金刚砂防滑条坡道

建筑物内部的高差在相当于两步及两步以下的台阶高度时宜用坡道；在相当于三步及三步以上台阶高度时应采用台阶。室内坡道的坡度采用 1/8，室外坡道的坡度采用 1/10，残疾人坡道的坡度采用 1/12。坡道的坡度与长度的关系见表 7-2。

表 7-2 坡道的坡度与长度的关系

坡道坡度（高度/长度）	1/8	1/10	1/12
每段坡道允许高度/m	0.35	0.60	0.75
每段坡道允许水平长度/m	2.80	6.00	9.00

模块小结

本模块主要介绍了楼梯的组成与形式、楼梯的尺度、钢筋混凝土楼梯的细部构造,以及室外台阶与坡道的构造。首先从楼梯的组成和形式、尺度入手,重点介绍楼梯的尺度和楼梯的设计,作为后面学习的基础;在钢筋混凝土楼梯的内容中介绍了现浇式钢筋混凝土楼梯的构造和预制装配式钢筋混凝土楼梯的构造;最后介绍了台阶和坡道。

本章的重点是楼梯尺度和预制装配式钢筋混凝土楼梯、难点是双跑楼梯的剖面设计,电梯部分为熟悉与了解的内容。

思考与练习

一、填空题

1. 楼梯一般由_____、_____、_____三部分组成。
2. _____是楼梯的主要使用和承重部分,由踏步和斜梁构成。
3. 踏步由踏面和踢面组成,两者_____之比决定了楼梯的坡度。
4. 作为主要通行用的楼梯,楼梯段宽度应至少满足_____相对通行。
5. 两段楼梯之间的空隙,称为_____。
6. _____具有整体性好、刚度好、坚固耐久等特点。
7. 踏步板的悬挑长度一般在 1.2 m 左右,最大不超过_____。
8. 当采用金属栏杆与金属扶手时,一般采用_____或_____的方法。
9. 建筑物内部的高差在相当于两步及两步以下的台阶高度时宜用_____;在相当于三步及三步以上台阶高度时应采用_____。

二、简答题

1. 如何选择楼梯的形式?
2. 楼梯的坡度如何表示?
3. 如何确定踏步尺寸?
4. 关于楼梯井的宽度是怎么要求的?
5. 什么是楼梯净空高度?楼梯净空高度有何要求?
6. 什么是板式楼梯?如何处理楼梯板和平台的连接?
7. 哪种构造的楼梯不宜在地震区使用?
8. 如何处理钢筋混凝土楼梯起止步?
9. 如何避免上下楼行走时滑倒?
10. 如何连接栏杆、梯段与平台?
11. 如何扶手与墙体之间的连接?
12. 为什么要设置台阶或坡道?如何设置?

三、实训题

根据以下要求设计楼梯:某学校附近的高级公寓,层高为 3 300 mm,楼梯间开间尺寸为 3 900 mm,进深尺寸为 6 600 mm。楼梯平台下作出入口,室内外高差为 600 mm,试设计楼梯。

模块八　门窗构造

知识目标

(1)熟悉门窗的作用与分类,选择门窗的开启方向。
(2)了解门的组成与尺度,掌握平开木门窗的组成与构造特点,掌握铝合金门、钢门的构造特点。
(3)了解窗的组成与尺度,窗在墙洞中的位置及窗框、窗扇的安装,掌握铝合金窗、钢窗、塑钢窗的构造特点。

能力目标

(1)能够正确选择门的开启方向。
(2)能够区分不同类型的门窗,同时能了解它们的构造及设计要求。

素养目标

(1)遵守相关规范、标准和管理规定。
(2)具有严谨的工作作风、较强的责任心和科学的工作态度。
(3)培养发现问题、解决问题的能力。
(4)爱岗敬业,严谨务实,团结协作,具有良好的职业操守。

单元一　门窗的作用与分类

一、门窗的作用

门窗既是房屋的重要组成部分,也是主要围护构件之一。门的主要功能是交通联系,兼采光和通风;窗主要供采光和通风用。同时,两者在不同情况下又具有分隔、隔声、保温、防火、防水等围护功能,也具有重要的建筑造型和装饰作用。

随堂思考

1. 施工图中,编号 TC2116 代表什么意思?
2. 施工图中,LCM1 代表什么意思?

二、门的分类

1. 按门在建筑物中所处的位置分类

按门在建筑物中所处的位置,门有内门和外门之分。内门位于内墙上,应满足分隔要求,如隔声、隔视线等；外门位于外墙上，应满足围护要求，如保温、隔热、防风沙、耐腐蚀等。

2. 按门所用材料分类

按门所用材料的不同，门可分为木门、钢门、铝合金门、塑料门及塑钢门等。木门制作加工方便、价格低廉、应用广泛，但防火能力较差。钢门强度高、防火性能好、透光率高、在建筑上应用很广，但钢门保温性能较差、易锈蚀。铝合金门美观、有良好的装饰性和密闭性，但成本高、保温性能差。塑料门同时具有木材的保温性和铝材的装饰性，是近年来为节约木材和有色金属发展起来的新品种，但其刚度和耐久性还有待于进一步提高。另外，还有一种全玻璃门，主要用于标准较高的公共建筑中的出入口，它具有简洁、美观、视线无阻挡及构造简单等特点。

3. 按门的使用功能分类

按门的使用功能，其可以分为一般门和特殊门两种。特殊门具有特殊的功能，构造复杂，一般用于对门有特别的使用要求的建筑，如保温门、防盗门、防火门、防射线门等。

4. 按门扇的开启方式分类

按门扇的开启方式，其可以分为平开门、弹簧门、推拉门、折叠门、转门、卷帘门及升降门等类型，如图8-1所示。

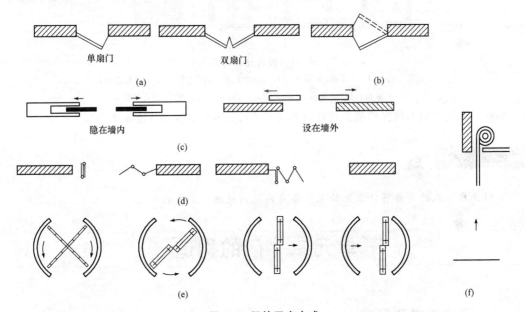

图 8-1　门的开启方式
(a)平开门；(b)弹簧门；(c)推拉门；(d)折叠门；(e)转门；(f)卷帘门

三、窗的分类

1. 按窗的框架材质分类

按窗所用框架材料的不同，可分为木窗、钢窗、铝合金窗和塑料窗等单一材料的窗，以及塑钢窗、铝塑窗等复合材料的窗。其中，铝合金窗和塑钢窗外观精美、造价适中、装配化程度高，铝合金窗的耐久性好，塑钢窗的密封、保温性能优，因此在建筑工程中应用广泛；木窗由于消耗木材量大，耐火性、耐久性和密闭性差，其应用已受到限制。

2. 按窗的层数分类

按窗的层数，可分为单层窗和双层窗两种。其中，单层窗构造简单、造价低，多用于一般建筑中；而双层窗的保温、隔声、防尘效果好，多用于对窗有较高功能要求的建筑中。双层窗扇和双层中空玻璃窗的保温、隔声性能优良，是节能型窗的理想类型。

> **随堂思考**

不同开启方式的门各有什么优缺点?各自的适用范围是怎样的?

3. 按窗的开启方式分类

按窗开启方式的不同,可分为固定窗、平开窗、悬窗、立转窗、推拉窗、百叶窗等,如图8-2所示。

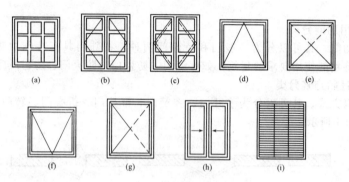

图 8-2 窗的开启方式

(a)固定窗;(b)平开窗(单层外开);(c)平开窗(双层内外开);(d)上悬窗;
(e)中悬窗;(f)下悬窗;(g)立转窗;(h)左右推拉窗;(i)百叶窗

另外,根据窗扇所镶嵌的透光材料的不同,还可分为玻璃窗和纱窗等类型。

> **随堂思考**

不同开启方式的窗各有什么优缺点?各自的适用范围是怎样的?

单元二 门的构造

一、门的组成和尺度

1. 门的组成

门一般由门框、门扇、亮子、五金零件及附件组成,如图8-3所示。

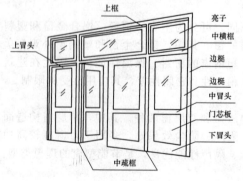

图 8-3 门的组成

2. 门的尺度

门的尺度是指门洞的高、宽尺寸，应满足人流疏散，搬运家具、设备的要求。门的尺度如图 8-4 所示。

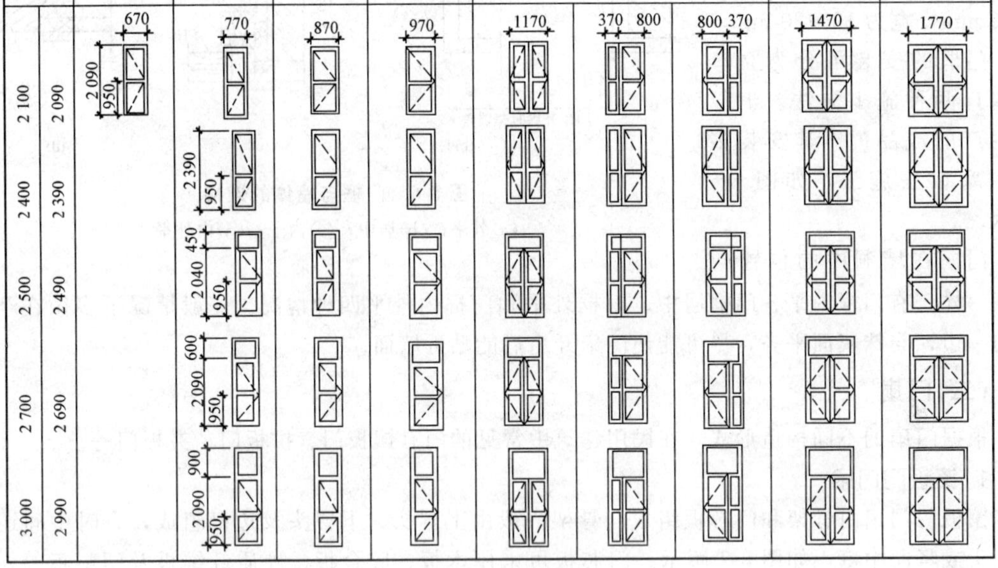

图 8-4 门的尺度

二、平开木门构造

(一) 门框

1. 门框的断面形状与尺寸

门框的断面形状与尺寸取决于门扇的开启方式和门扇的层数，由于门框要承受各种撞击荷载和门扇的重量作用，应有足够的强度和刚度，故其断面尺寸较大，如图 8-5 所示。

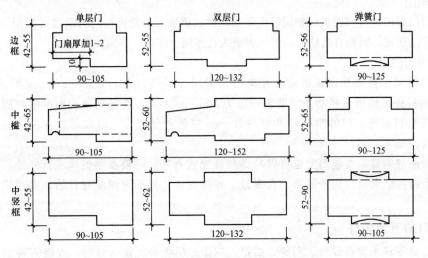

图 8-5 平开门门框的断面形状及尺寸

2. 门框与墙体的连接

门框靠墙一面易受潮变形，故常在该面开 1~2 道背槽，以免产生翘曲、变形。背槽有矩形或三角形，深为 8~10 mm，宽为 12~20 mm。

门框的安装可分为立口和塞口两种施工方法。工厂化生产的成品门，其安装多采用塞口法施工，如图 8-6 所示。

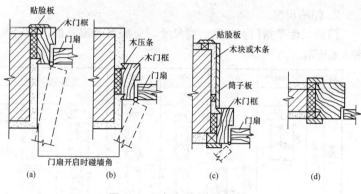

图 8-6 门框与墙体的连接
(a)外平；(b)居中；(c)内平；(d)内外平

门框在墙洞中的位置同窗框一样，有门框内平、门框居中、门框外平和门框内外平四种情况。一般情况下多做在开门方向一边，与抹灰面平齐，尽可能使门扇开启后能贴近墙面。

(二) 门扇

根据门扇的不同构造形式，在民用建筑中常见的门有镶板门、拼板门、夹板门等。

1. 镶板门门扇

镶板门门扇由骨架和门芯板组成。骨架一般由上冒头、下冒头及边梃组成，有时中间还有中冒头或竖向中梃，如图 8-7 所示。门芯板可采用木板、胶合板、硬质纤维板及塑料板等，有时门芯板可部分或全部采用玻璃，因此称为半玻璃(镶板)门或全玻璃(镶板)门。

木制门芯板一般用 10~15 mm 厚的木板拼装成整块，镶入边梃和冒头中，板缝应结合紧密。在实际工程中，常用的接缝形式为高低缝和企口缝。门芯板在边梃和冒头中的镶嵌方式有暗槽、单面槽及双边压条三种。工程中用得较多的是暗槽，其他两种方法多用于玻璃、纱门及百叶门。

镶板门门扇骨架的厚度一般为 40~45 mm。上冒头、中间冒头和边梃的宽度一般为 75~120 mm，下冒头的宽度习惯上同踢脚高度，一般为 200 mm 左右。中冒头为了便于开槽装锁，其宽度可适当增加，以弥补开槽对中冒头材料的削弱。

2. 拼板门门扇

拼板门门扇的构造与镶板门相同，由骨架和拼板组成，只是拼板门门扇的拼板用 35~45 mm 厚的木板拼接而成，因而自重较大，但坚固耐久，多用于库房、车间的外门。

3. 夹板门门扇

夹板门门扇由骨架和面板组成，骨架通常采用(32~35)mm×(34~36)mm 的木料制作，内部用小木料做成格形纵横肋条，肋距一般为 300 mm 左右。在骨架的两面可铺钉胶合板、硬质纤维板或塑料板等，门的四周可用 15~20 mm 厚的木条镶边，以取得整齐美观的效果，如图 8-8 所示。

根据功能的需要，夹板门上也可以局部加玻璃或百叶，一般在装玻璃或百叶处，做一个木框，用压条镶嵌。夹板门构造简单、自重轻、外形简洁，但不耐潮湿与日晒，多用于干燥环境中的内门。

(三) 门的五金零件

门的五金零件主要有铰链、门锁、插销、拉手、门吸等。在选型时，铰链需特别注意其强

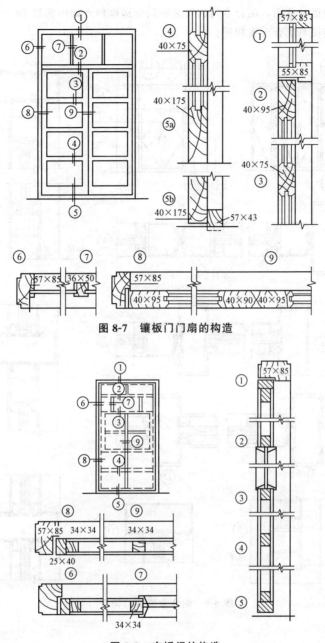

图 8-7 镶板门门扇的构造

图 8-8 夹板门的构造

度,以防止变形,影响门的使用;拉手需结合建筑装修进行选型。

三、铝合金门构造

铝合金门是目前常用门之一,其优缺点与铝合金窗类似。铝合金门由铝合金门框、门扇、腰窗及五金零件组成,按其门芯板的镶嵌材料有铝合金条板门、半玻璃门、全玻璃门等形式,主要有平开、弹簧、推拉三种开启方法。

铝合金门构造和铝合金窗一样,有国家标准图集,各地区也有相应的通用图供选用。图 8-9

为铝合金弹簧门的构造示意图。铝合金门的安装除门框边框伸入地面面层 20 mm 以上外，其边框和上槛与墙或柱的连接与铝合金窗相同。

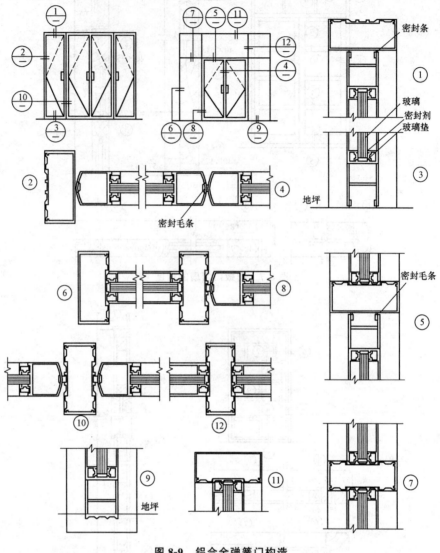

图 8-9　铝合金弹簧门构造

四、钢门构造

钢门由门框和门扇组成，一般分为单扇门和双扇门两种。单扇门宽为 900 mm，双扇门宽为 1 500 mm 或 1 800 mm，高度一般为 2 100 mm 或 2 400 mm。钢门扇可以按需要做成半截玻璃门，下部为钢板、上部为玻璃，也可以全部为钢板。钢板厚度为 1～2 mm。

钢门的安装均采用塞口方式，门框尺寸每边比洞口小 15～30 mm，具体视洞口处墙面饰面材料的厚薄而定。钢门与墙体的连接是通过门框上的燕尾铁脚伸入墙上的预留孔，用水泥砂浆锚固（砖墙时）或将铁脚与墙上的预埋件焊接，如图 8-10 所示。

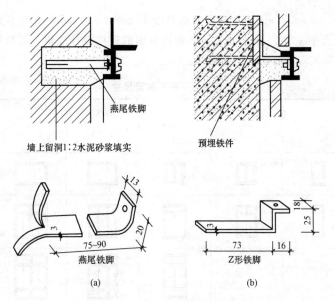

图 8-10 钢门与墙体的连接
(a) 与砖墙连接；(b) 与混凝土墙连接

单元三 窗的构造

一、窗的组成和尺度

1. 窗的组成

窗一般由窗框、窗扇和五金零件三部分组成，如图 8-11 所示。窗框又称窗樘，是窗与墙体的连接部分，由上框、下框、边框、中横框和中竖框组成。窗扇是窗的主体部分，分为活动扇和固定扇两种，一般由上冒头、下冒头、边梃和窗芯（又称窗棂）组成骨架，中间固定玻璃、窗纱或百叶。窗扇与窗框多用五金零件相连接，常用的五金零件包括铰链、插销、风钩及拉手等。当建筑的室内装修标准较高时，窗洞口周围可增设贴脸、筒子板、压条、窗台板及窗帘盒等附件。

2. 窗的尺度

窗的尺度应根据采光、通风的需要来确定，同时兼顾建筑造型和《建筑模数协调标准》(GB/T 50002—2013) 等的要求。一般平开木窗的窗扇高度为 800～1 200 mm，宽度不大于 500 mm；上下

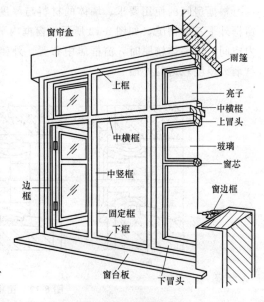

图 8-11 窗的组成

悬窗的窗扇高度为 300～600 mm；中悬窗窗扇高度不大于 1 200 mm，宽度不大于 1 000 mm；推拉窗的高宽均不宜大于 1 500 mm。目前，各地均有窗的通用设计图集，可根据具体情况直接选用。表 8-1 为民用建筑常见的平开木窗尺寸。

表 8-1 平开木窗尺寸   mm

宽\高	600	900	1 200	1 500 1 800	2 100 2 400	3 000 3 300
900 1 200						
1 200 1 500 1 800						
2 100						
2 400						

对于一般民用建筑用窗各地均有通用图，各类窗的高度与宽度尺寸通常采用扩大模数 3M 数列作为洞口的标志尺寸，而确定窗洞口的方法有窗地比（采光系数）和玻地比两种。

二、窗在墙洞中的位置和窗框、窗扇的安装

1. 窗在墙洞中的位置

根据房间的使用要求、墙体的材料与厚度，窗框在墙洞中的位置有窗框内平、窗框居中和窗框外平三种情况，如图 8-12 所示。窗框内平时，对室内开启的窗扇，可贴在内墙面，少占室内空间。当墙体较厚时，窗框居中布置，外侧可设窗台，内侧可做窗台板。窗框外平多用于板材墙或厚度较薄的外墙。

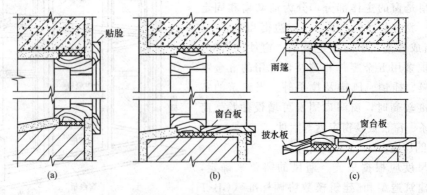

图 8-12 窗框在墙洞中的位置
(a) 窗框内平；(b) 窗框居中；(c) 窗框外平

2. 窗框的安装

窗框的安装方式有立口和塞口两种。立口又称立樘子，施工时先将窗框立好，后砌窗间墙，以保证窗框与墙体结合紧密、牢固。塞口是砌墙时先留出窗洞口，然后再安装窗框。在洞口两侧每隔 500～700 mm 预埋一块防腐木砖，安装窗框时，用长钉或螺钉将窗框钉在木砖上，每边的固定点不少于两个，为便于安装，预留洞口应比窗框外缘尺寸稍大 20～30 mm。塞口安装施工方便，但框与墙间的缝隙较大。

窗框与墙间的缝隙应填塞密实，以满足防风、挡雨、保温、隔声等要求。一般情况下，洞口边缘可采用平口，用砂浆或油膏嵌缝。为保证嵌缝牢固，常在窗框靠墙一侧内、外两角做灰口。寒冷地区在洞口两侧外缘做高低口为宜，缝内填弹性密封材料，以增强密闭效果；标准较高的常做贴脸或筒子板。木窗框靠墙一面，易受潮变形，通常当窗框的宽度大于 120 mm 时，在窗框外侧开槽（俗称背槽），并做防腐处理，如图 8-13 所示。

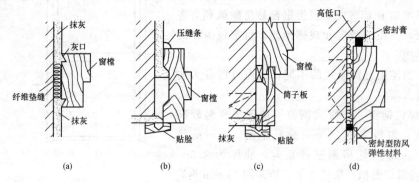

图 8-13　窗框的墙缝处理
（a）平口抹灰；（b）贴脸；（c）筒子板和贴脸；（d）高低缝填密封材料

3. 窗扇的安装

窗扇的厚度为 35～42 mm，上、下冒头和边梃的宽度为 50～60 mm，下冒头若加披水板，应比上冒头加宽 10～25 mm。窗芯宽度一般为 27～40 mm。为镶嵌玻璃，在窗扇外侧要做裁口，其深度为 8～12 mm，但不应超过窗扇厚度的 1/3。其构造如图 8-14 所示。窗料的内侧常做装饰性线脚，既少挡光又美观。两窗扇之间的接缝处，常做高低缝的盖口，也可以一面或两面加钉盖缝条，以提高防风、挡雨能力。

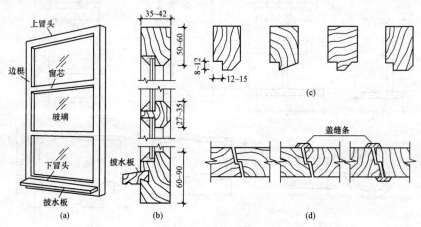

图 8-14　窗扇的构造
（a）窗扇立面；（b）窗扇剖面；（c）线脚示例；（d）盖缝处理

三、铝合金平开窗构造

铝合金窗是以铝合金型材来做窗框和窗扇,其具有质量轻、强度高、耐腐蚀、密封性较好、开闭轻便灵活、便于工业化生产的优点。图 8-15 所示为铝合金平开窗构造。

铝合金窗多采用水平推拉式的开启方式,门窗扇在窗框的轨道上滑动开启。门窗扇与门窗框之间用尼龙密封条进行密封,并可以避免金属材料之间相互摩擦。

四、钢窗构造

钢窗与木窗相比,具有强度高、刚度大、耐久、耐火性能好,外形美观以及便于工厂化生产等特点。钢窗的透光系数较大,与同样大小洞口的木窗相比,其透光面积增加了 15% 左右。但钢窗易受酸碱和有害气体的腐蚀,其加工精度和观感稍差,目前较少在民用建筑中使用。

根据钢窗使用材料形式的不同,钢窗可以分为实腹式和空腹式两种。

(1)实腹式钢窗。实腹式钢窗一般用于气温较高的南方地区,窗料采用 25 mm 热轧型钢、32 mm 热轧型钢、40 mm 热轧型钢三种系列,肋厚为 2.5~4.5 mm,若洞口面积不超过 3 m^2,则采用 25 mm 热轧型钢窗料;若洞口面积不超过 4 m^2,则采用 32 mm 热轧型钢窗料;若洞口面积超过 4 m^2,采用 40 mm 热轧型钢窗料。部分实腹式钢窗料的料型与规格如图 8-16 所示。

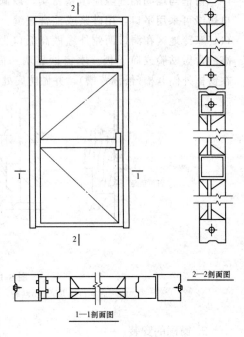

图 8-15 铝合金平开窗构造

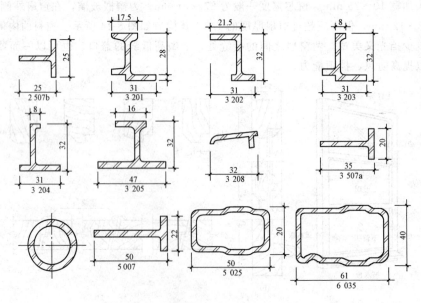

图 8-16 部分实腹式钢窗料型与规格

实腹式钢窗的构造如图 8-17 所示。钢窗的安装均采用塞口方式。门窗框与砖墙的连接,是在砖墙上预留孔洞,将固定在门窗框四周的燕尾铁脚伸入预留孔,并用水泥砂浆嵌固。当与钢筋混凝土梁或墙柱连接时,则先预埋铁件,将门窗框上的 Z 形铁脚焊接在预埋铁件上。固定点的间距为 500～700 mm,最外一个距框角 18 mm。

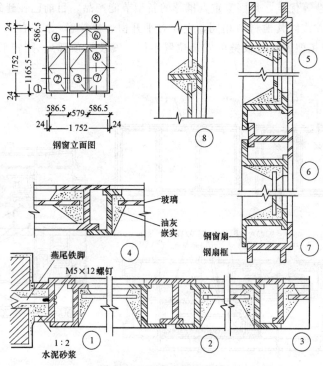

图 8-17 实腹式钢窗构造

(2)空腹式钢窗。空腹式钢窗料是采用低碳钢经冷轧、焊接而成的异形管状薄壁钢材,其壁厚为 1.2～2.5 mm。目前,在我国主要有京式和沪式两种类型,如图 8-18 所示。空腹式钢窗料具有壁薄、重量轻、节约钢材,但不耐锈蚀的特点,应注意保护和维修。一般在钢窗成型后,其内、外表面均需作防锈处理,以提高防锈蚀的能力。

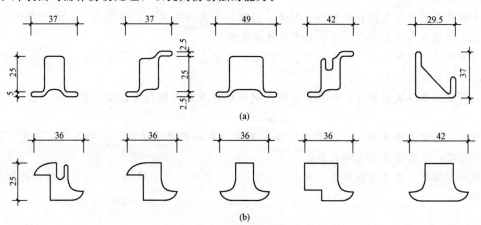

图 8-18 空腹式钢窗料类型与规格
(a)沪式;(b)京式

五、塑钢窗

塑钢窗是以 PVC 为主要原料制成空腹多腔异型材，中间设置薄壁加强型钢（简称加强筋），经加热、焊接而成的一种新型窗。它具有导热系数低、耐弱酸碱、无须油漆，以及良好的气密性、水密性、隔声性等优点，是国家重点推荐的新型节能产品，目前已在建筑中被广泛采用。

塑钢窗的开启方式同其他材料相同，主要有平开窗、推拉窗（分左右、上下推拉两种）、射窗（其结构与平开窗相似，只是铰链的安装位置不同，安装在顶部）、翻转平开窗等。塑料钢窗的构造如图 8-19 所示。

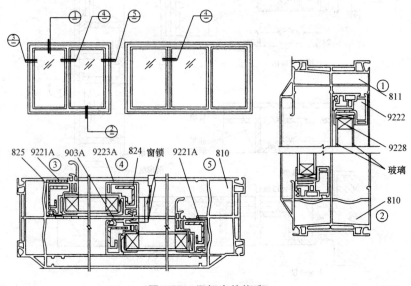

图 8-19 塑钢窗的构造

模块小结

本模块主要介绍了门窗的作用、材质、门窗的形式及尺度，门窗的构造。其中平开木门窗的组成与构造为本章的重点，在学习中应熟练掌握。

门窗按其制作材料可分为木门窗、钢门窗、铝合金门窗、塑料门窗等；门窗有多种开启方式，各有不同的特点和用途。

钢门窗按框料截面形式，可分为实腹式钢门窗和空腹式钢门窗；组合钢门窗适用于较大的洞口。

铝合金门窗具有质量轻、耐腐蚀、坚固耐用、色泽美观的优点，并有良好的密闭、隔声、隔热等性能，且适应于工业化生产。

塑料门窗具有非常好的隔热、隔声、节能、密闭性能，且耐腐蚀、耐久性能强，表面光洁、便于维修。

思考与练习

一、填空题

1. 按门所用材料的不同，门可分为_____、_____、_____、_____及_____等。
2. 按门扇的开启方式，其可以分为_____、_____、_____、_____、_____、_____及_____等。
3. 按窗的层数，可分为_____和_____两种。
4. 按窗开启方式的不同，可分为_____、_____、_____、_____、_____等。
5. 窗一般由_____、_____和_____三部分组成。
6. 铝合金窗多采用_____的开启方式，门窗扇在窗框的轨道上滑动开启。
7. 根据钢窗使用材料形式的不同，钢窗可以分为_____和_____两种。

二、简答题

1. 门一般由哪几部分组成？
2. 门的尺度应符合哪些标准？
3. 木门框如何与墙体的连接？
4. 如何安装钢门？
5. 窗的尺度应符合哪些标准？
6. 如何确定窗在墙洞中的位置？
7. 如何进行窗框与墙间的缝隙处理？
8. 钢窗与木窗相比具有哪些优点？

三、实训题

观察你熟悉的一所建筑的门、窗的类型、位置、构造、尺寸等情况，写出一份相应的建筑门、窗的设计要求。

模块九　建筑防水、防潮构造

知识目标

(1) 了解刚性防水屋面、柔性防水屋面、涂膜防水屋面的基本构造与细部构造特点。
(2) 掌握楼地层防潮、排水与防水构造，掌握对淋水墙面的防水处理。
(3) 掌握墙身和地下室防潮、防水的构造。

能力目标

(1) 能够按照要求进行屋面、楼板层、墙身、地下室防水设计。
(2) 能合理地处理防水施工中的构造问题。

素养目标

(1) 遵守相关规范、标准和管理规定。
(2) 培养发现问题、解决问题的能力。
(3) 培养团队协作的意识和吃苦耐劳的精神。

单元一　屋面防水构造

一、柔性防水屋面的构造

柔性防水屋面又称卷材防水层面，是将柔性的防水卷材或片材用胶粘材料粘贴在屋面上，形成一个大面积的封闭防水覆盖层。这种防水屋面具有良好的延伸性，能较好地适应结构变形和温度变化。目前，卷材防水屋面已在一般建筑中得到广泛应用。

1. 卷材防水屋面的基本构造

卷材防水屋面是由结构层、找坡层、找平层、结合层、防水层、保护层等部分组成，如图 9-1 所示。

卷材防水层的材质呈黑色，极易吸热，夏季屋面表面温度达 60 ℃～80 ℃ 时，高温会加速卷

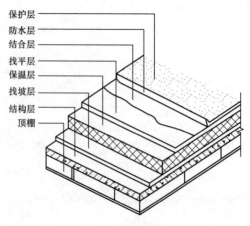

图 9-1　卷材防水层屋面的基本构造

材的老化，所以，卷材防水层做好以后，一定要在上面设置保护层。保护层分为不上人屋面和上人屋面两种做法，平屋面的构造层次如图 9-2 所示。

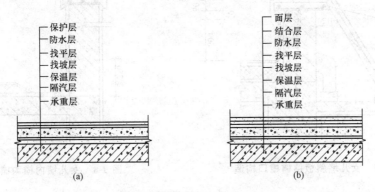

图 9-2　平屋面的构造层次
(a) 不上人；(b) 上人

2. 卷材防水屋面的檐口及泛水构造

卷材防水屋面的檐口一般有自由落水、挑檐沟、女儿墙带檐沟、女儿墙外排水、女儿墙内排水等形式。其构造处理关键是卷材在檐口处的收头处理和雨水口处构造。其构造处理分别如图 9-3～图 9-6 所示。

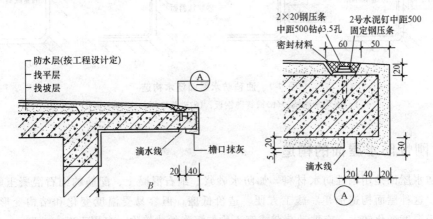

图 9-3　自由落水檐口构造

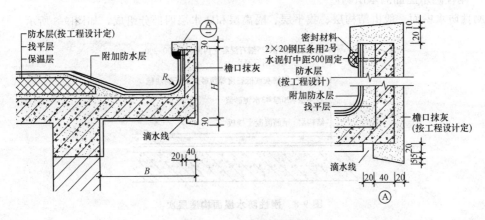

图 9-4　挑檐沟檐口构造

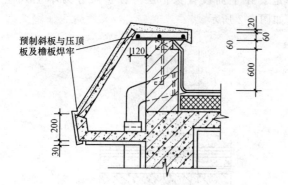
图 9-5　女儿墙斜板挑檐檐口构造

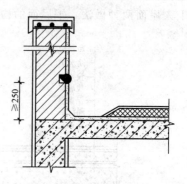
图 9-6　女儿墙内檐沟檐口构造

泛水是指屋面防水层与凸出构件之间的防水构造。一般在屋面防水层与女儿墙、上人屋面的楼梯间、凸出屋面的电梯机房、水箱间、高低屋面交接处等，都需做泛水。泛水要具有足够的高度，一般不小于 250 mm，如图 9-7 所示。

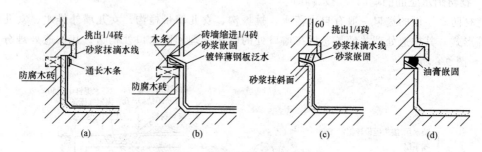

图 9-7　油毡防水屋面泛水构造

(a) 水压条油毡；(b) 镀锌薄钢板；(c) 砂浆嵌固；(d) 油膏嵌固

二、刚性防水屋面的构造

刚性防水屋面是用刚性防水材料，如防水砂浆、细石混凝土、配筋的细石混凝土等做防水层的屋面。这种屋面构造简单、施工方便、造价低廉，但容易受温度变化和结构变形的影响，故不宜用于温度变化较大、有振动荷载或有不均匀沉降的建筑物，多用于南方地区。

1. 刚性防水屋面的基本构造

刚性防水屋面一般由结构层、找平层、隔离层和防水层四部分组成，如图 9-8 所示。

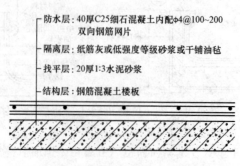

图 9-8　刚性防水屋面构造层次

2. 刚性防水屋面的檐口及泛水构造

刚性防水屋面常用的檐口形式有混凝土防水层悬挑檐口、挑檐板挑檐口、挑檐沟外排水檐口、女儿墙外排水檐口等。其构造如图 9-9 所示。

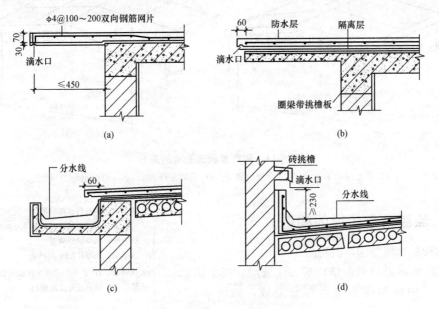

图 9-9 刚性防水屋面檐口构造
(a)混凝土防水层悬挑檐口；(b)挑檐板挑檐口；(c)挑檐沟外排水檐口；(d)女儿墙外排水檐口

刚性防水屋面的泛水构造与柔性防水屋面基本相同。泛水应有足够高度，一般不小于 250 mm。泛水与屋面防水层应一次浇筑，不留设施工缝；转角处浇成圆弧形；泛水上端也应有挡雨设施。刚性屋面泛水与凸出屋面的结构物（女儿墙、通风道等）之间必须留设分仓缝，以避免因两者变形不一致而导致泛水开裂，如图 9-10 所示。

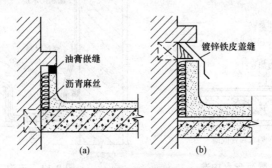

图 9-10 刚性防水屋面泛水构造
(a)油膏嵌缝；(b)镀锌铁皮盖缝

刚性防水屋面除要做好泛水、天沟、檐口、落水口等部位的细部构造外，同时，还应做好防水层的分仓缝。分仓缝又称分格缝，是为了避免刚性防水层因结构变形、温度变化和混凝土干缩等产生裂缝而设置的"变形缝"。分仓缝的间距应控制在刚性防水层受温度影响产生变形的许可范围内，一般不宜大于 6 m，并应位于结构变形的敏感部位，如预制板的支承端、不同屋面板的交接处、屋面与女儿墙的交接处等，并与板缝上下对齐，如图 9-11 所示。

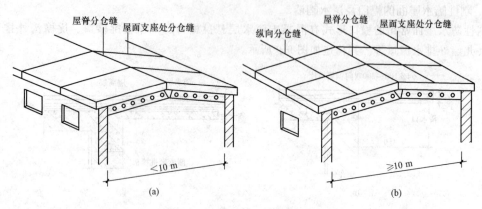

图 9-11 刚性屋面分仓缝的划分

(a)房屋进深小于 10 m 时分仓缝的划分；(b)房屋进深大于 10 m 时分仓缝的划分

三、涂膜防水屋面的构造

1. 涂膜防水屋面的基本构造

涂膜防水屋面一般由结构层、找坡层、找平层、结合层、保护层和防水层六部分组成，如图 9-12 所示。

2. 涂膜防水屋面的细部构造

涂膜防水屋面的细部构造包括泛水（图 9-13）、檐口、天沟、檐沟（图 9-14）及分格缝（图 9-15）等部位，其构造要求及做法类似于卷材防水屋面。

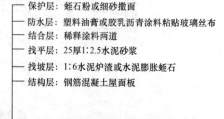

图 9-12 涂膜防水屋面构造

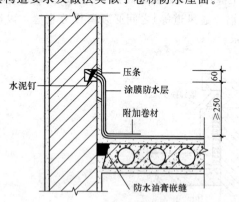

图 9-13 涂膜防水屋面泛水构造

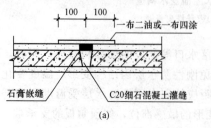

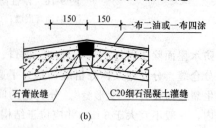

图 9-14 天沟、檐沟构造

图 9-15 分格缝构造

(a)屋面分格缝；(b)屋脊分格缝

单元二　楼板层防水构造

对于有水侵蚀的房间，如卫生间、厨房等，由于小便槽、水池等的上、下管很多，用水频繁，室内容易因积水而发生渗漏现象。因此，设计时须对这些房间的楼板层、墙身采取有效的防潮、防水措施。

一、楼地层防潮

楼地层与土层直接接触，土中的水分会因毛细现象作用上升引起地面受潮，严重影响室内卫生和使用。为有效防止室内受潮，避免地面因结构层受潮而破坏，需对地层做必要的防潮处理。

1. 架空式地坪

架空式地坪是将地坪底层架空，使地坪不接触土，形成通风间层，以改变地面的温度状况，同时带走地下潮气，其构造如图 9-16(a)所示。

2. 设保温层

对地下水位低、地基土干燥的地区，可在水泥地坪以下铺设一层 150 mm 厚 1∶3 水泥炉渣保温层，以降低地坪温度差。在地下水水位较高地区，可将保温层设在面层与混凝土结构层之间，并在保温层下铺防水层，上铺 30 mm 厚细石混凝土层，最后做面层，其构造如图 12-16(b)所示。

3. 吸湿地面

吸湿地面是指采用烧结普通砖、大阶砖、陶土防潮砖来做地面的面层。由于这些材料中存在大量孔隙，当返潮时，面层会暂时吸收少量冷凝水，待空气湿度较小时，水分又能自动蒸发掉，因此，地面不会感到有明显的潮湿现象。吸湿地面的构造如图 9-16(c)所示。

4. 设防潮层

在地面垫层和面层之间加设防潮层的地面，称为防潮地面。其一般构造为：先刷冷底子油一道，再铺设热沥青、油毡等防水材料，阻止潮气上升；也可在垫层下均匀铺设卵石、碎石或粗砂等，切断毛细水的通路[图 9-16(d)]。

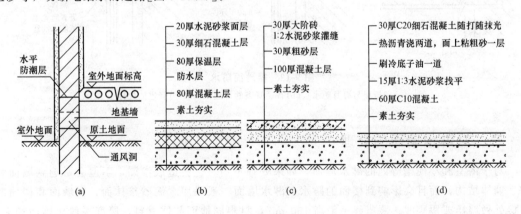

图 9-16　地面防潮处理
(a)架空式地面；(b)保温地面；(c)吸湿地面；(d)设防潮层

二、楼地层排水与防水

1. 楼地面排水

为使楼地面排水畅通，需将楼地面设置一定的坡度，一般为1％～1.5％，并在最低处设置地漏。为防止积水外溢，用水房间的地面应比相邻房间或走道的地面低20～30 mm，或在门口做20～30 mm高的挡水门槛，如图9-17所示。

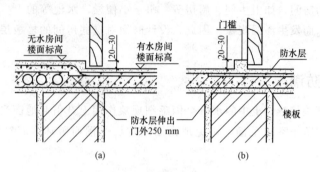

图 9-17　楼地面排水
(a)地面降低；(b)设置门槛

2. 楼地面防水

现浇楼板是楼地面防水的最佳选择，楼面面层应选择防水性能较好的材料，如防水砂浆、防水涂料、防水卷材等。对防水要求较高的房间，还需在结构层与面层之间增设一道防水层。同时，将防水层沿四周墙身上升150～200 mm，如图9-18(a)所示。

当有竖向设备管道穿越楼板层时，应在管线周围做好防水密封处理。一般在管道周围用C20干硬性细石混凝土密实填充，再用沥青防水涂料做密封处理。当热力管道穿越楼板时，应在穿越处埋设套管(管径比热力管道稍大)，套管高出地面约30 mm，如图9-18(b)、(c)所示。

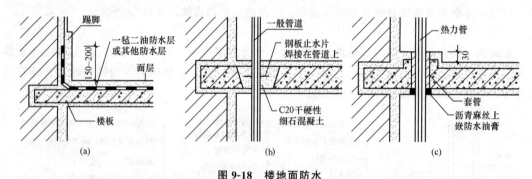

图 9-18　楼地面防水
(a)楼板层与墙身防水；(b)普通管道的处理；(c)热力管道的处理

三、对淋水墙面的处理

对于浴室和小便槽等处的淋水墙面，如果处理不当，也会造成渗漏，不但会影响到墙面装饰、墙体结构，而且会影响到楼面的防水。淋水墙面一般采用水泥砂浆抹面，在墙面和楼面的交接处做墙裙或踢脚线。踢脚线一般高150 mm，材料同地面装饰材料，厚度一般比墙面稍大，如图9-19所示。小便槽应用细石混凝土制作，槽壁厚40 mm以上，为提高防水质量，可在槽底加设防水层一道，并将其延伸到墙身，然后在槽表面做水磨石面面层或贴瓷砖，如图 9-20 所示。

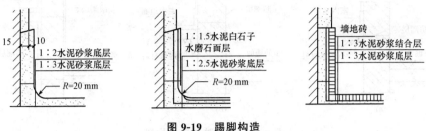

图 9-19　踢脚构造

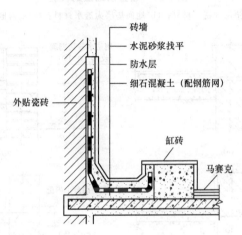

图 9-20　小便槽的防水处理

单元三　墙身防潮构造

为了防止地下土壤中的潮气沿墙体上升和地表水对墙体的侵蚀，提高墙体的坚固性与耐久性，保证室内干燥、卫生，应在墙身中设置防潮层。防潮层有水平防潮层和垂直防潮层两种。

一、防潮层的位置

当室内地面垫层为混凝土等密实材料时，防潮层的位置应设在垫层范围内，低于室内地面 60 mm 处，同时，还应高于室外地面至少 50 mm；当室内地面垫层为透水材料时（如炉渣、碎石等），其位置可与室内地面平齐或高于室内地面 60 mm；当内墙两侧地面出现高差时，应在墙身内设高、低两道水平防潮层，并在土壤一侧设垂直防潮层。墙身防潮层的位置如图 9-21 所示。

二、防潮层的做法

防潮层的做法有防水砂浆防潮层、防水砂浆砌 3 皮砖防潮层、油毡防潮层、细石混凝土防潮带四种。其构造如图 9-22 所示。当墙脚采用石材砌筑或混凝土等不透水材料时，不必设防潮层。

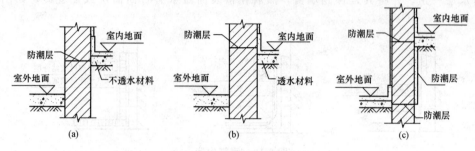

图 9-21 墙身防潮层的位置

(a)地面垫层为密实材料；(b)地面垫层为透水材料；(c)室内地面有高差

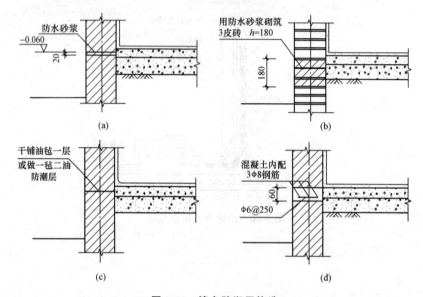

图 9-22 墙身防潮层构造

(a)防水砂浆防潮层；(b)防水砂浆砌 3 皮砖防潮层；(c)油毡防潮层；(d)细石混凝土防潮带

单元四　地下室防水与防潮

一、地下室的防潮处理

当地下水的最高水位低于地下室地坪 300～500 mm 时，地下室的墙体和底板会受到土中潮气的影响，所以需作防潮处理，即在地下室的墙体和底板中采取防潮构造。

1. 墙体防潮

对于墙体，当墙体为混凝土或钢筋混凝土结构时，由于本身的憎水性，其具有较强的防潮作用，可不必再做防潮层。当地下室的墙体采用砖墙时，墙体必须用水泥砂浆砌筑，要求灰缝饱满，并在墙体的外侧设置垂直防潮层和在墙体的上下设置水平防潮层。墙体防潮的具体做法如下：

(1)墙体垂直防潮层,先在墙外侧抹 20 mm 厚 1∶2.5 的水泥砂浆找平层,延伸到散水以上 300 mm,找平层干燥后,上面刷一道冷底子油和两道热沥青,然后在墙外侧回填低渗透性的土壤,如黏土、灰土等,并逐层夯实,宽度不小于 500 mm。

(2)水平防潮层有两道,一道是在外墙与地下室地坪的交界处;另一道是外墙与首层地板层的交界处,以防止土层中的潮气因毛细管作用沿基础和地下室墙身入侵地下室或上部结构,如图 9-23(a)所示。

2. 底板防潮

当地下室需防潮时,底板可采用非钢筋混凝土,其防潮构造如图 9-23(b)所示。对于底板防潮,一般做法是在灰土或三合土垫层上浇筑密实的混凝土。当最高地下水水位距离地下室地坪较近时,应假想地坪的防潮效果,一般是在地面面层与垫层之间假设防水砂浆或油毡防潮层。

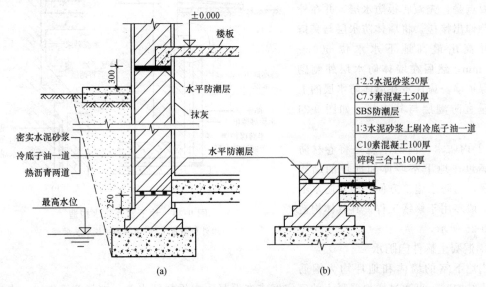

图 9-23　地下室的防潮处理
(a)墙身防潮;(b)地坪防潮

二、地下室的防水做法

当地下水的最高水位高于地下室底板时,地下室的外墙和底板必须采取防水措施。具体做法有降排水法和隔水法(堵)。

(一)降排水法

降排水法是用人工降低地下水位或排出地下水,直接消除地下水作用的防水方法,其分为外排法和内排法。

(1)外排法。外排法是在建筑物四周地下设置永久性降排水设施,以降低地下水水位。如盲沟排水,将带孔洞的陶管水平埋设在建筑四周地下室地坪标高以下,以截流地下水。地下水渗入地下陶管内后,再排至城市排水总管,从而使建筑物局部地区地下水位降低。

(2)内排法。内排法是在地下室底板上设排水间层,使外部地下水通过地下室外壁上的预埋管流入室内排水间层,再排至集水沟内,然后用水泵将水排出。

降排水法施工简单,投资较少,效果良好,但需要设置排水和抽水设备,经常检修维护,一般很少采用,其只适用于丰水期地下水水位高于地下室地坪小于500 mm时,或作为综合方案的后备措施。

(二)隔水法

隔水法是利用各种材料的不透水性来隔绝外围水及毛细管水的渗透,其可分为卷材防水和混凝土构件自防水两种。

1. 卷材防水

卷材防水层一般采用高聚物改性沥青防水卷材或合成高分子防水卷材与相应的胶粘材料粘结形成防水层。按照防水层的位置不同,卷材防水可分为外防水和内防水两种。

(1)外防水。外防水就是将卷材防水层满包在地下室墙体和底板外侧。其构造要点是:先做底板防水层,并在外墙外侧伸出接槎,将墙体防水层与其搭接,并高出最高地下水水位500~1 000 mm,然后在墙体防水层外侧砌半砖保护墙。应注意在墙体防水层的上部设垂直防潮层与其连接,如图9-24所示。

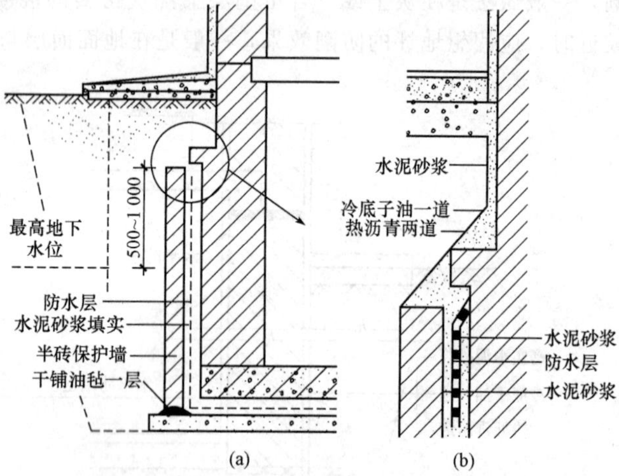

(2)内防水。内防水就是将卷材防水层满包在地下室墙体和地坪的结构层内侧,内防水施工方便,但对防水不利,一般多用于修缮工程。其具体构造如图9-25所示。

图 9-24 地下室外防水构造
(a)外包防水;(b)墙身防水层收头处理

2. 混凝土构件自防水

当地下室的墙体和地坪均为钢筋混凝土结构时,可通过增加混凝土的密实度或在混凝土中添加防水剂、加气剂等方法,来提高混凝土的抗渗性能,这种防水做法称为混凝土构件自防水。其具体构造如图9-26所示。

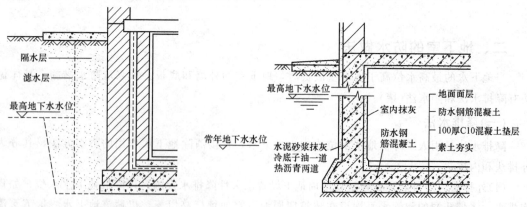

图 9-25 地下室内防水构造   图 9-26 地下室混凝土构件自防水构造

地下室采用构件自防水时,外墙板的厚度不得小于200 mm,底板的厚度不得小于150 mm,以保证刚度和抗渗效果。为防止地下水对钢筋混凝土结构的侵蚀,在墙的外侧应先用水泥砂浆找平,然后刷热沥青隔离。

模块小结

本模块主要介绍了刚性防水屋面、柔性防水屋面、涂膜防水屋面的构造做法、楼板屋的排水和防水处理方法、墙身和地下室防潮、防水的构造做法。重点是屋面和地下室的构造做法。

思考与练习

一、填空题

1. 柔性防水屋面具有良好的_____，能较好地适应结构变形和温度变化。
2. 按照防水层的位置不同，卷材防水分为_____和_____两种。
3. 当地下水的最高水位高于地下室底板时，地下室的_____和_____必须采取防水措施。
4. 当墙脚采用石材砌筑或混凝土等不透水材料时，_____设防潮层。
5. 为使楼地面排水畅通，需将楼地面设置一定的坡度，一般为1%～1.5%，并在最低处设置_____。
6. 为防止积水外溢，用水房间的地面应比相邻房间或走道的地面低_____，或在门口做20～30 mm高的_____。
7. 为有效防止室内受潮，避免地面因结构层受潮而破坏，需对地层做必要的_____处理。
8. 卷材防水屋面的檐口一般有_____、_____、_____、_____、_____等形式。
9. 刚性防水屋面的泛水应有足够高度，一般不小于_____。

二、简答题

1. 卷材防水屋面由哪几个部分组成？
2. 刚性防水屋面由哪几个部分组成？
3. 刚性防水屋面常用的檐口形式有哪几种？
4. 刚性屋面泛水与凸出屋面的结构物之间为什么要留设分仓缝？
5. 涂膜防水屋面由哪几个部分组成？
6. 柔性防水屋面如何设保温层？
7. 柔性防水屋面如何设防潮层？
8. 什么情况下应在管线周围做防水密封处理？
9. 淋水墙面如何做防水处理？
10. 如何确定防潮层的位置？
11. 墙体防潮的具体做法是什么？
12. 如何采用降排水法做地下室的防水？

模块十 单层工业厂房构造

知识目标

(1)了解外墙、屋面的一般构造。
(2)了解大门、天窗与侧窗的通用构造。
(3)了解新型墙体材料、屋面覆盖材料和门窗材料的发展动态。
(4)了解单层工业厂房地面、起重机梯、作业台钢梯等附属构件的通用构造。

能力目标

(1)能够通过学习和参观,比较单层工业厂房与普通砌体房屋之间在构造上的区别。
(2)能进行单层厂房定位轴线的划分。

素养目标

(1)遵守相关规范、标准和管理规定。
(2)培养发现问题、解决问题的能力。
(3)培养团结协作能力、创新能力和专业表达能力。
(4)爱岗敬业,严谨务实,具有良好的职业操守。

单元一 外墙

一、外墙的类型

单层厂房的外墙按其材料类别可分为砖墙、砌块墙、板材墙、轻型板材墙等;按其承重形式则可分为承重墙、承自重墙、填充墙和幕墙等。当厂房跨度和高度不大,且没有设置起重运输设备或仅设有较小的起重运输设备时,一般可采用承重墙直接承受屋盖与起重运输设备等荷载。当厂房跨度和高度较大,起重运输设备的起重量较大时,通常由钢或钢筋混凝土排架柱来承受屋盖与起重运输等荷载。而外墙只承受自重,仅起围护作用,这种墙称为承自重墙。某些高大厂房的上部墙体及厂房高低跨交接处的墙体,采用架空形式支承在与排架柱连接的墙梁(连系梁)上,这种墙称为填充墙。

二、砖墙与砌块墙

单层厂房通常为装配式钢筋混凝土排架结构。它的外墙一般为填充墙。填充墙即利用厂房的承重排架柱和厂房的连系梁、基础梁砌筑的墙体。填充墙的填充材料有普通砖和各种预制砌块。

1. 墙与柱子的连接

为使墙体与柱子间有可靠的连接，根据墙体传力的特点，主要考虑在水平方向与柱子拉结。通常的做法是在柱子高度方向每隔 500～600 mm 预埋两根 Φ6 钢筋，砌墙时把伸出的钢筋砌在墙缝里，如图 10-1、图 10-2 所示。

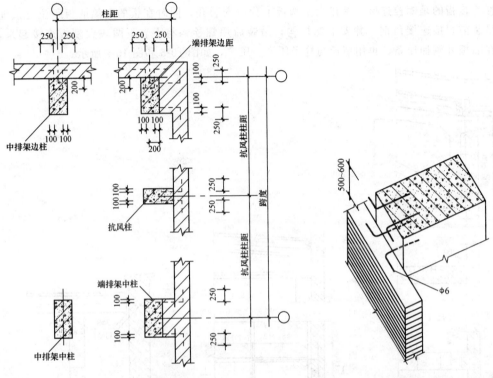

图 10-1　墙与柱的连接　　　　图 10-2　墙与柱连接筋的高度、方向及距离

2. 墙与屋架或屋面梁的连接

屋架的上弦、下弦或屋面梁可采用预埋钢筋拉结墙体；若在屋架的腹杆上预埋钢筋不方便时，可在腹杆预埋钢板上焊接钢筋与墙体拉结，其构造要求如图 10-3 所示。

3. 纵向女儿墙与屋面板的连接

为保证纵向女儿墙的稳定性，在墙与屋面板之间常采用钢筋拉结措施，即在屋面板横向缝内放置一根 Φ12 钢筋（长度为板宽度加上纵墙厚度的一半和两头弯钩的长度），在屋面板纵缝内及纵向外墙中各放置一根 Φ12（长度为 1 000 mm）的钢筋相连接，如图 10-4 所示，形成工字形的钢筋，然后在缝内用强度等级为 C20 的细石混凝土捣实。

4. 山墙与屋面板的连接

单层厂房的山墙比较高且面积比较大，为保证其稳定性和抗风要求，山墙与抗风柱及端柱除用钢筋拉结外，在非地震区，一般应在山墙上部沿屋面设置两根 Φ8 钢筋于墙中，并在屋面板的板缝中嵌入一根长为 1 000 mm 的 Φ12 钢筋与山墙中的钢筋拉结，如图 10-5 所示。

三、板材墙

(一) 板材墙的连接

板材墙板的布置方式有横向布置、竖向布置和混合布置三种，可根据各自的特点及适用情况进行选择。单层工业厂房的墙板与排架柱应用金属件连接，一般可分为柔性连接和刚性连接两类。

1. 柔性连接

柔性连接指的是螺栓连接，是在大型墙板上预留安装孔，同时在板的两侧的板距位置预埋铁件，吊装前焊接连接角钢，并安上螺栓钩，吊装后用螺栓钩将上、下两块大型板连接起来，也可以在墙板外侧加压条，再用螺栓与柱子压紧、压牢，如图 10-6 和图 10-7 所示。

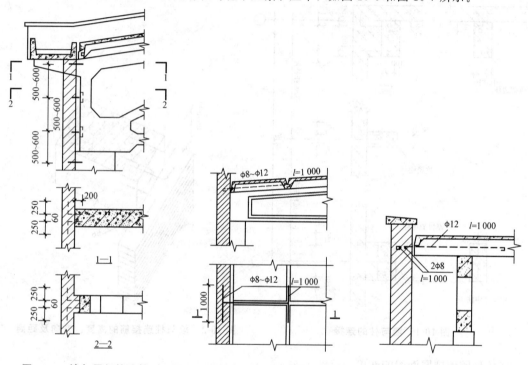

图 10-3 墙与屋架的连接　　图 10-4 纵向女儿墙与屋面板的连接　　图 10-5 山墙与屋面板的连接

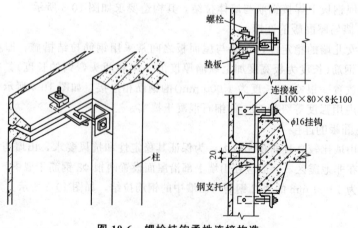

图 10-6 螺栓挂钩柔性连接构造

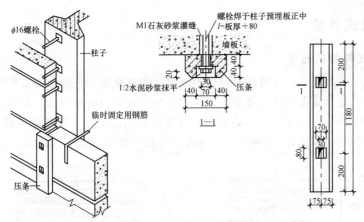

图 10-7 压条柔性连接构造

2. 刚性连接

刚性连接指的是焊接连接。其具体做法是在柱子侧边及墙板两端预留铁件，安装时用角钢或 $\phi16$ 的钢筋把它们焊接牢固，如图 10-8 所示。

(二)墙板板缝的处理

为了使墙板能起到防风挡雨、保温、隔热作用，除了板材本身要满足这些要求之外，还必须做好板缝的处理。

板缝根据不同情况，可以做成各种形式。水平缝可做成平口缝、高低错口缝、企口缝等。后者的处理方式较好，但从制作、施工以及防止雨水的重力和风力渗透等因素综合考虑，错口缝是比较理想的形式。图 10-9 所示为水平板缝形式和水平缝处理。垂直板缝可做成直缝、喇叭缝、单腔缝、双腔缝等。垂直板缝的处理如图 10-10 所示。

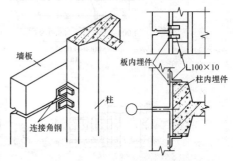

图 10-8 刚性连接构造

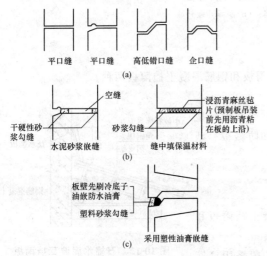

图 10-9 水平板缝的形式与水平缝的处理
(a)水平板缝的形式；(b)、(c)水平缝的处理

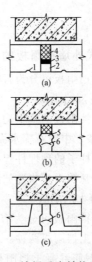

图 10-10 墙板垂直缝构造示例
1—截水沟；2—水泥砂浆或塑料砂浆；3—油膏；
4—保温材料；5—垂直空腔；6—塑料挡雨板

四、开敞式外墙

(一) 开敞式外墙的布置

在炎热地区,为了使厂房获得良好的自然通风和散热效果,一些热加工车间常采用开敞式外墙。开敞式外墙通常是在下部设矮墙,上部的开敞口设置挡雨遮阳板。开敞式外墙的布置如图 10-11 所示。挡雨遮阳板每排之间的距离,与当地的飘雨角度、日照以及通风等因素有关,设计时应结合车间对防雨的要求来确定,一般飘雨角度可按 45°设计,风雨较大地区可酌情减小角度。

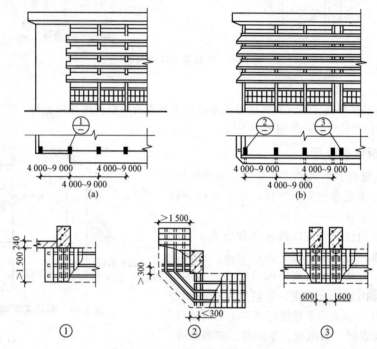

图 10-11 开敞式外墙的布置

(a)单面开敞外墙;(b)四面开敞外墙

(二) 开敞式外墙挡雨板的构造

开敞式外墙挡雨板可分为石棉水泥瓦挡的雨板和钢筋混凝土挡雨板两种。

1. 石棉水泥瓦挡雨板

石棉水泥瓦挡雨板的基本构件有型钢支架(或圆钢轻型支架)、型钢檩条、中波石棉水泥波瓦挡雨板和防溅板。型钢支架通常是与柱子的预埋件焊接固定的。

石棉水泥波瓦挡雨板构造如图 10-12 所示。

2. 钢筋混凝土挡雨板

钢筋混凝土挡雨板可分为有支架钢筋混凝土挡雨板和无支架钢筋混凝土挡雨板两种。

(1)有支架钢筋混凝土挡雨板(图 10-13)一般采用钢筋混凝土支架,上面直接架设钢筋混凝土挡雨板。挡雨板与

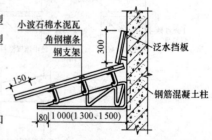

图 10-12 石棉水泥波瓦挡雨板

支架，支架与柱子均通过预埋件焊接进行固定。

(2) 无支架钢筋混凝土挡雨板是直接将钢筋混凝土挡雨板固定在柱子上的，如图10-14所示。挡雨板与柱子的连接，通过角钢与预埋件焊接进行固定。无支架钢筋混凝土挡雨板也适用于高温车间。

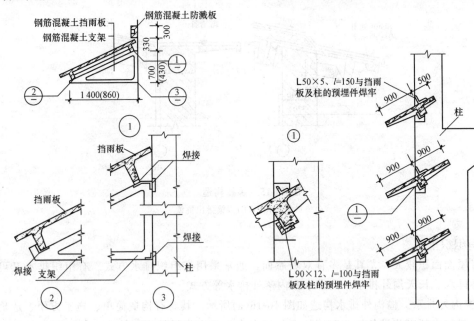

图 10-13 有支架钢筋混凝土挡雨板　　　　图 10-14 无支架钢筋混凝土挡雨板

单元二　屋面

一、屋面排水

屋面排水应进行排水组织设计。如多跨多坡屋面采用内排水时，首先要按屋面的高低变形缝位置、跨度大小及坡面，将整个厂房屋面划分为若干个排水区段，并定出排水方向。选择屋面的排水坡度，应根据屋面基层的类型、防水构造方式、材料性能、屋架形式以及当地气候条件等因素进行。单层厂房屋面坡度的选择可参考表 10-1 的规定。

表 10-1　单层厂房屋面坡度选择参考表

防水类型	卷材防水	构件自防水				压型钢板
		嵌缝式	F形板	槽板	石棉瓦等	
常用坡度	1:5～1:10	1:5～1:8	1:4～1:5	1:3～1:4	1:2.5～1:4	1:20

1. 无组织排水

无组织排水挑檐长度与檐口高度有关，当檐口高度在 6 m 以下时，挑檐挑出长度不宜小于

300 mm；当檐口高度超过 6 m 时，挑檐挑出长度不宜小于 500 mm。挑檐既可由外伸的檐口板形成，也可利用顶部圈梁挑出挑檐板，其构造如图 10-15 所示。在多风雨的地区，挑檐尺寸要适当加大，以减少屋面落水浇淋墙面和窗口的机会。勒脚外地面需做散水，其宽度一般宜超出挑檐 200 mm，也可以做成明沟，其明沟的中心线宜对准挑檐端部。

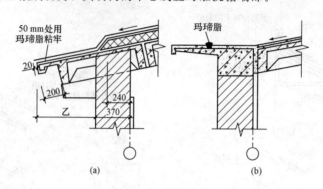

图 10-15　挑檐构造

(a)檐口板挑檐；(b)圈梁挑出挑檐

2. 有组织排水

厂房屋面面积较大，尤其是多脊双坡屋面，通常采用有组织排水方式。有组织排水又可分为檐沟外排水、长天沟外排水、内排水和内落外排水等方式。

(1)檐沟外排水。檐沟外排水构造如图 10-16(a)所示。其具有构造简单、施工方便、造价低且不影响车间内部工艺设备的布置等特点，故在南方地区应用较广。檐沟一般采用钢筋混凝土槽形天沟板，天沟板支承在屋架端部的水平挑梁上，如图 10-16(b)所示。

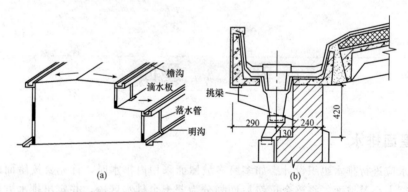

图 10-16　檐沟外排水构造

(a)檐沟外排水示意图；(b)挑檐沟构造

(2)长天沟外排水。长天沟外排水沿厂房纵向设置长天沟汇集雨水，天沟内的雨水由端部的落水管排至室外地坪的排水方式。这种排水方式构造简单，施工方便，造价较低。但天沟长度大，采用时应充分考虑地区降雨量、汇水面积、屋面材料、天沟断面和纵向坡度等因素进行确定。

当采用长天沟外排水时，应在山墙上留出洞口，天沟板伸出山墙，并在天沟板的端壁上方留出溢水口。

(3)内排水。内排水是将屋面雨水由设在厂房内的落水管及地下落水管沟排出的排水方式，如图 10-17 所示。其特点是排水不受厂房高度限制，排水比较灵活，但屋面构造复杂，造价及维修费高,并且室内落水管容易与地下管道、设备基础、工艺管道等发生矛盾。内排水常用于多跨厂房,特别是严寒多雪地区的采暖厂房和有生产余热的厂房。

(4)内落外排水。内落外排水是将屋面雨水先排至室内的水平管,由室内水平管将雨水导致墙外的排水立管来排出雨水的排水方式,如图10-18所示。这种排水方式克服了内排水需在厂房地面下设雨水地沟、室内落水管影响工艺设备的布置等缺点,但水平管易被堵塞,不宜用于屋面有大量积尘的厂房。

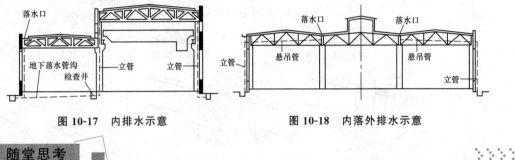

图 10-17　内排水示意　　　　　图 10-18　内落外排水示意

随堂思考

1. 各种排水方式分别有哪些优缺点?各自适用于什么样的厂房?
2. 有组织排水有哪几种方案?其排水装置有哪些?各有哪些具体要求?

二、屋面防水

按照屋面防水材料和构造做法,单层厂房的屋面可分为柔性防水屋面和构件自防水屋面两种。柔性防水屋面适用于有振动影响和有保温隔热要求的厂房屋面。构件自防水屋面适用于南方地区和北方无保温要求的厂房。

(一)卷材防水屋面

卷材防水屋面在单层工业厂房中应用较为广泛,有不保温和保温两种。不保温防水屋面是由基层、找平层、防水层和保护层等几部分构成的;保温防水屋面的构造一般依次为基层、找平层、隔汽层、保温层、找平层、防水层和保护层。卷材防水屋面的构造原则和做法与民用建筑基本相同,它的防水质量关键在于基层和防水层。

(二)钢筋混凝土构件自防水屋面

钢筋混凝土构件自防水屋面,是利用钢筋混凝土板本身的密实性,对板缝进行局部防水处理而形成防水的屋面,具有省工、省料、造价低和维修方便的特点,但也存在一些缺点,如板面后期易出现裂缝和渗漏、油膏和涂料易老化等,在我国南方和中部地区多有采用。

钢筋混凝土构件自防水屋面板有钢筋混凝土大型屋面板、钢筋混凝土F形屋面板等。根据板的类型不同,其板缝的防水处理方法也不同,主要有嵌缝式、贴缝式和搭盖式等基本类型。

1. 嵌缝式、贴缝式防水

屋面板的板缝有横缝、纵缝和脊缝三种。其中,横缝防水是关键。嵌缝式构件自防水屋面就是利用钢筋混凝土屋面板作为防水构件,然后在板缝内嵌油膏进行防水的一种屋面。

屋面板嵌缝式防水的构造如图10-19(a)所示。嵌缝时,板缝内应先清扫干净,然后用强度等级为C20的细石混凝土填实。缝的下部在浇捣前应吊木条,浇捣时上口应预留20~30 mm的凹槽,待干燥后刷冷底子油,填嵌油膏。嵌缝油膏的质量是保证板缝不渗漏的关键,要求有良好的防水性、弹塑性、黏附性、耐热性、防冻性和抗老化性。

当采用的油膏的韧性及抗老化性能较差时，为保护油膏，减慢油膏老化速度，可在油膏嵌缝的基础上，在板缝处再粘贴上卷材条(油毡、玻璃布或其他卷材)，便构成了贴缝式构造，其防水性能优于嵌缝式，如图10-19(b)所示。贴缝的卷材在纵缝处只要采用一层卷材即可；在横缝和脊缝处，由于变形较大，宜采用二层卷材。每种缝在卷材粘贴之前，先要干铺(单边点贴)一层卷材，以适应变形需要。

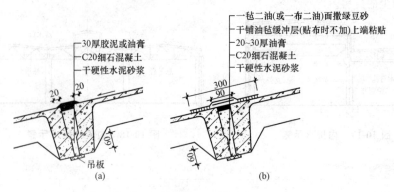

图 10-19 嵌缝式、贴缝式板缝构造
(a)嵌缝式；(b)贴缝式

2. 搭盖式防水

搭盖式防水屋面是利用屋面板上下搭盖住纵缝，用盖瓦、脊瓦覆盖横缝和脊缝的方式来达到屋面防水的目的。常见的有F形板和槽瓦屋面，其构造如图10-20所示。

F形板屋面是以断面呈F形的预应力混凝土屋面板为主，配合盖瓦和脊瓦等附件组成的构件自防水屋面，它是利用钢筋混凝土F形屋面板的挑出翼缘搭盖住纵缝，并用盖瓦、脊瓦分别覆盖住屋面横缝和脊缝进行防水的，如图10-20(a)所示。

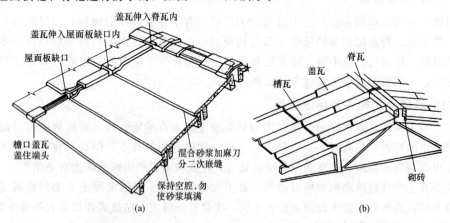

图 10-20 搭盖式构件自防水屋面构造
(a)F形板屋面；(b)槽瓦屋面

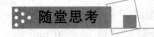

民用建筑屋面防水和厂房屋面防水有什么异同？

单元三 大门、天窗与侧窗

一、大门

工业厂房的大门应满足运输车辆、人流通行等要求,为使满载货物的车辆能顺利通过大门,门洞的尺寸应比满载货物车辆的外轮廓加宽600~1 000 mm,加高400~500 mm。

(一)大门的类型

1. 按用途分类

按工业厂房大门的用途,可以分为一般门和特殊门两种。特殊大门是根据特殊要求设计的,分为保温门、防火门、冷藏门、射线防护、防风沙门、隔声门、烘干室门等。

2. 按开启方式分类

按大门的开启方式,厂房大门可以分为平开门、平开折叠门、推拉门、推拉折叠门、上翻门、升降门、卷帘门、偏心门及光电控制门等类型,如图10-21所示。

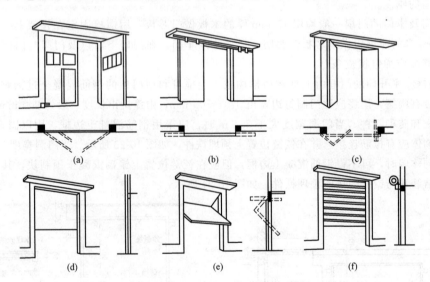

图 10-21 厂房大门的开启方式
(a)平开门;(b)推拉开;(c)折叠门;(d)升降门;(e)上翻门;(f)卷帘门

3. 按门扇制作材料分类

按门扇制作材料,厂房大门可以分为木门、钢板门、钢木门、空腹薄壁钢板门和铝合金门等。

(二)大门的构造

厂房大门的规格、类型不同,其构造也不同,这里只介绍工业厂房中较多采用的平开钢木大门和推拉门的构造,其他大门的构造可参见相关标准通用图集。

1. 平开钢木大门

(1)平开钢木大门的组成。平开门由门扇、门框与五金配件组成。平开钢木大门的洞口尺寸一般不宜大于 3 600 mm×3 600 mm，如图 10-22 所示。

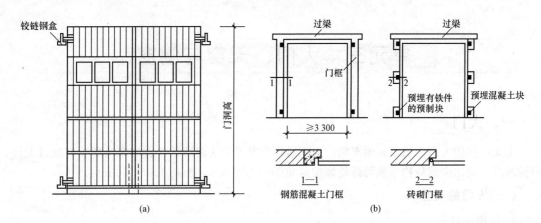

图 10-22　平开钢木大门构造

(a)平开钢木大门外形；(b)大门门框

(2)门扇。门扇由骨架和面板构成，除木门外，骨架通常是用角钢或槽钢制成，木门芯板用 $\phi 6$ 螺栓固定。为防止门扇变形，钢骨架应加设角钢的横撑和交叉支撑，木骨架应加设三角铁，以增强门扇的刚度。

钢木门及木门的门扇一般均用 15 mm 厚的木板做门芯板，用螺栓固定在骨架上。钢板门则用 11.5 mm 厚的薄钢板做门芯板。为防止风沙吹入车间，在门扇下沿以及门扇与门框、门扇与门扇间的缝隙应加钉橡皮条。

(3)门框。平开门的门框由上框和边框构成。上框可利用门顶的钢筋混凝土过梁兼作。过梁上一般均带有雨篷，雨篷应比门洞每边宽出 370～500 mm，雨篷挑出长度一般为 900 mm。边框有钢筋混凝土和砖砌两种。当门洞宽度大于 2.4 m 时，应采用钢筋混凝土边框，用以固定门铰链。边框与墙砌体应有拉筋连接，并在铰链位置上预埋铁件，如图 10-23 所示。当门洞宽度小于 2.4 m 且两边为砌体墙时，可不设钢筋混凝土边框，但应在铰链位置上镶砌混凝土预制块，其上带有与砌体的拉结筋和与铰链焊接的预埋铁件，如图 10-24 所示。

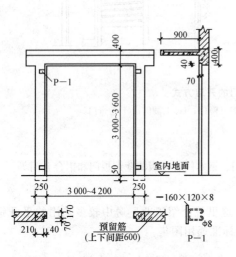

图 10-23　钢筋混凝土门框与过梁构造

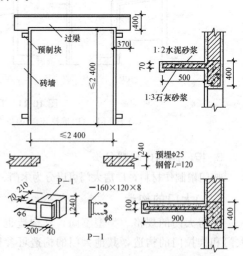

图 10-24　砖砌门框与过梁构造

2. 推拉门

推拉门由门扇、门框、滑轮、导轨等部分组成。门扇可分为单扇、双扇或多扇三种，可采用钢木门扇、钢板门扇和空腹薄壁钢板门等。门框一般均由钢筋混凝土制作，开启后藏在夹槽内或贴在墙面上。推拉门的支承方式分为上挂式和下滑式两种。当门扇高度小于 4 m 时，采用上挂式，即将门扇通过滑轮吊挂在导轨上推拉开启。当门扇高度大于 4 m 时，多采用下滑式，下部的导轨用来支承门扇的重量，上部导轨用于导向。

上挂式推拉门的上轨道和滑轮是使门扇向两侧推拉的重要部件，构造上应做到坚固耐久，滚动灵活，并需经常维修，以免生锈。滑轮装置有单轮、双轮或四轮，单轮滑轨制作简单，双轮或四轮滑轨制作复杂但不易卡滞和脱轨，可根据门的大小选用。为防止门扇脱轨，导轨尽头应设门挡。下部导向装置有凹式、凸式和导饼轨道等几种。目前多用导饼，导饼由铸件制成，凸出地面 20 m，间距为 300～900 mm。

二、天窗

(一) 天窗的类型

单层厂房采用的天窗类型较多，目前在我国常见的天窗形式中，主要用作采光的有矩形天窗、锯齿形天窗、平天窗、三角形天窗、横向下沉式天窗等；主要用作通风的有矩形避风天窗、纵向或横向下沉式天窗、井式天窗、M 形天窗。

(二) 矩形天窗的构造

矩形天窗是单层厂房常用的天窗形式。矩形天窗沿厂房纵向布置，为了简化构造并留出屋面检修和消防通道，在厂房的两端和横向变形缝的第一个开间通常不设天窗，在每段天窗的端壁应设置上天窗屋面的消防梯（兼作检修梯）。矩形天窗主要由天窗架、天窗屋顶、天窗端壁、天窗侧板及天窗扇等构件组成。

1. 天窗架

天窗架有钢筋混凝土天窗架和钢天窗架两种，其形式如图 10-25 所示。其中，钢筋混凝土天窗架的形式一般有 π 形和 W 形，也可做成 Y 形。钢天窗架有多压杆式和桁架式。钢天窗架质量轻，制作吊装方便，多用于钢屋架上，但也可用于钢筋混凝土屋架上。钢筋混凝土天窗架则要与钢筋混凝土屋架配合使用。

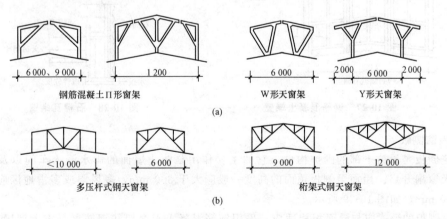

图 10-25　天窗架形式

为便于天窗架的制作和吊装,钢筋混凝土天窗架一般加工成两榀或三榀,在现场组合安装,各榀之间采用螺栓连接,与屋架采用焊接连接。钢天窗架一般采用桁架式,自重轻,便于制作和安装,其支脚与屋架一般采用焊接连接,适用于较大跨度的厂房。

2. 天窗屋顶及檐口

天窗屋顶的构造通常与厂房屋顶构造相同。由于天窗宽度和高度一般均较小,故多采用自由落水。为防止雨水直接流淌到天窗扇上和飘入室内,一般采用带挑檐的屋面板,其挑出长度一般为 50 mm。若采用上悬式天窗扇,因防水较好,故出挑长度可小于 500 mm;若采用中悬式天窗时,因防雨较差,其出挑长度可大于 500 mm,如图 10-26 所示。

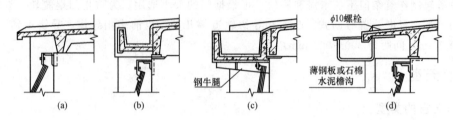

图 10-26 有组织排水的天窗檐口
(a)挑檐板;(b)带檐沟的屋面板;(c)钢牛腿上铺天沟板;(d)挑檐板挂薄钢板檐沟

3. 天窗端壁

矩形天窗两端的承重围护结构构件称为天窗端壁。通常采用预制钢筋混凝土端壁板,如图 10-27 所示;或钢天窗架石棉瓦端壁板,如图 10-28 所示。前者多用于钢筋混凝土屋架,后者多用于钢屋架。

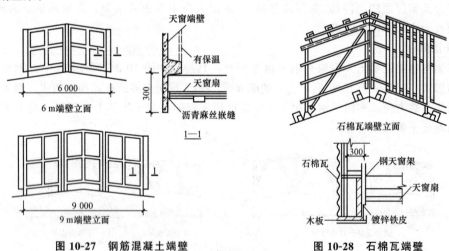

图 10-27 钢筋混凝土端壁   图 10-28 石棉瓦端壁

4. 天窗侧板

天窗侧板是天窗下部的围护构件。它的主要作用是防止屋面的雨水溅入车间以及不被积雪挡住天窗扇开启。屋面至侧板顶面的高度一般应大于 300 mm,多风雨或多雪地区应增高至 400~600 mm,如图 10-29 所示。

天窗侧板的形式应与屋面板相适应。采用钢筋混凝土天窗架和钢筋混凝土大型屋面板时,则侧板采用长度与天窗架间距相同的钢筋混凝土槽板,它与天窗架的连接方法是在天窗架下端相应位置预埋铁件,然后用短角钢焊接,将槽板置于角钢上,再将槽板的预埋件与角钢焊接,如图 10-29(a)所示。该图 10-29 所示车间需要保温,所以,屋面板及天窗屋面板均设有保温层,侧板也应设保温层。图 10-29(b)所示是采用钢筋混凝土小板,小板的一端支撑在屋面上,另一端靠在天窗框角钢下档的外侧。当屋面为有檩体系时,侧板可采用水泥石棉瓦、压型钢板等轻质材料制作。

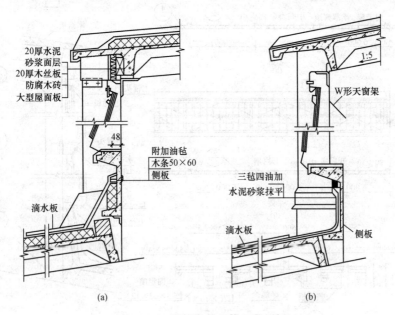

图 10-29　钢筋混凝土檐口及侧板
(a)对拼天窗架(屋面保温);(b)W 形天窗架(不保温)

5. 天窗扇

天窗扇由钢材、木材、塑料等材料制作。由于钢天窗扇具有耐久、耐高温、质量轻、挡光少、使用过程中不易变形、关闭严密等优点。因此,钢天窗被广泛采用。钢天窗扇的开启方式分为上悬式和中悬式两种。上悬式钢天窗最大开启角度为 45°,所以通风效果差,但防雨性能较好。中悬式钢天窗扇开启角度可达 60°~80°,所以通风性能好,但防雨性较差。

上悬式钢天窗扇的高度有 900 mm、1 200 mm、1 500 mm 三种,可根据需要组合成不同的窗口高度。上悬钢天窗扇主要由开启扇和固定扇等若干单元组成,可以布置成通长窗扇和分段窗扇。

通长窗扇是由两个端部窗扇和若干个中间窗扇利用垫板和螺栓连接而成的,其长度应根据厂房长度、采光通风的需要以及天窗开关器的启动能力等因素决定,如图 10-30(a)所示。分段窗扇是每个柱距设一个窗扇,各窗扇可单独开启,一般不用开关器,如图 10-30(b)所示。在开启扇之间以及开启扇与天窗端壁之间,均需设置固定窗扇起竖框作用。防雨要求较高的厂房可在上述固定扇的后侧附加 600 mm 宽的固定挡雨板,以防止雨水从窗扇两端开口处飘入车间。

上悬式钢天窗扇由上、下冒头和边框及窗芯组成。窗扇上冒头为槽钢,它悬挂在通长的弯铁上,弯铁用螺栓固定在纵向角钢上框上,上框则焊接或用螺栓固定于角钢牛腿上。窗扇的下冒头关闭时搭在天窗侧板的外沿。当设置两排天窗扇时,必须设置角钢中挡,用以搭靠上排开窗的下冒头和固定下排天窗的统长弯铁。天窗扇的窗芯为 T 型钢,边梃则用角钢制成,并附加盖缝板。

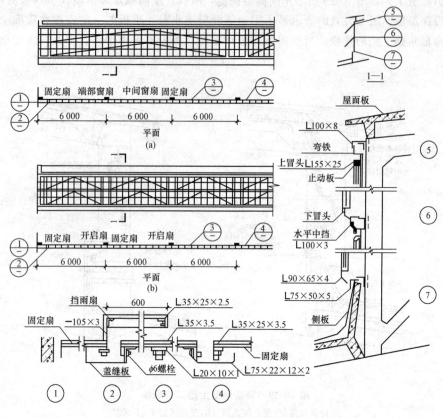

图 10-30　上悬钢天窗扇
(a)通长天窗扇立面；(b)分段天窗扇

三、侧窗

单层厂房的侧窗不仅应满足采光和通风的要求，还要根据生产工艺的特点，满足一些特殊要求。例如，有爆炸危险的车间，侧窗应有利于泄压；要求恒温、恒湿的车间，侧窗应有足够的保温隔热性能；洁净车间要求侧窗防尘和密闭等。

根据车间通风需要，一般厂房常将平开窗、中悬窗和固定窗组合在一起使用。为了便于安装开关器，侧窗组合时，在同一横向高度内，宜采用相同的开启方式。

1. 木侧窗

木侧窗施工方便，造价较低，但耗木量大，且容易变形，防火性能较差，目前已较少使用。其主要用于对金属有腐蚀的车间，但不宜用于高温高湿或木材易腐蚀的车间。

木侧窗是由两个基本木窗拼框组成的，可以左右拼接，也可以上下拼接，通常采用窗框直接拼接固定，即用 $\phi 10$ 螺栓或 $\phi 6$ 木螺栓（中距小于 1 000 mm）将两个窗框连接在一起。采用螺栓连接时，应在两框之间加入垫木，窗框间的缝隙应用沥青麻丝嵌缝，缝隙的内、外两侧还应用木压条盖缝。

2. 钢侧窗

钢侧窗具有坚固、耐火、耐久、挡光少、关闭严密和易于工厂化生产的特点，在工业厂房中应用较广。钢窗拼接时，需采用拼框构件来连系相邻的基本窗，以加强窗的刚度和调整窗的尺寸。左右拼接时应设竖梃，上下拼接时应设横档，用螺栓连接，并在缝隙处填塞油灰，如图 10-31 所示。竖梃与横档的两端或与混凝土墙洞上的预埋件焊接牢固，或插入砖墙洞的预留孔洞中，用细石混凝土嵌固，如图 10-32 所示。

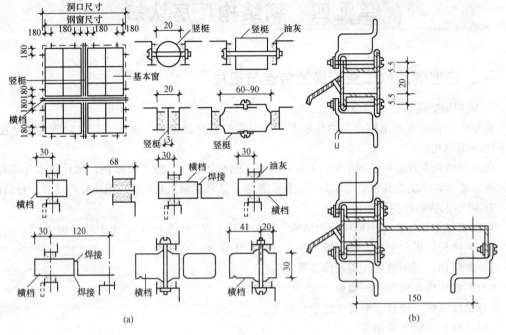

图 10-31 钢窗拼装构造举例

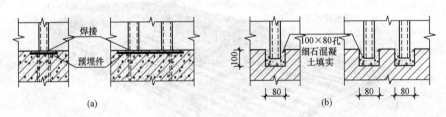

图 10-32 竖梃、横档安装节点

3. 垂直旋转通风板窗

垂直旋转通风板窗主要用于散发大量热量、烟灰和无密闭要求的高温车间，其制作材料有钢丝网水泥、钢筋混凝土和金属板等。钢丝网水泥通风板窗扇是用 M10 水泥砂浆内配 $\phi0.9$ 钢丝网及 $\phi3$ 冷拔钢丝骨架采用点焊连接并用定型模板捣制成型的。

钢丝网水泥及其他材料的垂直旋转通风板窗均属于无框结构，通风板窗扇中心上下两端设有磨圆的窗扇主轴钢筋，上部套入由钢管或钢板组合的钢转轴座，下部插入钢插销板的中孔内。钢插销板上设有不同开启角度的孔洞，使用时可根据风向，利用插销和不同的插孔位置，使通风板与墙面分别形成 0°、45°、90° 和 135° 的夹角。

单元四　钢结构厂房认知

一、轻型钢结构工业厂房的特点与组成

1. 轻型钢结构厂房的特点

轻型钢结构是在普通钢结构的基础上发展起来的一种新型结构形式。其包括所有轻型屋面下采用的钢结构。

轻型钢结构有较好的经济指标，不仅自重轻、钢材用量省、施工速度快，而且其本身具有较强的抗震能力，并能提高整个房屋的综合抗震性能。其是目前工业厂房应用比较广泛的一种结构。

2. 轻型钢结构厂房的组成

轻型钢结构厂房由：主结构、次结构、围护结构、基础(图 10-33、图 10-34)组成。

(1)主结构：横向刚架、楼面梁、托梁、支撑体系等。

(2)次结构：屋面檩条、墙面檩条等。

(3)围护结构：屋面板、墙板。

(4)辅助结构：楼梯、平台、扶手栏杆等。

(5)基础：基础、基础梁。

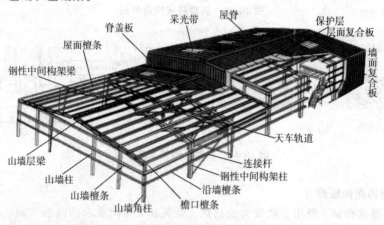

图 10-33　轻型钢结构厂房的组成

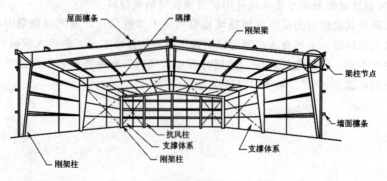

图 10-34　轻型钢结构厂房的结构

单层轻型房屋一般采用门式刚架、屋架和网架为承重结构。其上设檩条、屋面板（或板檩合一的轻质大型屋面板），下设柱（对刚架则梁柱合一）、基础，柱外侧有轻质墙架，柱内侧可设吊车梁，如图10-35所示。

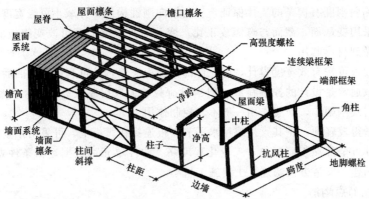

图 10-35 轻型钢结构厂房组成

二、门式刚架

1. 门式刚架的形式及特点

门式刚架如图10-36所示。

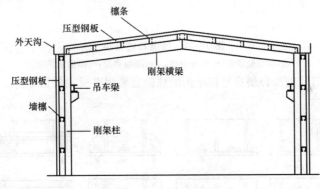

图 10-36 门式刚架

（1）门式刚架的形式。刚架结构是梁、柱单元构件的组合体，应用较多的为单跨、双跨或多跨的单、双坡门式刚架。图10-37所示为门式刚架的形式。

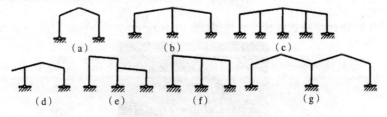

图 10-37 门式刚架的形式

(a)单跨双坡；(b)双跨双坡；(c)四跨双坡；(d)单跨双坡带挑檐；
(e)双跨单坡(毗屋)；(f)双跨单坡；(g)双跨四坡

（2）门式刚架的特点。

1）采用轻型屋面，不仅可减小梁、柱截面尺寸，基础也相应减小。

2）在多跨建筑中可做成一个屋脊的大双坡屋面，为长坡面排水创造了条件。

3）刚架的侧向刚度有檩条的支撑保证，省去纵向刚性构件，并减小翼缘宽度。

4）刚架可采用变截面，截面与弯矩成正比；变截面时根据需要可改变腹板的高度和厚度及翼缘的宽度，做到材尽其用。

5）刚架的腹板可按有效宽度设计，即允许部分腹板失稳，并可利用其屈曲后强度。

6）竖向荷载通常是设计的控制荷载，但当风荷载较大或房屋较高时，风荷载的作用不应忽视。在轻屋面门式刚架中，地震作用一般不起控制作用。

7）支撑可做得较轻便。将其直接或用水平节点板连接在腹板上，可采用张紧的圆钢。

8）结构构件可全部在工厂制作，工业化程度高。构件单元可根据运输条件划分，单元之间在现场用螺栓相连，安装方便快速，土建施工量小。

2. 门式刚架节点构造

（1）横梁和柱连接及横梁拼接。横梁和柱连接如图10-38所示。

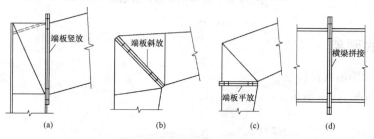

图10-38　横梁和柱连接

(a)端板竖放；(b)端板斜放；(c)端板平放；(d)横梁拼接

（2）刚架柱脚。门式刚架轻型房屋钢结构的柱脚宜采用平板式铰接柱脚。当有必要时，也可采用刚性柱（图10-39）。

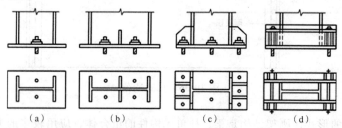

图10-39　刚架柱脚

（3）牛腿。牛腿通过焊接或螺栓与柱连接（图10-40）。

图10-40　牛腿

三、檩条

1. 檩条的形式

檩条宜优先采用实腹式构件，也可采用空腹式或格构式构件。檩条一般为单跨简支构件，实腹式檩条也可是连续构件。檩条断面如图 10-41 所示。

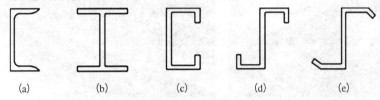

图 10-41 檩条断面
(a)热扎型钢；(b)H 型钢；(c)、(d)、(e)弯薄型钢

(1)实腹式檩条。

1)槽钢檩条。槽钢檩条可分为普通槽钢檩条和轻型槽钢檩条两种。普通槽钢檩条因型材的厚度较厚，所以强度不能充分发挥，用钢量较大；轻型槽钢檩条虽比普通槽钢檩条有所改进，但仍不够理想。

2)高频焊接轻型 H 型钢檩条(图 10-42)。高频焊接轻型 H 型钢是引进国外先进技术生产的一种轻型型钢，具有腹板薄、抗弯刚度好、两主轴方向的惯性矩比较接近，以及翼缘板平直易于连接等优点。

3)卷边槽形冷弯薄壁型钢檩条(图 10-43)。卷边槽形(C 形)冷弯薄壁型钢檩条的截面互换性大，应用普遍，用钢量省，制造和安装方便。

4)卷边 Z 形冷弯薄壁型钢檩条(图 10-44)。卷边工形冷弯薄壁型钢檩条可分为直卷边 Z 形和斜卷边 Z 形。其用作檩条时挠度小，用钢量省，制造和安装方便。

斜卷边 Z 形型钢存放时还可以叠层堆放，占地少。当屋面坡度较大时，这种檩条的应用较为普遍。

(2)空腹式檩条。空腹式檩条由角钢的上、下弦和缀板焊接组成。其主要特点是用钢量较少，能合理地利用小角钢和薄钢板，因缀板的间距较密，拼装和焊接的工作量较大，故应用较少。

(3)格构式檩条。格构式檩条可采用平面桁架式、空间桁架式及下撑式檩条(图 10-45)。

图 10-42 H 型钢

图 10-43 卷边槽形钢

图 10-44　卷边 Z 形钢檩条

图 10-45　格构式檩条

2. 檩条的连接构造

(1)檩条在屋架(刚架)上的布置和搁置。

1)檩条宜位于屋架上弦节点处。当采用内天沟时,边檩应尽量靠近天沟。

2)实腹式檩条的截面均宜垂直于屋面坡面。对槽钢和 Z 形型钢檩条,宜将上翼缘肢尖(或卷边)朝向屋脊方向,以减小屋面荷载偏心而引起的扭矩。

3)桁架式(平面格构式)檩条的上弦杆宜垂直于屋架上弦杆,而腹杆和下弦杆宜垂直于地面。

4)脊檩方案图(10-46):实腹式檩条应采用双檩方案,屋脊檩条可采用槽钢、角钢或圆钢相连。桁架式檩条在屋脊处采用单檩方案时,虽用钢量较省,但檩条型号增多,构造复杂,故一般以采用双檩为宜。

5)实腹式檩条与刚架的连接处可设置角钢檩托,以防止檩条在支座处的扭转变形和倾覆,檩条端部与檩托的连接螺栓不应少于两个,并沿檩条高度方向设置。螺栓直径根据檩条的截面尺寸大小,取 M12—M16。

桁架式檩条一般用螺栓直接与屋架上弦连接。

6)每隔一根檩条需要设置隅撑与刚架梁连接。

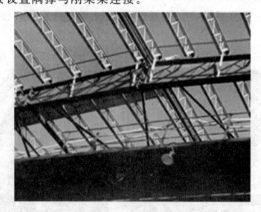
图 10-46　脊檩方案图

(2)檩条与屋面的连接。檩条与屋面应可靠连接,以保证屋面能起阻止擦条侧向失稳和扭转的作用,这对一般不需验算整体稳定性的实腹式檩条尤为重要。檩条与压型钢板屋面的连接,宜采用带橡胶垫圈的自攻螺钉。

(3)檩条的拉条和撑杆。

1)拉条的设置。对于侧向刚度较差的实腹式和平面桁架式檩条,为了减小檩条在安装和使用阶段的侧向变形和扭转,保证其整体稳定性,一般需在檩条间设置拉条,作为侧向支撑点。

檩条的拉条设置与否主要与檩条的侧向刚度有关,对于侧向刚度较大的轻型 H 型钢和空间桁架式檩条一般可不设拉条。

①当檩条跨度≤4 m 时,可按计算要求确定是否需要设置拉条;

②当屋面坡度 i>1/10,檩条跨度>4 m 时,宜在檩条的跨中位置设置一道拉条;

③当跨度>6 m 时,宜在檩条跨度三分点处各设一道拉条或撑杆,在檐口处还应设置斜拉条和撑杆。

拉条的直径为 8~12 mm,根据荷载和檩距大小选用。

2)撑杆的设置。檩条撑杆的作用主要是限制檐檩和天窗缺口处边檩向上或向下两个方向的侧向弯曲。

撑杆可采用钢管、方管或角钢做成。目前也有采用钢管内设拉条的做法,它的构造简单。撑杆处应同时设置斜拉条。

四、压型钢板外墙及屋面

1. 压型钢板外墙

(1)外墙材料。压型钢板是目前墙面和轻型屋面有檩体系中应用最广泛的材料,采用热镀锌钢板或彩色镀锌钢板,经辊压冷弯成各种波型。有轻质、高强、美观、耐用、施工简便、抗震、防火等特点。

非保温单层压型钢板,厚度为 0.4~1.6 mm,一般使用寿命可达 20 年左右(图 10-47)。

当有保温隔热要求时,可采用保温复合式压型钢板。

第一类施工是在内外两层钢板中填充以板状的保温材料(聚苯乙烯泡沫板);第二类施工是利用成品板中填充发泡型保温材料,利用材料凝固使两层钢板结合在一起。

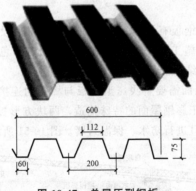

图 10-47 单层压型钢板

(2)外墙构造。钢结构厂房的外墙,一般采用下部为砌体(一般高度不超过 1.2 m),上部为压型钢板墙体,或全部采用压型钢板墙体的构造形式。

当抗震烈度为 7 度、8 度时,不宜采用柱间嵌砌砖墙;当抗震烈度为 9 度时,宜采用与柱子柔性连接的压型钢板墙体。

主要解决的问题如下:

1)固定点要牢靠。

2)连接点要密封。

3)门窗洞口要作防排水处理。压型钢板外墙构造力求简单、施工方便、与墙梁连接可靠、转角等细部构造应有足够的搭接长度,以保证防水效果,如图10-48～图10-50所示。

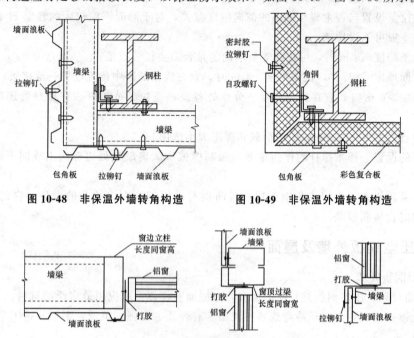

图10-48 非保温外墙转角构造　　　图10-49 非保温外墙转角构造

图10-50 窗户包角构造

(3)围护结构(外墙、屋面板)保温。寒冷和严寒地区冷加工车间冬季室内温度较低,对生产工人身体健康不利,一般应考虑采暖要求。为节约能源,不使围护结构(外墙、屋面、外门窗)流失的热量过多,外墙、屋面及门窗应采取保温措施。

2. 压型钢板屋面

钢结构厂房屋面采用压型钢板有檩体系,即在钢架斜梁上设置钢檩条,再铺设压型钢板屋面板。其优点是彩色型钢屋面施工速度快、自重轻,表面有彩色涂层,防锈、耐腐、美观,可根据需要设置保温、隔热、防结露涂层等,适应性强。

(1)屋面构造。压型钢板屋面需要解决压型钢板与檩条的连接方式,即用自攻螺钉进行檩条和压型钢板的连接。另外,由于彩钢屋面的特殊构造,两块方形板拼接的位置将存在空隙,此处需要用填充材料进行处理,并且进行防水、保温封堵。图10-51所示为压形钢板屋面及檐沟构造。

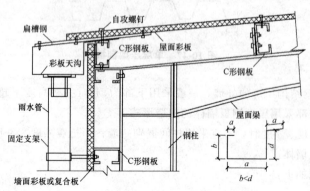

图10-51 压型钢板屋面及檐沟构造

(2)檐口构造。在轻钢工业厂房屋面的檐口部位,需用角钢进行处理。檐口构造如图10-52所示。以防止墙面板的板顶及屋面板变形,保证施工质量。

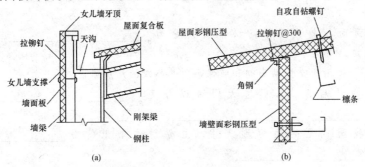

图 10-52　屋面檐沟与挑檐构造

(a)屋面檐沟构造;(b)屋面挑檐构造

(3)屋面隅撑安装构造。屋面隅撑安装构造如图10-53所示。

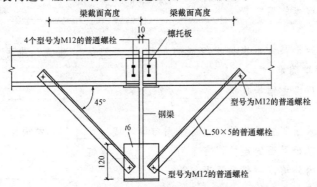

图 10-53　屋面隅撑安装构造

注：图中 t 表示钢板厚度,50×50 中 是型钢标识,表示角钢。

模块小结

本模块主要介绍了单层工业厂房的节点构造和细部构造,如大门、天窗、侧窗等,以及钢结构厂房的认知。单层工业厂房的外墙,由于高度与长度都比较大,要承受较大的风荷载,同时,还要受到机器设备与运输工具振动的影响,因此,墙身的刚度与稳定性应有可靠的保证。厂房屋面构造的主要问题是解决屋面的排水和防水。平开钢木大门由门扇、门框与五金配件组成,门扇由骨架和面板构成,骨架常采用角钢或槽钢制成;矩形天窗是单层厂房常用的天窗形式,主要由天窗架、天窗屋顶、天窗端壁、天窗侧板及天窗扇等构件组成。

思考与练习

一、填空题

1.单层厂房的外墙按其材料类别可分为 _____、_____、_____、_____ 等。

2. 单层厂房通常为装配式钢筋混凝土排架结构，它的外墙一般为＿＿＿＿＿＿。

3. 钢筋混凝土挡雨板分为＿＿＿＿＿＿钢筋混凝土挡雨板和＿＿＿＿＿＿钢筋混凝土挡雨板两种。

4. 厂房屋面面积较大，有组织排水又分为＿＿＿＿＿＿、＿＿＿＿＿＿、＿＿＿＿＿＿和＿＿＿＿＿＿等方式。

5. ＿＿＿＿＿＿适用于有振动影响和有保温隔热要求的厂房屋面。

6. 按大门的开启方式，厂房大门可以分为＿＿＿＿＿＿、＿＿＿＿＿＿、＿＿＿＿＿＿、＿＿＿＿＿＿、＿＿＿＿＿＿、＿＿＿＿＿＿等。

7. 目前在我国常见的天窗形式中，主要用作采光的有＿＿＿＿＿＿、＿＿＿＿＿＿、＿＿＿＿＿＿、＿＿＿＿＿＿等。

8. 矩形天窗主要由＿＿＿＿＿＿、＿＿＿＿＿＿、＿＿＿＿＿＿、＿＿＿＿＿＿及＿＿＿＿＿＿等构件组成。

9. ＿＿＿＿＿＿的主要作用是防止屋面的雨水溅入车间以及不被积雪挡住天窗扇开启。

10. 上悬式钢天窗扇的高度有＿＿＿＿＿＿、＿＿＿＿＿＿、＿＿＿＿＿＿三种，可根据需要组合成不同的窗口高度。

11. 木侧窗是由两个基本木窗拼框组成的，可以＿＿＿＿＿＿拼接，也可以＿＿＿＿＿＿拼接，通常采用窗框直接拼接固定。

12. 轻型钢结构厂房主结构包括＿＿＿＿＿＿、＿＿＿＿＿＿、＿＿＿＿＿＿、＿＿＿＿＿＿等组成部分。

13. 檩条宜优先采用实腹式构件，也可采用空腹式或＿＿＿＿＿＿式构件。

14. 檩条与压型钢板屋面的连接，宜采用＿＿＿＿＿＿螺钉。

15. 钢结构厂房的外墙，一般采用下部为＿＿＿＿＿＿，上部为＿＿＿＿＿＿墙体，或全部采用压型钢板墙体的构造形式。

二、简答题

1. 如何选用起重运输设备？
2. 墙与柱之间如何进行可靠连接？
3. 纵向女儿墙与屋面板之间如何连接？
4. 刚性连接的构造做法是什么？
5. 如何处理墙板板缝？
6. 如何选择屋面的排水坡度？
7. 无组织排水挑檐长度与檐口高度之间有什么关系？
8. 详述有组织排水的构造做法。
9. 什么是钢筋混凝土构件自防水屋面？
10. 钢筋混凝土构件自防水屋面板缝的防水处理方法有哪些？
11. 平开门门框的设置有什么要求？
12. 天窗屋顶的构造有什么要求？
13. 天窗侧板的构造有什么要求？
14. 上悬钢天窗扇主要由哪些单元组成？
15. 门式刚架的特点有哪些？
16. 屋面檩条的形式有哪些？
17. 比较单层排架结构厂房和钢结构厂房的异同点。

下篇 建筑工程图的识读

模块十一 建筑施工图

知识目标

(1) 了解房屋建筑施工图的内容及有关的制图规定。
(2) 熟悉计算机制图文件、图层的编号和命名,计算机制图规则。
(3) 掌握识读土建专业施工图的程序和技巧,具备熟练识读土建专业施工图的能力。
(4) 掌握建筑首页图和建筑总平面图、建筑平面图、建筑立面图、建筑剖面图、建筑详图的形成、图示内容和识读方法。

能力目标

(1) 能严格按照《房屋建筑制图统一标准》(GB/T 50001—2017)进行施工图绘制。
(2) 能够进行建筑施工图的阅读。

素养目标

(1) 养成规范、安全操作意识,具备爱岗敬业、团队协作的优秀品质。
(2) 具有对新技能、新知识的学习能力和解决问题的能力。

单元一 初识建筑施工图

一、房屋建筑工程图的内容

房屋建筑工程图是将建筑物的平面布置、外形轮廓、装修、尺寸大小、结构构造和材料做法等内容,按照"国标"的规定,用正投影方法,详细准确地画出的图样。它是用以组织、指导建筑施工、进行经济核算、工程监理、完成房屋建造的一套图纸,所以又称为房屋施工图。

(一) 房屋施工图的内容

一套完整的房屋施工图,根据其专业内容和作用的不同,一般可分为建筑施工图、结构施工图和设备施工图。

(1) 建筑施工图,简称建施。建筑施工图主要表示房屋的建筑设计内容,主要包括建筑总平面图、平面图、立面图、剖面图和节点详图等。

(2)结构施工图，简称结施。结构施工图主要表示房屋的结构设计内容，主要包括结构设计说明、基础平面图及详图、结构平面图、构件与节点详图。

(3)设备施工图，简称设施。其分为给水排水施工图(简称水施)、采暖通风施工图(简称暖施)、电气施工图(简称电施)。设备施工图主要表示给水排水、采暖通风、电气照明等设备的设计内容，主要包括设备平面布置图、系统图及详图等。

每个专业的图纸应该按图纸内容的主次关系、逻辑关系有序排列。一般顺序为主要的在前，次要的在后；基本图在前，详图在后；先施工的在前，后施工的在后；总体图在前，局部图在后；布置图在前，构件图在后等。

(二)房屋施工图的产生

一般建设项目要按两个阶段进行设计，即初步设计阶段和施工图设计阶段。对于技术要求复杂的项目，可在两个设计阶段之间，增加技术设计阶段，用来深入解决各工种之间的协调等技术问题。

1. 初步设计阶段

设计人员接受任务书后，首先要根据业主的建造要求和有关政策性文件、地质条件等进行初步设计，画出比较简单的初步设计图，简称方案图纸。它包括简略的平面、立面、剖面等图样，文字说明及工程概算。设计人员有时还要向业主提供建筑效果图、建筑模型及电脑动画效果图，以便于直观地反映建筑的真实情况。方案图应报业主征求意见，并报规划、消防、卫生、交通、人防等部门审批。

2. 施工图设计阶段

施工图设计阶段，设计人员在已经批准的方案图纸的基础上，综合建筑、结构、设备等工种之间的相互配合、协调和调整。从施工要求的角度对设计方案予以具体化，为施工企业提供完整而正确的施工图和必要的有关计算的技术资料。

二、房屋建筑工程图的有关规定

根据《房屋建筑制图统一标准》(GB/T 50001—2017)的有关规定绘制。

(一)定位轴线

施工图上的定位轴线是施工定位、放线的重要依据。凡是承重墙、柱子、大梁或屋架等主要承重构件都要画上确定其位置的基准线，即定位轴线。对于非承重的隔墙、次要承重构件或建筑配件等的位置，有时用分轴线，有时也可通过注明它们与附近轴线的相关尺寸的方法来确定。

(1)定位轴线应用 $0.25b$ 线宽的单点长画线绘制。

(2)定位轴线、应编号，编号应注写在轴线端部的园内。圆应用 $0.25\ b$ 线宽的实线绘制，直径宜为 8~10 mm。定位轴线圆的圆心应在定位轴线的延长线上或延长线的折线上。

(3)除较复杂需采用分区编号或圆形、折线形外，平面图上定位轴线的编号，宜标注在图样的下方及左侧，或在图样的四面标注。横向编号应用阿拉伯数字，从左至右顺序编写；竖向编号应用大写英文字母，从下至上顺序编写(图 11-1)。

(4)英文字母作为轴线号时，应全部采用大写字母，不应用同一个字母的大小写来区分轴线号。英文字母的 I、O、Z 不得用作轴线编号。当字母数量

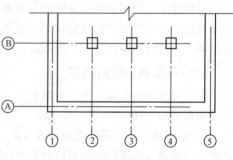

图 11-1 定位轴线的编号顺序

不够使用时，可增用双字母或单字母加数字注脚。

> **随堂思考**
>
> 为什么大写拉丁字母中的 I、O、Z 不得用于轴线编号？

(二)尺寸和标高

1. 尺寸

尺寸是施工图中的重要内容，标注必须全面、清晰。尺寸单位除标高及建筑总平面图以"m"为单位外，其余一律以"mm"为单位。

2. 标高的种类

根据在工程中应用场合的不同，标高共有以下四种，其数值单位为"m"：

(1)绝对标高。绝对标高是以山东青岛海洋观测站平均海平面定为零点起算的高度，其他各地标高均以其为基准。绝对标高数值应精确到小数点后两位。

(2)相对标高。在施工图上要标出很多部位的高度，如全用绝对标高，不但数字烦琐，而且不易得出所需要的高差，这是很不实用的。因此，除总平面图外，一般均采用相对标高，即把房屋建筑室内底层主要房间地面定为高度的起点所形成的标高。相对标高精确到小数点后三位，其起始处记作"±0.000"。比它高的叫作正标高，但在数字前不写"+"号；比它低的叫作负标高，在标高数字前要写"-"号，如室外地面比室内底层主要房间地面低 0.75 m，则应记作"-0.750"，标高数字的单位省略不写。

在总平面图中要标明相对标高与绝对标高的关系，即相对标高的±0.000 相当于绝对标高的多少米，以利于用附近水准点来测定拟建工程的底层地面标高，从而确定竖向高度基准。

(3)建筑标高。建筑物及其构配件在装修、抹灰以后表面的相对标高称为建筑标高。如上述的"±0.000"即底层地面面层施工完成后的标高。

(4)结构标高。结构标高是指建筑物及其构配件在没有装修、抹灰以前表面的相对标高。由于它与结构件的支模或安装位置联系紧密，所以通常标注其底面的结构标高，以利于施工操作，减少不必要的计算差错。结构标高通常标注在结施图上。

3. 标高符号及画法

标高符号应以直角等腰三角形表示，并应按图 11-2(a)所示形式用细实线绘制。如标注位置不够时，也可按图 11-2(b)所示形式绘制，标高符号的具体画法可按图 11-2(c)、(d)所示。

总平面图室外地坪标高符号，宜用涂黑的三角形表示，具体画法如图 11-3 所示。标高符号的尖端应指至被注高度的位置，尖端宜向下，也可向上。标高数字应注写在标高符号的上侧或下侧，如图 11-4 所示。

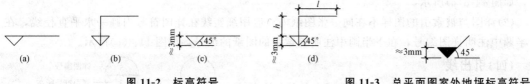

图 11-2 标高符号　　　　图 11-3 总平面图室外地坪标高符号

标高的数字应以"m"为单位，注写到小数点以后第三位。在总平面图中，可注写到小数点后第二位。零点标高应注写成±0.000，正数标高不注"+"，负数标高应注"-"，如 3.000、-0.600 等。当在图样的同一位置需表示几个不同标高时，标高数字可按图 11-5 所示的形式注写。

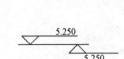

图 11-4 标高的指向　　　　图 11-5 同一位置注写多个标高数字

(三)索引符号与详图符号

1. 索引符号

图样中的某一局部或构件,如需另见详图,应以索引符号索引[图 11-6(a)]。索引符号是由直径为 8~10 mm 的圆和水平直径组成,圆及水平直径应以细实线绘制。索引符号应按下列规定编写:

(1)索引出的详图,如与被索引的详图同在一张图纸内,应在索引符号的上半圆中用阿拉伯数字注明该详图的编号,并在下半圆中间画一段水平细实线[图 11-6(b)]。

(2)索引出的详图,如与被索引的详图不在同一张图纸内,应在索引符号的上半圆中用阿拉伯数字注明该详图的编号,在索引符号的下半圆用阿拉伯数字注明该详图所在图纸的编号[图 11-6(c)]。数字较多时,可加文字标注。

(3)索引出的详图,如采用标准图,应在索引符号水平直径的延长线上加注该标准图集的编号[图 11-6(d)]。需要标注比例时,文字在索引符号右侧或延长线下方,与符号下对齐。

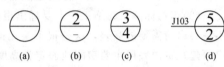

图 11-6 索引符号

(4)当索引符号用于索引剖视详图时,应在被剖切的部位绘制剖切位置线,并以引出线引出索引符号,引出线所在的一侧应为剖视方向(图 11-7)。

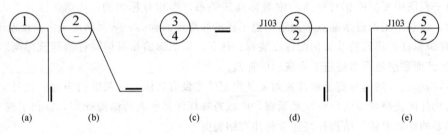

图 11-7 用于索引剖面详图的索引符号

2. 详图符号

详图的位置和编号应以详图符号表示。详图符号的圆直径应为 14 mm,线宽为 b。详图编号应符合下列规定:

(1)详图与被索引的图样同在一张图纸内时,应在详图符号内用阿拉伯数字注明详图的编号,如图 11-8(a)所示。

(2)详图与被索引的图样不在同一张图纸内,应用细实线在详图符号内画一水平直径线,在上半圆中注明详图编号,在下半圆中注明被索引的图纸的编号,如图 11-8(b)所示。

(四)引出线

(1)引出线线宽应为 $0.25b$,宜采用水平方向的直线,或与水平方向成 30°、45°、60°、90°的直线,并经上述角度再折成水平线。文字说明宜注写在水平线的上方,如图 11-9(a)所示,也可注写在水平线的端

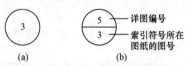

图 11-8 详图符号
(a)与被索引图样同在一张图纸内的详图索引;
(b)与被索引图样不在同一张图纸内的详图索引

部,如图 11-9(b)所示。索引详图的引出线,应与水平直径线相连接,如图 11-9(c)所示。

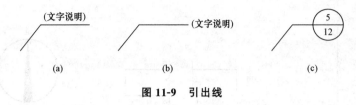

图 11-9 引出线

(2)同时引出的几个相同部分的引出线,宜互相平行,如图 11-10(a)所示,也可画成集中于一点的放射线,如图 11-10(b)所示。

(3)多层构造或多层管道共用引出线,应通过被引出的各层,并用圆点示意对应各层次。文字说明注写在水平线的上方,或注写在水平线的端部,说明的顺序应由上至下,并应与被说明的层次相互一致;如层次为横向排序,则由上至下的说明顺序应与由左至右的层次相一致,如图 11-11 所示。

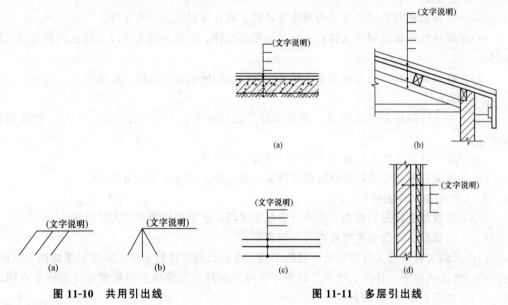

图 11-10 共用引出线　　　　　图 11-11 多层引出线

(五)其他符号

1. 对称符号

对称符号应由对称线和两端的两对平行线组成。对称线应用细点画线绘制,线宽宜为 $0.25b$;平行线应用实线绘制,其长度宜为 6～10 mm,每对的间距宜为 2～3 mm,线宽宜为 $0.5b$;对称线应垂直平分于两对平行线,两端超出平行线宜为 2～3 mm,如图 11-12 所示。

2. 连接符号

连接符号应以折断线表示需连接的部位。两部位相距过远时,折断线两端靠图样一侧应标注大写英文字母表示连接编号。两个被连接的图样应用相同的字母编号,如图 11-13 所示。

3. 指北针

指北针是用于表示房屋朝向的符号。指北针的形状宜符合图 11-14 的规定,其圆的直径为 24 mm,用细实线绘制;指北针尾部的宽度宜为 3 mm,指针头部应注"北"或"N"字。当需要较大直径绘制指北针时,指针尾部的宽度宜为直径的 1/8。

图 11-12　对称符号　　　图 11-13　连接符号　　　图 11-14　指北针

三、计算机辅助制图

(一)计算机辅助制图文件

1. 一般规定

(1)计算机辅助制图文件可分为图库文件和工程计算机辅助制图文件。

(2)工程计算机辅助制图文件宜包括工程模型文件、工程图纸文件以及其他计算机辅助制图文件。

(3)计算机辅助制图文件命名和文件夹(文件目录)构成应采用统一的规则。

2. 图库文件

(1)图库文件应根据建筑体系、部品部件等进行分类,并应便于识别、记忆、软件操作和检索。

(2)图库文件及文件夹宜按分类进行命名及目录分级。

(3)图库文件及文件夹的名称宜使用英文字母、数字和连字符"-"的组合。

3. 工程模型文件的命名

(1)工程模型文件是工程的二维或三维数字模型,应采用建筑物的实际尺寸。

(2)工程模型文件命名规则应符合下列规定:

1)二维的工程模型文件应根据不同的工程、专业、类型进行命名,宜按照平面图、立面图、剖面图、大比例视图、详图、清单、简图等的顺序编排。三维的工程模型文件应根据不同的工程、专业(含多专业)进行命名。

2)工程模型文件名称宜使用英文字母、数字和连字符"-"组合。

3)在同一工程中,应使用统一的工程模型文件命名规则。

(3)工程模型文件名称格式应符合下列规定:

1)二维工程模型文件名称宜由工程代码、专业代码、类型代码、用户定义代码和文件扩展名等组成(图 11-15)。

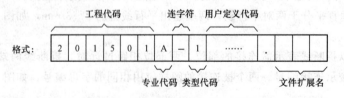

图 11-15　工程模型文件命名格式

2)工程代码宜用于说明工程、子项或区段,宜由 2~9 个字符和数字组成。

3）专业代码宜用于说明专业类别，宜由1个字符组成。

4）类型代码宜用于说明工程模型文件的类型，宜由1个字符组成，根据需要可加一位数字作为细化类型代码。

5）工程代码和用户定义代码应为可选项，专业代码与类型代码之间宜用连字符"-"分隔开，用户定义代码与文件扩展名之间宜用小数点"."分隔开。

6）用户定义代码宜用于自行描述工程模型文件，宜使用英文字母、数字或汉子的组合构成。

4. 工程图纸编号

(1)工程图纸编号应与交付的纸质工程图纸一一对应，标注于标题栏的图号区。

(2)工程图纸编号规则应符合下列规定：

1）工程图纸应根据不同的专业、阶段、类型进行编排，宜按照图纸目录及说明、平面图、立面图、剖面图、大比例视图、详图、清单、简图等的顺序编号。

2）工程图纸编号应使用汉字或英文字母、数字和连字符"-"的组合，如采用英文字母，则不宜与汉字混用。

3）在同一工程中，应使用统一的工程图纸编号格式，工程图纸编号应自始至终保持不变。

(3)工程图纸编号格式应符合下列规定：

1）工程图纸编号宜由专业代码、阶段代码、类型代码、序列号组成(图11-16)。

2）专业代码宜用于说明专业类别，宜由1个字符组成。宜选用表11-1所列出的常用专业代码。

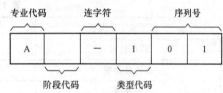

图 11-16 工程图纸编号格式

表 11-1 常用专业代码列表

专业	专业代码名称	英文专业代码名称	备注
通用		C	
总图	总	G	含总图、景观、测量/地图、土建
建筑	建	A	
结构	结	S	
给水排水	给水排水	P	
暖通空调	暖通	H	含采暖、通风、空调、机械
	动力	D	
电气	电气	E	
	电讯	T	
室内设计	室内	I	
园林景观	景观	L	园林、景观、绿化
消防	消防	F	—
人防	人防	R	

3）阶段代码宜用于区别不同的设计阶段，宜由1个字符组成。宜选用表11-2所列出的常用阶段代码。

表 11-2 常用阶段代码列表

设计阶段	阶段代码名称	英文阶段代码名称	备注
可行性研究	可	S	含预可行性研究阶段
方案设计	方	C	
初步设计	初	P	含扩大初步设计阶段
施工图设计	施	W	
专业深化设计	深	D	
竣工图编制	竣	R	
设施管理阶段	设	F	物业设施运行维护及管理

4)类型代码 类型代码宜用于说明工程模型文件的类型,宜由 1 个字符组成,根据需要可加一位数字作为细化类型代码。宜选用表 11-3 所列出的常用类型代码。

表 11-3 常用类型代码列表

工程图纸文件类型	类型代码名称	数字类型代码
图纸目录	目录	0
设计总说明	说明	0
平面图	平面	1
立面图	立面	2
剖面图	剖面	3
大样图(大比例视图)	大样	4
详图	详图	5
清单	清单	6
简图	简图	6
用户定义类型一	一	7
用户定义类型二	二	8
三维视图	三维	9

5)序列代码宜用于标识同一类型图纸的顺序,按照图纸量由(2～3)位数字组成,每个类型代码的第一张图纸编号应为 01,后面为 02 至 99,序列号应连续,可插入图纸。

6)阶段代码宜为可选项,专业代码、阶段代码与类型代码、序列号之间用连字符"-"分隔开。

5. 工程图纸文件命名

(1)工程图纸文件与纸介质工程图纸应一一对应,且与工程图纸编号协调一致。

(2)工程图纸文件命名规则应符合下列规定:

1)工程图纸命名规则应具有一定的逻辑关系,便于识别、记忆、操作和检索。

2)工程图纸文件宜根据不同的工程、子项或分区、工程图纸编号、版本、用户说明等进行组织。

3)工程图纸文件名称应使用汉字、英文字母、数字、连字符"-"的组合。

4)在同一工程中,应使用统一的工程图纸文件名称格式,工程图纸文件名称应自始至终保持不变。

(3)工程图纸文件命名格式应符合下列规定：

1)工程图纸文件名称宜由工程代码、子项或分区代码、工程图纸编号、版本代码及版本序列号、用户说明或代码和文件扩展名组成(图 11-17)。

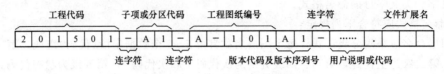

图 11-17　工程图纸文件命名格式

2)工程代码是用户机构对工程的编码，宜使用数字，由用户各自机构要求自行编排；当工程图纸文件夹名称中已经包含工程代码时，工程图纸文件中可省略。

3)子项或分区代码用于说明工程的子项或区段，宜使用英文字母或数字，由用户按各自机构要求自行编排，宜由 1~2 个字符组成；当工程图纸文件夹名称中已经包含子项或分区代码时，工程图纸文件中可省略。

4)版本代码宜用于区别不同的图纸版本，宜由 1 个英文字符组成。宜选用表 11-4 所列出的常用版本代码。版本代码及版本序列号也可直接由 1 个英文字符组成，按 A、B、C 依序编排，此时宜默认为全部进行版本修改，取消版本序列号。

表 11-4　常用版本代码列表

版本	版本代码名称	英文版本代码名称	备　注
部分修改	补	R	部分修改，或提供对原图的补充，原图仍使用
全部修改	改	X	全部修改，取代原图
分阶段实施	阶	P	预期分阶段作业的图纸版本
自定义过程	自	Z	设计阶段根据需要自定义增加的

5)版本序列号宜用于标识该版本图纸的版次，宜由 1~9 之间的任意 1 位数字组成。

6)用户说明或代码宜用于用户自行描述该工程图纸文件，如图纸名称等，应使用汉字、英文字母、数字的组合。

7)小数点后的文件扩展名应由创建工程图纸文件的计算机辅助制图软件定义。

8)工程代码、子项或分区代码、版本代码及版本序列号、用户说明或代码等四项宜为可选项。

9)子项或分区代码、工程图纸编号之间宜用连字符"-"分隔开。

10)版本代码及版本序列号、用户说明或代码之间宜用连字符"-"分隔开。

11)用户说明或代码与文件扩展名之间宜用小数点"."分隔开。

(二)计算机辅助制图文件图层

(1)图层命名应符合下列规定：

1)图层宜根据不同用途、设计阶段、专业属性和使用对象等进行组织。在工程上应具有明确的逻辑关系，便于识别、记忆、软件操作和检索。

2)图层名称宜使用汉字、英文字母、数字和连字符"-"的组合,但汉字与英文字母不得混用。

3)在同一工程中,应使用统一的图层命名格式,图层名称应自始至终保持不变,且不应同时使用汉字和英文字母的命名格式。

(2)命名格式应符合下列规定:

1)图层命名应采用分级形式,每个图层名称宜由2~5个数据字段(代码)组成,第一级为专业代码,第二级为主代码,第三、四级分别为次代码1和次代码2,第五级为状态代码;其中第三级~第五级宜根据需要设置;每个相邻的数据字段应用连字符"-"分隔开。

2)专业代码用于说明专业类别。

3)主代码宜用于详细说明专业特征,主代码可和任意的专业代码组合。

4)次代码1和次代码2宜用于进一步区分主代码的数据特征,次代码可以和任意的主代码组合。

5)状态代码宜用于区分图层中所包含的工程性质或阶段;状态代码不能同时表示工程状态和阶段。

6)汉字图层名称应采用图11-18的格式,每个图层名称宜由2~5个数据字段组成,每个数据字段宜为1~3个汉字,每个相邻数据字段宜用连字符"-"分隔开。

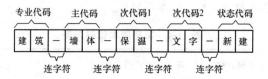

图11-18 汉字图层命名格式

7)英文图层名称宜采用图11-19的格式,每个图层名称宜由2~5个数据字段组成,每个数据字段宜为1~4个汉字,相邻的代码用连字符"-"分隔开;其中专业代码宜为1个字符,主代码、次代码1和次代码2宜为4个字符,状态代码宜为1个字符。

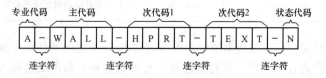

图11-19 英文图层命名格式

(三)计算机辅助制图规则

(1)计算机辅助制图的方向与指北针应符合下列规定:

1)平面图与总平面图的方向宜保持一致。

2)绘制正交平面图时,宜使定位轴线与图框边线平行,如图11-20所示。

3)绘制由几个局部正交区域组成且各区域相互斜交的平面图时,可选择其中任意一个正交区域的定位轴线与图框边线平行,如图11-21所示。

4)指北针应指向绘图区的顶部(图11-20和图11-21),并在整套图纸中保持一致。

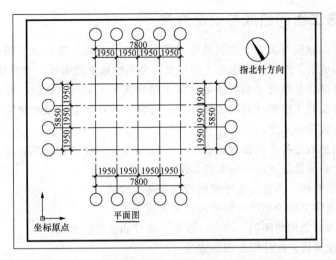

图 4-20 正交平面图制图方向与指北针方向示意

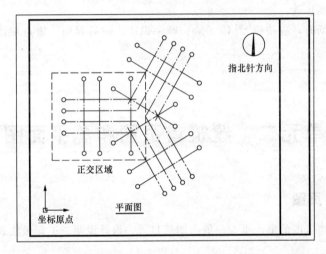

图 4-21 正交区域相互斜交的平面图制图方向与指北针方向示意

(2)计算机辅助制图的坐标系与原点应符合下列规定：

1)计算机辅助制图时，宜选择世界坐标系或用户定义坐标系。

2)绘制总平面图工程中有特殊要求的图样时，宜使用大地坐标系。

3)坐标原点的选择，宜使绘制的图样位于横向坐标轴的上方和纵向坐标轴的右侧并紧邻坐标原点(图 11-20、图 11-21)。

(3)计算机辅助制图的布局应符合下列规定：

1)计算机辅助制图时，宜按照自下而上、自左至右的顺序排列图样；宜布置主要图样，再布置次要图样。

2)表格、图纸说明宜布置在绘图区的右侧。

(4)计算机辅助制图的比例应符合下列规定：

1)计算机辅助制图时，采用1∶1的比例绘制图样时，应按照图中标注的比例打印成图。

2)计算机辅助制图时，可采用适当的比例书写图样及说明中的文字，但打印成图时应符合《房屋建筑制图统一标准》(GB/T 50001—2017)中字体的有关规定。

四、建筑施工图的组成与识读方法

建筑施工图是由建筑首页图、建筑总平面图、建筑平面图、建筑立面图、建筑剖面图以及建筑详图等内容组成的,是房屋工程施工图中具有全局性地位的图纸。它反映房屋的平面形状、功能布局、外观特征、各项尺寸和构造做法等,是房屋施工放线、砌筑、安装门窗、室内外装修和编制施工概算及施工组织计划的主要依据,通常编排在整套图纸的最前位置,其后有结构图、设备施工图、装饰施工图。

施工图的绘制是前述各章投影理论、图示方法和有关专业知识的综合应用。因此,要看懂施工图纸的内容,必须做好下面一些准备工作:

(1)掌握正投影原理,熟悉房屋建筑的组成和基本构造。
(2)掌握各专业施工图的用途、图示内容和表达方法。
(3)熟识施工图中常用的图例、符号、线型、尺寸和比例的意义。
(4)学会查阅建筑构、配件标准图的方法。

一套房屋施工图纸,少则几张,多则几十张甚至几百张。因此,在识读施工图时,必须掌握正确的识读方法和步骤。

在识读整套图纸时,应按照"总体了解、顺序识读、前后对照、重点细读"的读图方法进行识读。

单元二 建筑首页图和总平面图

一、建筑首页图

首页图是建筑施工图的第一页,一般由图纸目录、设计说明、工程做法表和门窗表组成。

1. 图纸目录

除图纸的封面外,图纸目录安排在一套图纸的最前面,用来组织和索引图纸。图纸目录一般均以表格形式列出,格式见表11-5。

表11-5 建筑施工图目录

序号	编号	图名	图幅	张数	备注

2. 设计说明

设计说明位于图纸目录之后,是对施工图的必要补充,对房屋建筑工程中不易用图样表达的内容采用文字加以说明。设计说明根据工程性质、规模和内容的不同而有很大的不同。比较复杂的工程,其设计说明往往包含很多项目。主要有如下项目:

(1)本建筑施工图的设计依据。
1)批准的设计任务书、合同编号及内容。
2)工程所在地区的自然条件,建筑场地的工程地质条件。
3)水、暖、电、煤气等供应情况以及交通道路条件。

4)规划要求以及人防、防震的依据。
5)民用建筑要提出详细的使用要求,工业建筑要提供完整的工艺图。
(2)工程设计的规模与范围。
1)项目的组成内容及规模。
2)承担设计的范围与分工。
(3)设计指导思想。
1)国家有关法律、方针政策及规定。
2)采用新技术、新设备、新材料和新结构的情况。
3)环保、消防、用地、防震措施。
4)建筑节能要求,节能形式。
5)设计使用年限。
(4)技术经济指标。

技术经济指标一般也以表格形式列出,见表11-6。

表11-6 技术经济指标

序号	名称	单位	数量	备注
1	用地面积	m²		
2	建筑物占地面积	m²		
3	道路广场及停车场面积	m²		
4	绿化面积	m²		
5	总建筑面积	m²		
6	建筑容积率			

3. 门窗表

门窗表是对建筑物上所有不同类型的门窗的统计表格,作为施工及预算的依据。建筑物的门窗情况列表见表11-7。表11-8为某工程部分门窗表,门窗表应反映门窗的编号、类型、尺寸、数量、选用的标准图集编号等。

表11-7 门窗表

| 类别 | 设计编号 | 洞口尺寸/mm | | 樘数 | 材料及类型 | 备注 |
		宽	高			
门						
窗						

表 11-8　门窗表（部分）

类别	编号	名称	洞口尺寸/mm		数量	图集编号	备注
			宽	高			
门	M1	塑钢门	2 400	2 700	2	98J4（一）－51－2PM－59	现场
	M2	木门	1 000	2 400	25	98J4（一）－6－1M－37	
	⋮	⋮	⋮	⋮	⋮	⋮	
窗	C1	塑钢窗	1 800	2 100	2	98J4（一）－39－1TC－76	
	C2	塑钢窗	1 200	1 800	16	98J4（一）－39－1TC－46	
	⋮	⋮	⋮	⋮	⋮	⋮	

4. 装修列表

装修部分除用文字说明以外，也可以用表格形式表达，装修列表分为室内装修列表和室外装修列表两种，表 11-9 为室内装修列表。

表 11-9　室内装修列表

名称	部位				备注
	楼层地面	内墙面	顶棚	墙裙	
门厅					
走廊					
办公室					

随堂思考

1. 屋面、楼地面、墙面等工程做法有哪几种方式表达？
2. 门窗编号和门窗类型规格有什么联系？

二、建筑总平面图

建筑总平面图简称总平面图。

1. 总平面图的形成与作用

将房屋建筑工程四周一定范围内的新建、拟建、原有和拆除的建筑物、构筑物连同其周围的地形、地物状况用正投影的方法并采用《总图制图标准》（GB/T 50103—2010）中相应的图例（表 11-10）绘制而成的工程图样，即为建筑总平面图。

总图制图标准

表 11-10 总平面图例

序号	名称	图例	备注
1	新建建筑物	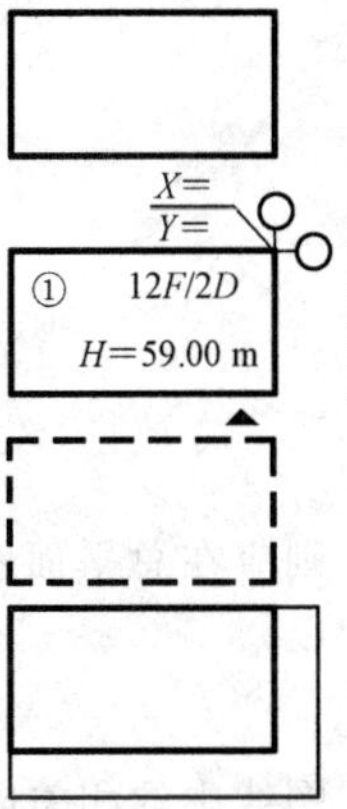 ① 12F/2D H=59.00 m X=/Y=	新建建筑物以粗实线表示与室外地坪相接处±0.00外墙定位轮廓线； 建筑物一般以±0.00高度处的外墙定位轴线交叉点坐标定位。轴线用细实线表示，并标明轴线号； 根据不同设计阶段标注建筑编号，地上、地下层数，建筑高度，建筑出入口位置（两种表示方法均可，但同一图纸采用一种表示方法）； 地下建筑物以粗虚线表示其轮廓； 建筑上部（±0.00以上）外挑建筑用细实线表示； 建筑物上部连廊用细虚线表示并标注位置
2	原有建筑物	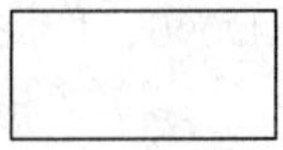	用细实线表示
3	计划扩建的预留地或建筑物		用中粗虚线表示
4	拆除的建筑物		用细实线表示
5	建筑物下面的通道	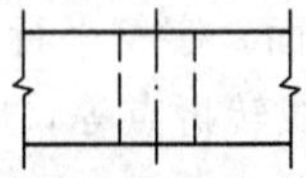	—
6	散状材料露天堆场	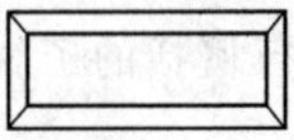	需要时可注明材料名称
7	其他材料露天堆场或露天作业场		需要时可注明材料名称
8	铺砌场地	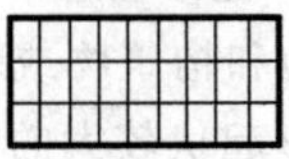	—
9	敞棚或敞廊	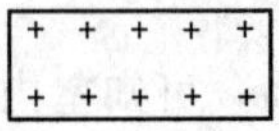	—

总平面图反映建筑基地范围内的总体布置情况，主要表示新建房屋的位置、朝向、与原有建筑物的关系，以及周围道路、绿化和给水、排水、供电条件等方面的情况。其可以作为新建房屋施工定位、土方施工、设备管网平面布置，安排施工时进入现场的材料和构配件堆放场地以及运输道路布置等的依据。

2. 总平面图的图示内容

建筑工程总平面图的图示内容应包括以下几个方面：

（1）新建建筑的定位。新建建筑的定位有三种方式：第一种是利用新建建筑与原有建筑或道路中心线的距离确定新建建筑的位置；第二种是利用施工坐标确定新建建筑的位置；第三种是利用大地测量坐标确定新建建筑的位置。

(2)相邻建筑、拆除建筑的位置或范围。

(3)附近的地形、地物情况。

(4)测量坐标网、坐标值，场地施工坐标网、坐标值。

(5)道路的位置、走向以及与新建建筑的联系等。

(6)建筑物、构筑物的名称及编号。

(7)用指北针或风向频率玫瑰图指出建筑区域的朝向。

(8)绿化规划。

(9)补充图例。若图中采用了建筑制图规范中没有的图例，则应在总平面图下方详细添加补充图例，并予以说明。

3. 总平面图图示的方法

(1)图线的宽度和线型的选用可参考本书模块一单元一二、图线中的相关内容。

(2)总平面图制图采用的比例宜为 1∶300、1∶500、1∶1 000、1∶2 000。一个图样宜选用一种比例。

(3)总平面图应按上北下南方向绘制。根据场地形状或布局，可向左或右偏转，但不宜超过 45°。

(4)坐标网格应以细实线表示。测量坐标网应画成交叉十字线，坐标代号宜用"X、Y"表示。

(5)总平面图上有测量和建筑两种坐标系统时，应在附注中注明两种坐标系统的换算公式。

(6)在一张图上，主要建筑物、构筑物用坐标定位时，根据工程具体情况也可用相对尺寸定位。

(7)建筑物应以接近地面处的±0.00 标高平面作为总平面。字符平行于建筑长边书写。

(8)总平面图上的铁路线路、铁路道岔、铁路及道路曲线转折点等，应进行编号。

4. 总平面图的阅读方法

(1)看图标、图例、比例和有关的文字说明，对图纸进行概括的了解。总平面图上的尺寸，是以"m"为单位。

(2)了解新建工程的性质与总体布置，了解各建筑物及构筑物的位置、道路、场地和绿化等布置情况及各建筑物的层数等。

(3)明确新建工程或扩建工程的具体位置，新建工程或扩建工程通常根据原有房屋或道路来定位，并以"m"为单位标出定位尺寸。当新建成片的建筑物和构筑物或较大的建筑物时，往往用坐标来确定每个建筑物及道路转折点等的位置。对于地形起伏较大的地区，还应画出地形等高线。

(4)看新建房屋底层室内地面和室外整平地面的绝对标高，可知室内、外地面的高差，以及正负零与绝对标高的关系。总平面图中标高以"m"为单位，一般注写至小数点后两位。

(5)看总平面图中的指北针或风向频率玫瑰图，可明确新建房屋、构筑物的朝向和该地区的常年风向频率，有时也可只画单独的指北针。

(6)需要时，在总平面图上还画有给水排水、采暖、电气等管网布置图。这类图一般与给水排水、采暖、电气的施工图配合使用。

> **拓展阅读**

用地红线：用地红线是用地范围的规划控制线。例如，一个居住区的用地红线就是这个居住区的最外边界线，居住区的建筑和绿化及道路只能在用地红线内进行设计。

建筑红线：建筑红线一般称为建筑控制线，是建筑物基地位置的控制线，即建筑物与地面接触的范围线。

单元三　建筑平面图

一、平面图的形成与作用

用一个假想的水平剖切平面沿略高于窗台的位置剖切房屋后，移去上面部分，对剩下部分向 H 面作正投影，所得的水平剖面图，称为建筑平面图，简称平面图，如图 11-22 所示。它是施工图中最基本的图样。

另外，还有屋面平面图，它是在房屋的上方，向下作屋顶外形的水平投影而得到的投影图。一般可适当缩小比例绘制。

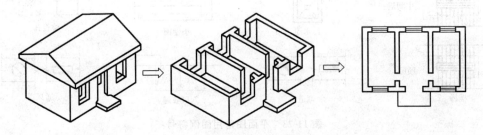

图 11-22　建筑平面图的形成

平面图反映新建房屋的平面形状、房间的大小、功能布局、墙柱选用的材料、截面形状和尺寸、门窗的类型及位置等，作为施工时放线、砌墙、安装门窗、室内外装修及编制预算等的重要依据，是建筑施工中的重要图纸。

平面图的常用图例如图 11-23 所示。

二、平面图的图示内容和图示方法

动画：房屋平面图形成

一般来说，房屋有几层，就应画出几个平面图。沿房屋底层门窗洞口剖切所得到的平面图称为底层平面图，沿二层门窗洞口剖切所得的平面图称为二层平面图，用同样的方法可得到三层、四层……平面图。若中间各层完全相同，可画一个标准层平面图。最高一层的平面图称为顶层平面图。一般房屋画出底层平面图、标准层平面图、顶层平面图即可，在平面图下方注明相应的图名及采用的比例。

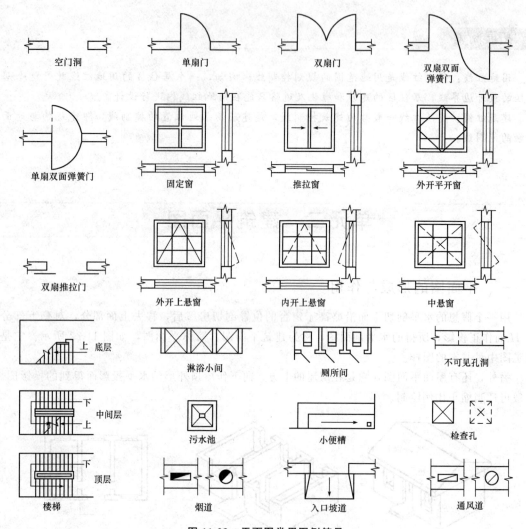

图 11-23　平面图常用图例符号

1. 底层平面图

底层平面图也称一层平面图或首层平面图，是指±0.000地坪所在的楼层的平面图。它除表示该层的内部形状外，还画有室外的台阶（坡道）、花池、散水和落水管的形状和位置，以及剖面的剖切符号，以便与剖面图对照查阅。底层平面图是所有平面图中最重要、信息量最多的图样。为了更加精确地确定房屋的朝向，在底层平面图上应加注指北针，其他层平面图上可以不再标出。底层平面图主要反映以下内容：

(1) 表示建筑物图名比例、形状和朝向。
(2) 注明各房间名称及室内外楼地面标高。
(3) 表示建筑物的墙、柱位置并对其轴线编号，以及门、窗位置及编号。
(4) 表示楼梯的位置及楼梯上下行方向及级数、楼梯平台标高。
(5) 表示阳台、雨篷、台阶、雨水管、散水、明沟、花池等的位置及尺寸。
(6) 表示室内设备（如卫生器具、水池等）的形状、位置。
(7) 标注墙厚、墙段、门、窗、房屋开间、进深等各项尺寸。
(8) 画出剖面图的剖切符号及编号。

(9)标注详图索引符号。

拓展阅读

横向：建筑物宽度方向。
纵向：建筑物长度方向。
开间：一间房屋的面宽，即两条横向定位轴线之间的距离。
进深：一间房屋的深度，即两条纵向定位轴线之间的距离。

2. 中间标准层平面图

从底层平面图入手，建立一个比较清晰的轮廓概念，进一步观察中间标准层平面图与底层平面图的相同之处和不同之处，必要时可以在图纸上作出相应的标记。中间标准层平面图包括中间层(标准层)平面图和顶层平面图。已在底层平面图中表示过的内容(如室外台阶、坡道、散水、指北针、剖切符号、索引符号等)不必在中间层平面图及顶层平面图中重复绘制。二层平面图需绘制雨篷及排水坡度。需要注意的是，中间层平面图、顶层平面图与底层平面图中楼梯图例也不完全相同。

3. 屋顶平面图

屋顶平面图是指将房屋的顶部单独向下所作的俯视图，主要表示屋顶的形状尺寸、天窗、水箱、屋面出入口、女儿墙、通风道及屋面变形缝等设施和屋面排水方向、坡度、檐沟、泛水、雨水口等位置、尺寸及构造等情况。

因建筑平面图是水平剖面图，因此在绘图时，应按剖面图的方法绘制，被剖切到的墙、柱轮廓用粗实线(b)，门的开启方向线可用中粗实线($0.5b$)或细实线($0.25b$)，窗的轮廓线以及其他可见轮廓和尺寸线等均用细实线($0.25b$)表示。在图中，如需表示高窗、洞口、通气孔、槽、地沟等不可见部分，则应以虚线表示。

随堂练习

1. 一层平面图、标准层平面图和顶层平面图有何区别？
2. 建筑平面图中楼层平面图属于剖面图，用不用画剖切符号？
3. 平面图中的线型是如何使用的？

三、平面图的识读方法

(1)看图名、比例。首先，要从中了解平面图层次、图例及绘制建筑平面图所采用的比例，如1∶50、1∶100、1∶200。

(2)看图中定位轴线编号及其间距，从中了解各承重构件的位置及房间的大小，以便于施工时定位放线和查阅图纸。定位轴线的标注应符合《房屋建筑制图统一标准》(GB/T 50001—2017)的规定。

(3)看房屋平面形状和内部墙的分隔情况。从平面图的形状与总长、总宽尺寸，可计算出房屋的用地面积；从图中墙的分隔情况和房间的名称，可了解到房屋内部各房间的分布、用途、数量及其相互间的联系情况。

(4)看平面图的各部分尺寸。在建筑平面图中，标注的尺寸有内部尺寸和外部尺寸两种，主要反映建筑物中房间的开间、进深的大小、门窗的平面位置及墙厚、柱的断面尺寸等。

1)外部尺寸。外部尺寸一般标注三道尺寸：最外一道尺寸为总尺寸，表示建筑物的总长、总宽，即从一端外墙皮到另一端外墙皮的尺寸；中间一道尺寸为定位尺寸，表示轴线尺寸，即房间的开间与进深尺寸;最里一道为细部尺寸,表示各细部的位置及大小,如外墙门窗的大小以及与轴线的平面关系。

2)内部尺寸。用来标注内部门窗洞口和宽度及位置、墙身厚度以及固定设备大小和位置等,一般用一道尺寸线表示。

(5)看楼地面标高。平面图中标注的楼地面标高为相对标高,而且是完成面的标高。一般在平面图中,地面或楼面有高度变化的位置都应标注标高。

(6)看门窗的位置、编号和数量。图中门窗除用图例画出外,还应注写门窗代号和编号。门的代号通常用"门"的汉语拼音的首字母"M"表示,窗的代号通常用窗的汉语拼音首字母"C"表示,并分别在代号后面写上编号,用于区别门窗类型,统计门窗数量。如M-1、M-2和C-1、C-2等。对一些特殊用途的门窗也有相应的符号进行表示,如FM代表防火门,MM代表密闭防护门,CM代表窗连门。

为了便于施工,一般情况下,在首页图上或在本平面图内,附有门窗表,列出门窗的编号、名称、尺寸、数量及其所选标准图集的编号等内容。

(7)看剖面的剖切符号及指北针。通过查看图纸中的剖切符号及指北针,可以在底层平面图中了解剖切部位,了解建筑物朝向。

【提示】识读平面图时,从底层平面图开始,依次识读二层平面图、三层平面图(或标准层平面图),再识读顶层平面图。每个平面图都应按照上述识读方法进行识读。

四、平面图识读实例

参考图11-24对平面图进行识读。

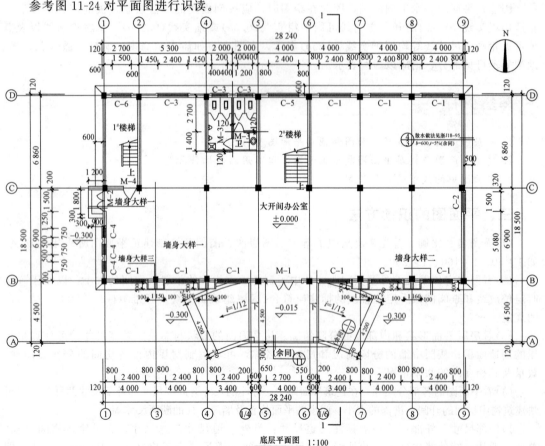

图11-24 某办公楼底层平面图

1. 看图名、比例

本图为底层平面图，绘制比例为1∶100。

2. 看图中定位轴线编号及其间距

本建筑为框架结构，以框架柱中心确定定位轴线位置。图中横向定位轴线有①～⑨轴，竖向定位轴线有Ⓐ～Ⓓ轴。主要入口在南向⑤～⑥轴之间，室外设有两步台阶和行车坡道，楼梯间正对入口，内外墙厚度均为240 mm。

3. 看房屋平面形状和内部墙的分隔情况

建筑底层设有两个入口、大开间办公室，功能可以自由分隔。在建筑北侧有两部楼梯，卫生间紧邻主楼梯。

4. 看平面图的各部分尺寸

在平面图中，由细部尺寸可以看出：C—1洞口宽2 400 mm，与轴线间距为800 mm；C—2洞口宽1 500 mm；柱截面尺寸为400 mm×450 mm；M—1洞口宽2 700 mm。由轴间尺寸可以看出：东西方向轴线间距有2 700 mm、4 000 mm，南北方向轴线间距依次为4 500 mm、6 900 mm、6 860 mm。由外包尺寸可以看出：建筑总长为28 240 mm，总宽为18 500 mm。

由内部尺寸可以看出：主入口雨篷柱东西间距为5 200 mm，台阶踏面宽300 mm，行车坡道宽4 200 mm，散水宽600 mm，卫生间墙厚120 mm。

5. 看楼地面标高

在本平面图中，室内地面标高为±0.000 m，室外台阶面标高为－0.015 m，表示比室内地面低15 mm。根据说明文字，卫生间地面较相邻房间地面低30 mm，卫生间地面标高应为－0.030 m。室外地面标高为－0.300 m，表示比室内地面低300 mm。

6. 看门窗的位置、编号和数量

在本平面图中，有六种不同类型的窗：南外墙窗类型为C—1，北外墙窗类型为C—1、C—3、C—5、C—6，东外墙窗类型为C—2，西外墙窗类型为C—4，均为推拉窗。有两种不同类型的门：主入口门厅大门M—1为双扇平开门，次入口侧门M—2也为双扇平开门，M—3、M—4均为单扇平开门。

随堂思考

1. 常用的门窗有哪些类型？什么地方会用到防火门？
2. 门窗在平面图中的图例为什么是四条细实线？

7. 剖面的剖切符号及指北针

由指北针可以看出该建筑为坐北朝南。入口在南侧，楼梯卫生间在北侧。

单元四　建筑立面图

一、立面图的形成与作用

一般建筑物都有前、后、左、右四个面，在与房屋立面平行的铅直投影面上所作的投影图称为建筑立面图，简称立面图，如图 11-25 所示。其中反映主要出入口或比较显著地反映房屋外貌特征的那一面的立面图，称为正立面图，其余的立面图相应地称为背立面图和侧立面图。但通常立面图也按房屋的朝向来命名，如南立面图、北立面图、东立面图和西立面图等。对于有定位轴线的建筑物，立面图也可按轴线编号来命名。

动画：房屋立面图形成

图 11-25　建筑立面图的形成

一座建筑物是否美观、是否与周围环境协调，主要取决于立面的艺术处理，包括建筑造型与尺度、装饰材料的选用、色彩的选用等内容。在施工图中，立面图主要用于表示建筑物的体形与外貌，表示立面各部分配件的形状和相互关系，以及立面装饰要求和构造做法等。

二、立面图的命名方法

建筑立面图的命名方法有以下三种：

第一种：通常把房屋的主要出、入口或反映房屋外貌特征的那一面的立面图称为正立面图，其背后的立面图称为背立面图；自左向右观看得到的立面图称为左立面图；自右向左观看得到的立面图称为右立面图。

第二种：按房屋朝向来命名立面图，如南立面图、北立面图、东立面图和西立面图。

第三种：按立面图两端的定位轴线来命名。当某些房屋的平面形状比较复杂时，还需加画其他方向或其他部位的立面图。

房屋立面如果有一部分不平行于投影面，如呈圆弧形、折线形、曲线形等，可将该部分展开至与投影面平行，再用正投影法画出其立面图，但应在图名后注写"展开"两字。对于平面为回字形的房屋，它在院落中的局部立面，可在相关的剖面图上附带表示，如不能表示，则应单独画出。

三、立面图的图示内容和图示方法

1. 建筑立面图的图示内容

立面图主要用来表示建筑物的体形和外貌，檐口、窗台、阳台、雨篷、勒脚、台阶等各部位构配件的相互关系；表示建筑的高度、层数、屋顶形式、立面装饰的色彩、材料要求和构造做法；表示门窗的形式、尺寸和位置等。建筑立面图的具体图示内容如下：

(1) 画出室外地面线及房屋的勒脚、台阶、花池、门窗、雨篷、阳台、室外楼梯、墙柱、檐口、屋顶、落水管、墙面分格线等内容。

(2) 注出外墙各主要部位的标高。如室外地面、台阶顶面、窗台、窗上口、阳台、雨篷、檐口、女儿墙顶、屋顶水箱间及楼梯间屋顶等的标高。

(3) 注出建筑物两端的定位轴线及其编号。

(4) 标注索引符号。

(5) 用文字说明外墙面装修的材料及其做法。

2. 建筑立面图的图示方法

(1) 建筑物的外形轮廓用粗实线绘制。

(2) 建筑立面凹凸之处的轮廓线、门窗洞及较大的建筑构配件的轮廓线，如雨篷、阳台、阶梯等均用中粗实线绘制。

(3) 较细小的建筑构配件或装饰线，如勒脚、窗台、门窗扇、各种装饰、墙面分隔线、文字说明指引线等均用细实线绘制。

(4) 室外地坪线用特粗实线绘制。

(5) 绘制比例与建筑平面图相一致。通常采用 1：50、1：100、1：150、1：200。

随堂思考

1. 立面图中会画出哪些构配件的轮廓线？分别用什么线型？
2. 立面图中除门窗外，还能看到哪些构配件？

四、立面图的识读方法

(1) 看图名、比例。了解该图与房屋哪一个立面相对应及绘图的比例。立面图的绘图比例与平面图的绘图比例应一致。

(2) 看房屋立面的外形、门窗、檐口、阳台、台阶等的形状及位置。在建筑物立面图上，相同的门窗、阳台、外檐装修、构造做法等可在局部重点表示，绘出其完整图形，其余部分只画轮廓线。

(3) 看立面图中的标高尺寸。立面图中应标注必要的尺寸和标高。注写的标高尺寸部位有室内外地坪、檐口、屋脊、女儿墙、雨篷、门窗、台阶等处的标高。

(4) 看房屋外墙表面装修的做法和分格线等。在立面图上，外墙表面分格线应表示清楚，应用文字说明各部位所用面材和颜色。

拓展阅读

建筑构配件：建筑物是由若干个大小不等的室内空间组合而成的，而空间的形成又需要各种各样的实体来组合，这些实体称为建筑构配件。建筑物当中的主要构配件有楼板、墙体、柱子、基础、梁等，次要构配件包括门窗、阳台、雨篷、台阶、散水等。

层高:层高是指上下两层楼面(或地面至楼面)标高之间的垂直距离,其中,最上一层的层高是其楼面至屋面(最低处)标高之间的垂直距离。

建筑高度:建筑高度是指建筑物室外地面到其檐口或屋面面层的高度。屋顶上的水箱间、电梯机房、排烟机房和楼梯出口小间等,不计入建筑高度。

五、立面图识读实例

参考图 11-26,说明建筑立面图的识读步骤。

1. 看图名、比例

从图名或轴线的编号可知,图 11-26 表示房屋北向的立面图⑪~①立面图,比例为 1:100。

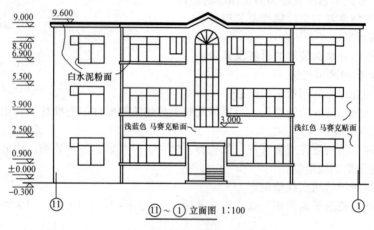

图 11-26　⑪~①立面图

2. 看房屋立面的外形、门窗、檐口、阳台、台阶等的形状及位置

在建筑物立面图上,相同的门窗、阳台、外檐装修、构造做法等可在局部重点表示,绘出其完整图形,其余部分只画轮廓线。

3. 看立面图中的标高尺寸

立面图上一般应在室内外地坪、阳台、檐口、门、窗、台阶等处标注标高,并宜沿高度方向注写某些部位的高度尺寸。从图中所注标高可知,房屋室外地坪比室内地面低 0.300 m,屋顶标高 9.6 m,由此可推算出房屋外墙的总高度为 9.9 m。其他各主要部位的标高在图中均已注出。

4. 看房屋外墙表面装修的做法和分格线等

由立面图文字说明可知,外墙面为浅蓝色马赛克贴面和浅红色马赛克贴面;屋顶所有檐边、阳台边、窗台线条均刷白水泥粉面。

单元五　建筑剖面图

一、剖面图的形成与作用

假想用一个或多个垂直于外墙轴线的铅垂剖切面将房屋剖开,所得的投影称为建筑剖面图,简称剖面图，如图 11-27 所示。剖面图用以表示房屋内部的结构或构造形式、分层情况和各部位的联系、材料及其高度等，是与平面图、立面图相互配合的不可缺少的重要图样之一。

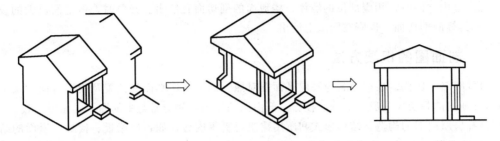

图 11-27　建筑剖面图的形成

剖面图的数量根据房屋的具体情况和施工实际需要决定。剖切面一般为横向，即平行于侧面，必要时也可为纵向，即平行于正面。其位置应选择在能反映出房屋内部构造比较复杂与典型的部位，并应通过门窗洞的位置。若为多层房屋，应选择在楼梯间或层高不同、层数不同的部位。剖面图的图名应与平面图上所标注剖切符号的编号一致。

动画：房屋剖面图形成

通过建筑剖面图可以了解建筑物各层的平面布置和立面的形状，以及建筑物内部垂直方向的结构形式、分层情况，层高及各部位的相互关系，是施工、概预算及备料的重要依据。

随堂思考

为什么剖面图的剖切符号一般画在底层平面图上？

二、剖面图的图示内容和图示方法

1. 建筑剖面图的图示内容

(1)表示被剖切到的墙、柱、门窗洞口及其所属定位轴线。剖面图的比例应与平面图、立面图的比例一致，因此，在 1∶100 的剖面图中一般也不画材料图例，而用粗实线表示被剖切到的墙、梁、板等轮廓线，被剖断的钢筋混凝土梁板等应涂黑表示。

(2)表示室内底层地面、各层楼面及楼层面、屋顶、门窗、楼梯、阳台、雨篷、防潮层、踢脚板、室外地面、散水、明沟及室内外装修等被剖切到或能见到的内容。

(3)标出尺寸和标高。在剖面图中，要标注相应的标高及尺寸，其规定如下：

1)标高：应标注被剖切到的所有外墙门窗口的上下标高，室外地面标高，檐口、女儿墙顶以及各层楼地面的标高。

2)尺寸：应标注门窗洞口高度、层间高度及总高度，室内还应标注出内墙上门窗洞口的高度以及内部设施的定位、定形尺寸。

(4)表示楼地面、屋顶各层的构造。一般可用多层共用引出线说明楼地面、屋顶的构造层次和做法。如果另画详图或已有构造说明（如工程做法表），则在剖面图中用索引符号引出说明。

2. 建筑剖面图的图示方法

(1)用粗实线绘制被剖切到的墙体、楼板、屋面板的外轮廓线，用中粗实线绘制房屋的可见轮廓线；用细实线绘制较小的建筑构配件的轮廓线、装修面层线等，而用特粗实线绘制室内、外地平线。

(2)绘图比例小于或等于1∶50时,被剖切到的构配件断面上可省略材料图例。

(3)绘制比例应与平面图绘图比例相同。

(4)画室内立面时,相应部位的墙体、楼地面的剖切面宜绘出。必要时,占空间较大的设备管线、灯具等的剖切面,也应在图纸上绘出。

三、剖面图的识读方法

(1)看图名、比例。根据图名与底层平面图对照,确定剖切平面的位置及投影方向,从中了解该图所画出的是房屋的哪一部分的投影。剖面图的绘图比例通常与平面图、立面图一致。

(2)看房屋内部的构造、结构形式和所用建筑材料等内容,如各层梁板、楼梯、屋面的结构形式、位置及其与墙(柱)的相互关系等。

(3)看房屋各部位竖向尺寸。图中,竖向尺寸包括高度尺寸和标高尺寸。高度尺寸应标出房屋墙身垂直方向分段尺寸,如门窗洞口、窗下墙等的高度尺寸;标高尺寸主要是标注出室内外地面、各层楼面、阳台、楼梯平台、檐口、屋脊、女儿墙、雨篷、门窗、台阶等处的标高。

(4)看楼地面、屋面的构造。在剖面图中表示楼地面、屋面的多层构造时,通常用通过各层引出线,按其构造顺序加文字说明来表示。有时将这一内容放在墙身剖面详图中表示。

四、剖面图识读实例

参考图11-28,说明剖面图的识读内容和方法。

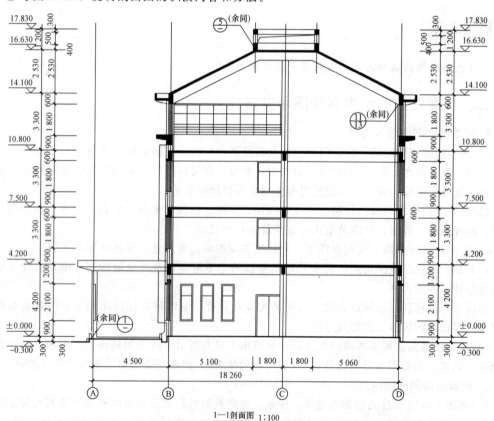

图11-28 某办公楼剖面

1. 图名、比例

从图名可知,图 11-28 表示某办公楼 1—1 剖面图,绘制比例为 1∶100。

2. 定位轴线

在剖面图中,被剖切到的墙、柱均应绘制与平面图相一致的定位轴线,并标注轴线编号及轴线间尺寸。

3. 剖切部位

将剖面图与底层平面图对照,可知 1—1 剖面剖切到散水、⑩轴线墙体、⑧轴线墙体、⑩～⑧轴线楼地层、屋顶、女儿墙、檐口、窗洞、室外台阶及行车坡道,但楼梯、正门、雨篷等构造未被剖切到。

4. 图例

若剖面图采用的绘制比例大于 1∶50,应画出抹灰层与楼地面、屋面的面层线,并宜画出材料图例,即可了解各部位选用的材料及构造做法。具体详细做法见设计说明或标准图集。

5. 尺寸标注和标高

剖面图一般在竖向标注细部高度(门窗洞口、窗下墙、室内外地坪高差等)、层间高度及建筑总高度三道尺寸;在水平方向一般应标注轴线间距、建筑总宽度,以及室内楼梯、门窗及内部设施的定位尺寸。各部位的标高应与尺寸标注保持一致。

从图中左右两侧的尺寸标注可知:该办公楼为四层,建筑总高度为 18.13 m,首层层高为 4.2 m,其他层高为 3.3 m,室内外高差为 0.3 m,首层窗高为 2.1 m,其他层窗高为 1.8 m,窗台高为 0.9 m。室内底层地面标高为 ±0.000,二楼楼面标高为 4.200 m,三楼楼面标高为 7.500 m,四楼楼面标高为 10.800 m,檐口标高为 14.100 m,女儿墙顶部标高为 17.830 m。

6. 文字说明与索引标注

剖面图中的构造做法可用文字说明,也可用索引标注。

单元六　建筑详图

一、建筑详图的形成与作用

对一个建筑物来说,有了建筑平面图、立面图、剖面图并不能施工。因为平面图、立面图、剖面图图样比例较小,建筑物的某些细部及构配件的详细构造和尺寸无法表示清楚,不能满足施工需求。所以,在一套施工图中,除有全局性的基本图样外,还必须有许多比例较大的图样,对建筑物细部的形状、大小、材料和做法加以补充说明,这种图样称为建筑详图。建筑详图的主要图样包括墙身剖面图、楼梯详图、门窗详图及厨房详图、浴室详图、卫生间详图等。

建筑详图是建筑细部施工图,是建筑平面图、立面图、剖面图的补充,是施工的重要依据。

建筑详图主要表示建筑构配件(如门、窗、楼梯、阳台、各种装饰等)的详细构造及连接关系;表示建筑细部及剖面节点(如檐口、窗台、明沟、楼梯、扶手、踏步、楼地面、屋面等)的形式、层次、做法、用料、规格及详细尺寸;表示施工要求及制作方法。建筑详图是对建筑平面图、立面图、剖面图的完善和补充,是建筑构配件制作和编制预算的依据。

【提示】　对于某些通用做法,一般在图中通过索引符号注明采用标准图集的代号、页码,不必另画详图。

二、墙身详图

墙身详图应按剖面图的画法绘制,被剖切到的结构墙体用粗实线(b)绘制,装饰层轮廓用细实线($0.25b$)绘制,在断面轮廓线内画出材料图例。

1. 墙身详图的形成

墙身详图也称墙身大样图,实际上是建筑剖面图的局部放大图。它表达了墙身与地面、楼面、屋面的构造连接情况以及檐口、门窗顶、窗台、勒脚、防潮层、散水、明沟的尺寸、材料、做法等构造情况,是砌墙、室内外装修、门窗安装、编制施工图(概)预算等的重要依据。有时墙身详图不以整体形式布置,而把各个节点详图分别单独绘制,也称为墙身节点详图。有时,在外墙详图上引出分层构造,注明楼地面、屋顶等的构造情况,而在建筑剖面图中省略不标。在多层房屋中,若各层的构造情况一样,可只画墙脚、檐口和中间层(含门窗洞口)三个节点,按上下位置整体排列。由于门窗一般均有标准图集,为简化作图采用折断省略画法,因此,门窗在洞口处出现双折断线。

2. 墙身详图的主要内容

(1)表明墙身的定位轴线编号,墙体的厚度、材料及其本身与轴线的关系(如墙体是否为中轴线等)。

(2)表明墙脚的做法,墙脚包括勒脚、散水(或明沟)、防潮层(或地圈梁)以及首层地面等的构造。

(3)表明各层梁、板等构件的位置及其与墙体的联系,构件表面抹灰、装饰等内容。

(4)表明檐口部位的做法。檐口部位包括封檐构造(如女儿墙或挑檐)、圈梁、过梁、屋顶泛水构造、屋面保温、防水做法和屋面板等结构构件。

(5)图中的详图索引符号等。

3. 墙身详图的识读

(1)外墙底部节点,看基础墙、防潮层、室内地面与外墙脚各种配件构造做法技术要求。

(2)中间节点(或标准层节点),看墙厚及其轴线位于墙身的位置,内外窗台构造,变形截面的雨篷、圈梁、过梁标高与高度,楼板结构类型及墙搭接方式与结构尺寸。

(3)檐口节点(或屋顶节点),看屋顶承重层结构组成与做法、屋面组成与坡度做法,也要注意各节点的引用标准图集代号与页码,以便于剖面图相核对和查找。

(4)除明确上述三点外,还应注意以下几项:

1)除读懂图的全部内容外,还应仔细与平面图、立面图、剖面图和其他专业的图联系阅读。如勒脚下边的基础墙做法要与结构施工图的基础平面图和剖面图联系阅读;楼层与檐口、阳台等也应与结构施工图的各层楼板平面布置图和剖面节点图联系阅读。

2)要反复核对图内尺寸标高是否一致,并与本项目其他专业的图纸反复校核。

3)因每条可见轮廓线可能代表一种材料的做法,所以不能忽视每一条可见轮廓线。由图11-29可知,门厅是由室外三步台阶步入的,在第二台阶外有一条可见轮廓线,说明那里有一堵没有剖切到的墙,这堵墙直接连接到二层挑出的面梁处,在地面和楼地面上有一道可见轮廓线,即踢脚线。

三、门窗详图

门窗详图一般都有预先绘制好的各种不同规格的标准图,供设计者选用。因此,在施工图中,只要说明该详图所在标准图集中的编号,就可不必另画详图。如果没有标准图时,一定要画出详图。

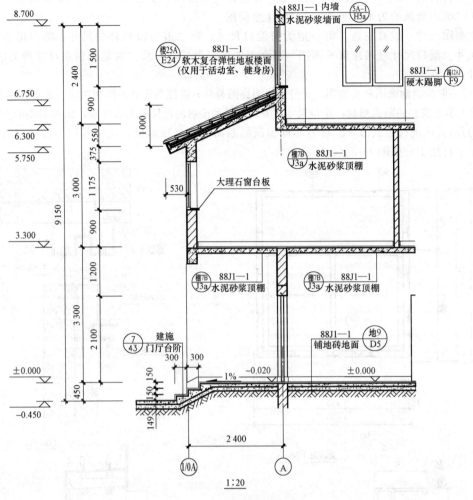

图 11-29 墙身详图

门窗详图通常由立面图、节点剖面详图、断面图及技术说明等组成。在设计中若选用通用图，则只需说明详图所在通用图集中的编号，不再另画详图。按规定，在节点详图与断面图中，门窗料的断面一般应加上材料图例。

1. 门窗详图的内容与阅读方法

(1) 看立面图。门、窗的立面图在图示上规定画其外立面。

(2) 看节点剖面详图。节点剖面详图中通常将竖向剖切的剖面图竖直地连在一起画在立面图的左侧或右侧；横向剖切的剖面图横向连在一起画在立面图的下面，用比立面图大的比例画出，中间用折断线断开，并分别注写详图编号，以便与立面图对照。

节点剖面详图表示门窗材料的断面形状、用料、尺寸、安装位置和门窗与框的连接关系等。

(3) 看断面图。为清楚地表示窗框、冒头及窗芯等用料、断面形状并能详细标注尺寸，以便于下料加工，需用较大比例将上述断面分别单独画出，这就是窗的断面图，门的断面图同理可得。在通用图集中，往往将断面图与节点剖面详图结合在一起。

2. 门窗详图识读举例

现以铝合金窗为例，介绍门窗详图的特点如下：

(1)所用比例较小,只表示窗的外形、开启方式及方向、主要尺寸和节点索引符号等内容,如图 11-30(a)所画的为本章实例的 LC2121 立面图。

立面图尺寸一般有三道:第一道为窗洞口尺寸;第二道为窗框外包尺寸;第三道为窗扇、窗框尺寸。洞口尺寸应与建筑平面图、剖面图的窗洞口尺寸一致。窗框和窗扇尺寸均为成品的净尺寸。

(2)一般画出剖面图和安装图,并分别注明详图符号,以便与窗立面图相对应。节点详图比例较大,能表示各窗料的断面形状、定位尺寸、安装位置和窗扇的连接关系等内容,如图 11-30(b)所示。

(3)用大比例(1∶5、1∶2)将各不同窗断的断面形状单独画出,注明断面上各截口的尺寸,以便于下料加工,如图 11-30(c)所示。

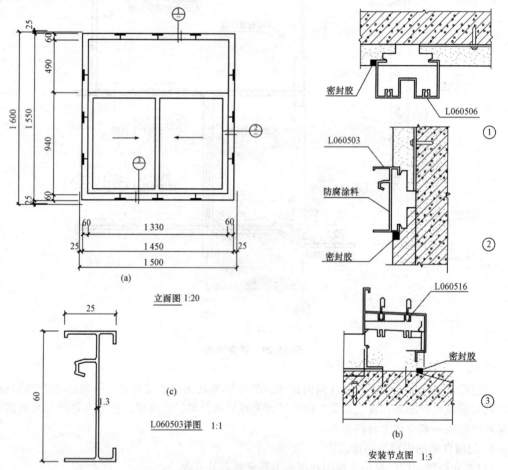

图 11-30　铝合金推拉窗详图
(a)立面图;(b)安装节点图;(c)L060503 样图

四、楼梯详图

楼梯详图主要表示楼梯的结构形式,构造做法,各部分的详细尺寸、材料,是建筑中构造比较复杂的部位,其详图一般包括楼梯平面图、楼梯剖面图和节点详图三部分内容。

1. 楼梯平面图

楼梯平面图实际是建筑平面图中楼梯间部分的局部放大。假设用一水平剖切平面在该层往上引的第一楼梯段中剖切开,那么移去剖切平面及以上部分,将余下的部分按正投影的原理投射在水平投影面上所得到的图,称为楼梯平面图。其绘制比例常采用1∶50。楼梯平面图一般分层绘制,有底层平面图、中间层平面图和顶层平面图。

三层以上的楼梯,当中间各层的楼梯位置、梯段数、踏步数大小都相同时,通常只画出底层、中间层和顶层三个平面图即可。楼梯平面图的识读要求如下:

(1)核查楼梯间在建筑中的位置与定位轴线的关系,应与建筑平面图上的一致。

(2)楼梯段、休息平台的平面形式和尺寸,楼梯踏面的宽度和踏步级数,以及栏杆扶手的设置情况。

(3)看上下行方向,用细实箭头线表示,箭头表示"上下"方向,箭尾标注"上或下"字样和级数。

(4)楼梯间开间、进深情况,以及墙、窗的平面位置和尺寸。

(5)室内外地面、楼面、休息平台的标高。

(6)底层楼梯平面图还应标明剖切位置。

(7)看楼梯一层平面图中楼梯剖切符号。

2. 楼梯剖面图

楼梯剖面图是用假想的铅垂剖切平面通过各层的一个梯段和门窗洞口将楼梯垂直剖开,向另一未剖到的楼梯段方向投影所作的剖面图。楼梯剖面图主要表达楼梯踏步、平台的构造与连接,以及栏杆的形式及相关尺寸。

在楼梯剖面图中,应注明各层楼地面、平台、楼梯间窗洞的标高;与建施平面图核查楼梯间墙身定位轴线编号和轴线间尺寸;每个梯段踢面的高度、踏步的数量以及栏杆的高度;楼梯竖向尺寸、进深方向尺寸和有关标高,并与建施图核实;看踏步、栏杆、扶手等细部详图的索引符号等。如果各层楼梯都为等跑楼梯,中间各层楼梯构造又相同,则剖面图可只画出底层、顶层剖面,中间部分可用折断线省略。

3. 楼梯节点详图的识读

楼梯节点详图主要表示楼梯栏杆、扶手的形状、大小和具体做法,栏杆与扶手、踏步的连接方式,楼梯的装修做法以及防滑条的位置和做法。楼梯节点详图识读步骤要求如下:

(1)明确楼梯详图在建筑平面图中的位置、轴线编号与平面尺寸。

(2)掌握楼梯平面布置形式,明确梯段宽度、梯井宽度、踏步宽度等平面尺寸;查清标准图集代号和页码。

(3)从剖面图中可明确掌握楼梯的结构形式、各层梯段板、梯梁、平台板的连接位置与方法、踏步高度与踏步级数、栏杆扶手高度。

(4)无论楼梯平面图或剖面图都要注意底层和顶层的阅读,其底层楼梯往往要照顾进出门入口净高而设计成长短跑楼梯段,顶层尽端安全栏杆的高度与底层、中层也不同。

模块小结

本模块先简单介绍了房屋建筑工程图的有关规定、首页图和建筑总平面图的形成与识图,然后重点介绍了建筑平面图、建筑立面图、建筑剖面图、建筑详图的图示内容、图示方法、识读方法,并在有关内容后面附有识读的案例。

建议可采用课堂讨论的方式,组织学生仔细阅读一套完整的建筑施工图。

思考与练习

一、填空题

1. 房屋建筑工程图是将建筑物的平面布置、外形轮廓、装修、尺寸大小、结构构造和材料做法等内容，按照"国标"的规定，用＿＿＿＿＿，详细准确地画出的图样。
2. 建筑施工图主要表示房屋的建筑设计内容，主要包括＿＿＿＿＿、＿＿＿＿＿、＿＿＿＿＿、＿＿＿＿＿和＿＿＿＿＿等。
3. 施工图上的＿＿＿＿＿是施工定位、放线的重要依据。
4. 标高符号为直角等腰三角形，用＿＿＿＿＿绘制。
5. 总平面图室外地坪标高符号，宜用＿＿＿＿＿表示。
6. 计算机制图文件可分为＿＿＿＿＿和＿＿＿＿＿。
7. 小数点后的文件扩展名由创建工程图纸文件的计算机制图软件定义，由＿＿＿＿＿字符组成。
8. 计算机制图时，宜按照＿＿＿＿＿、＿＿＿＿＿的顺序排列图样；宜布置主要图样，再布置次要图样。
9. 看新建房屋底层室内地面和室外整平地面的绝对标高，可知室内、外地面的高差，以及＿＿＿＿＿与＿＿＿＿＿的关系。
10. 建筑立面凹凸之处的轮廓线、门窗洞及较大的建筑构配件的轮廓线，如雨篷、阳台、阶梯等均用＿＿＿＿＿绘制。

二、简答题

1. 什么是房屋建筑工程图？其有何作用？
2. 图纸的排列顺序有何要求？
3. 平面图上定位轴线应如何进行编号？
4. 为什么在总平面图中要标明相对标高与绝对标高的关系？
5. 如何注写标高数字？
6. 索引符号编写有什么要求？
7. 工程图纸编号应符合哪些规定？
8. 如何使用与管理计算机制图文件？
9. 建筑施工图绘制前应做好哪些准备工作？
10. 底层平面图主要反映哪些内容？
11. 如何看平面图的各部分尺寸？
12. 立面图的命名方法的哪几种？
13. 在剖面图中，标注相应的标高及尺寸应达到哪些要求？
14. 墙身详图的主要内容有哪些？
15. 在楼梯剖面图中应注明哪些情况？
16. 如何识读楼梯节点详图？

三、实训题

参观周围的建筑物，对照实物识读该建筑物的施工图。

模块十二　结构施工图

知识目标

（1）了解房屋结构的分类、结构施工图的内容以及常用构件的表示方法；了解钢筋混凝土的基本知识。

（2）掌握基础平面图、基础详图的图示内容、图示方法以及识读方法，掌握基础平法制图的制图规则。

（3）掌握楼面结构及屋面结构平面图的图示内容、图示方法以及识读方法。

（4）掌握钢筋混凝土构件详图的识读方法。

（5）熟悉平面整体表示方法的制图规则。

能力目标

（1）能够进行结构施工图的识读。

（2）能够准确阅读常见的钢筋混凝土构件图、基础平面图、基础详图、楼层结构平面布置图等。

（3）能够运用混凝土结构平面整体表示方法进行平法制图。

素养目标

（1）培养严谨的工作作风和细致、耐心的职业素养。

（2）培养学生的学习兴趣，从而热爱自己的专业。

（3）培养团结协作、善于沟通的能力。

单元一　概　述

房屋的设计，除进行建筑设计，画出建筑施工图外，对房屋的骨架部分还要进行结构设计，即选择结构类型及构件布置，并通过力学设计计算决定各承重构件的材料、形状和大小，然后画出图样，用以指导施工，即所谓的房屋结构施工图。

一、房屋结构的分类

目前，我国民用建筑采用的结构形式主要有以下几种：

(1)砖混结构主要承重构件为砖墙体和混凝土梁、板、柱。
(2)框架结构主要承重构件为混凝土梁、板、柱。
(3)框架-剪力墙结构主要承重构件为混凝土墙和混凝土梁、板、柱。
(4)钢结构主要承重构件为钢柱、钢梁。

目前，我国建造的住宅楼、办公楼、教学楼、宾馆、商场等民用建筑，都广泛采用砖混结构。在房屋建筑结构中，结构的作用是承受外力和传递荷载，一般情况下，重力作用是主要作用，其传力途径是先作用在楼板上，由楼板将荷载传递给墙或梁，再由梁传递给柱，然后由柱或墙传递给基础，最后由基础传递给地基，如图12-1所示。

结构施工图必须密切与建筑施工图互相配合，这两个工种的施工图之间不能有矛盾。结构设计时要根据建筑要求选择结构类型，并进行合理布置，再通过力学计算确定承重构件（图12-2）的断面形状、大小、材料及构造等。

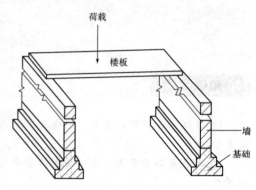

图 12-1 荷载的传递过程

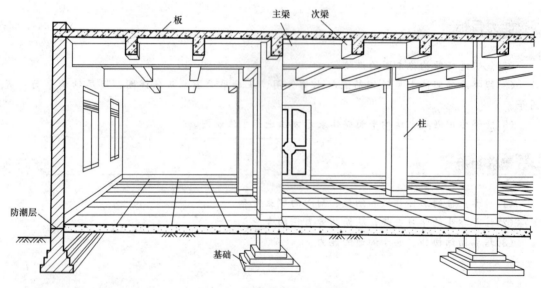

图 12-2 钢筋混凝土结构示意

二、结构施工图的内容

建筑结构施工图的主要内容包括结构设计说明、结构布置平面图和构件详图三部分。现分述如下：

(1)结构设计说明。结构设计说明主要用于说明结构设计依据、对材料质量及构件的要求、有关地基的概况及施工要求等。

(2)结构布置平面图。结构布置平面图与建筑平面图一样，属于全局性的图纸。其主要内容通常包括基础平面图、楼层结构平面布置图、屋顶结构平面布置图。

(3)构件详图。构件详图属于局部性图纸,表示构件的形状、大小,所用材料的强度等级和制作安装等。其主要内容包括基础详图,梁、板、柱等构件详图,楼梯结构详图以及其他构件详图等。

三、常用构件的表示方法

1. 结构施工图图线比例

绘制结构图应遵守《房屋建筑制图统一标准》(GB/T 50001—2017)和《建筑结构制图标准》(GB/T 50105—2010)的规定。结构图的图线、线型、线宽及比例应符合表12-1的规定。

表12-1 图 线

名　称		线　型	线宽	一般用途
实线	粗	——————	b	螺栓、钢筋线、结构平面图中的单线结构构件线,钢木支撑及系杆线、图名下横线、剖切线
	中粗	——————	$0.7b$	结构平面图及详图中剖到或可见的墙身轮廓线,基础轮廓线,钢、木结构轮廓线,钢筋线
	中	——————	$0.5b$	结构平面图及详图中剖到或可见的墙身轮廓线、基础轮廓线、可见的钢筋混凝土构件轮廓线、钢筋线
	细	——————	$0.25b$	标注引出线、标高符号线、索引符号线、尺寸线
虚线	粗	— — — —	b	不可见的钢筋线、螺栓线、结构平面图中不可见的单线结构构件线及钢、木支撑线
	中粗	— — — —	$0.7b$	结构平面图中的不可见构件、墙身轮廓线及不可见钢、木结构构件线、不可见的钢筋线
	中	— — — —	$0.5b$	结构平面图中的不可见构件、墙身轮廓线及不可见钢、木结构构件线、不可见的钢筋线
	细	— — — —	$0.25b$	基础平面图中的管沟轮廓线、不可见的钢筋混凝土构件轮廓线
单点长画线	粗	—·—·—	b	柱间支撑、垂直支撑、设备基础轴线图中的中心线
	细	—·—·—	$0.25b$	定位轴线、对称线、中心线、重心线
双点长画线	粗	—··—··—	b	预应力钢筋线
	细	—··—··—	$0.25b$	原有结构轮廓线
折断线		—∿—	$0.25b$	断开界线
波浪线		∼∼∼	$0.25b$	断开界线

2. 常用构件代号

结构图中构件的名称宜用代号表示，代号后应用阿拉伯数字标注该构件的型号或编号，见表 12-2。

表 12-2　常用构件代号

序号	名称	代号	序号	名称	代号	序号	名称	代号
1	板	B	19	圈梁	QL	37	承台	CT
2	屋面板	WB	20	过梁	GL	38	设备基础	SJ
3	空心板	KB	21	连系梁	LL	39	桩	ZH
4	槽形板	CB	22	基础梁	JL	40	挡土墙	DQ
5	折板	ZB	23	楼梯梁	TL	41	地沟	DG
6	密肋板	MB	24	框架梁	KL	42	柱间支撑	ZC
7	楼梯板	TB	25	框支梁	KZL	43	垂直支撑	CC
8	盖板或沟盖板	GB	26	屋面框架梁	WKL	44	水平支撑	SC
9	挡雨板或檐口板	YB	27	檩条	LT	45	梯	T
10	吊车安全走道板	DB	28	屋架	WJ	46	雨篷	YP
11	墙板	QB	29	托架	TJ	47	阳台	YT
12	天沟板	TGB	30	天窗架	CJ	48	梁垫	LD
13	梁	L	31	框架	KJ	49	预埋件	M—
14	屋面梁	WL	32	刚架	GJ	50	天窗端壁	TD
15	吊车梁	DL	33	支架	ZJ	51	钢筋网	W
16	单轨吊车梁	DDL	34	柱	Z	52	钢筋骨架	G
17	轨道连接	DGL	35	框架柱	KZ	53	基础	J
18	车挡	CD	36	构造柱	GZ	54	暗柱	AZ

注：1. 在绘图中，除混凝土构件可以不注明材料代号外，其他材料的构件可在构件代号前加注材料代号，并在图纸中加以说明。
2. 预应力混凝土构件的代号，应在构件代号前加注"Y"，如 Y—DL 表示预应力混凝土吊车梁。

四、钢筋混凝土基本知识

钢筋混凝土在建筑工程中是一种应用极为广泛的建筑材料,它由力学性能完全不同的钢筋和混凝土两种材料组合而成。用钢筋混凝土制成的构件,称为钢筋混凝土构件。它们有工地现浇的,也有工厂预制的,分别称为现浇钢筋混凝土构件和预制钢筋混凝土构件。

(一)不同类型钢筋的作用及标注方法

按钢筋在构件中的作用不同,构件中的钢筋可分为受力筋、架立筋、箍筋、分布筋、构造筋等(图 12-3)。

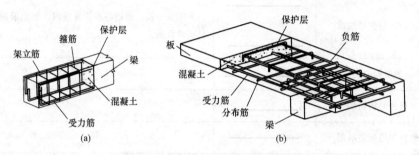

图 12-3 钢筋混凝土构件中的钢筋种类
(a)钢筋混凝土梁;(b)钢筋混凝土板

1. 受力筋

受力筋是承受构件内拉、压应力的钢筋。其配置根据受力通过计算确定,且应满足构造要求。在梁、柱中的受力筋也称为纵向受力筋,标注时应说明其数量、品种和直径,如 4Φ20,表示配置 4 根 HPB300 级钢筋,直径为 20 mm。

在板中的受力筋,标注时应说明其品种、直径和间距,如 Φ10@100(@是相等中心距符号),表示配置 HPB300 级钢筋,直径为 10 mm,间距为 100 mm。

2. 架立筋

架立筋一般设置在梁的受压区,与纵向受力钢筋平行,用于固定梁内钢筋的位置,并与受力筋形成钢筋骨架。架立筋是按构造配置的,其标注方法同梁内受力筋。

3. 箍筋

箍筋用于承受梁、柱中的剪力、扭矩,固定纵向受力钢筋的位置等。标注箍筋时,应说明箍筋的级别、直径、间距,如 Φ10@100。

4. 分布筋

分布筋用于单向板、剪力墙中。单向板中的分布筋与受力筋垂直。其作用是将承受的荷载均匀地传递给受力筋,并固定受力筋的位置以及抵抗热胀冷缩所引起的温度变形。标注方法同板中受力筋。

在剪力墙中布置的水平和竖向分布筋,除上述作用外,还可参与承受外荷载,其标注方法同板中受力筋。

5. 构造筋

因构造要求及施工安装需要而配置的钢筋,如腰筋、吊筋、拉结筋等。其标注方法同板中受力筋。

(二)钢筋的表示方法

了解钢筋混凝土构件中钢筋的配置非常重要。在结构图中通常用粗实线表示钢筋。普通钢筋的表示方法见表12-3。钢筋在结构构件中的画法见表12-4。

表 12-3 普通钢筋的表示方法

序号	名称	图例	说明
1	钢筋横断面	●	—
2	无弯钩的钢筋端部	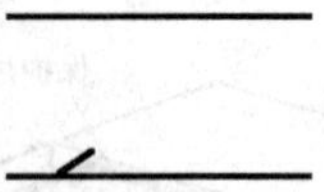	下图表示长、短钢筋投影重叠时,短钢筋的端部用45°斜画线表示
3	带半圆形弯钩的钢筋端部		—
4	带直钩的钢筋端部		—
5	带丝扣的钢筋端部		—
6	无弯钩的钢筋搭接		—
7	带半圆弯钩的钢筋搭接		—
8	带直钩的钢筋搭接		—
9	花篮螺丝钢筋接头	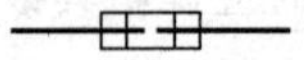	—
10	机械连接的钢筋接头		用文字说明机械连接的方式(如冷挤压或直螺纹等)

表 12-4 钢筋在结构构件中的画法

序号	说明	图例
1	在结构楼板中配置双层钢筋时,底层钢筋的弯钩应向上或向左,顶层钢筋的弯钩则向下或向右	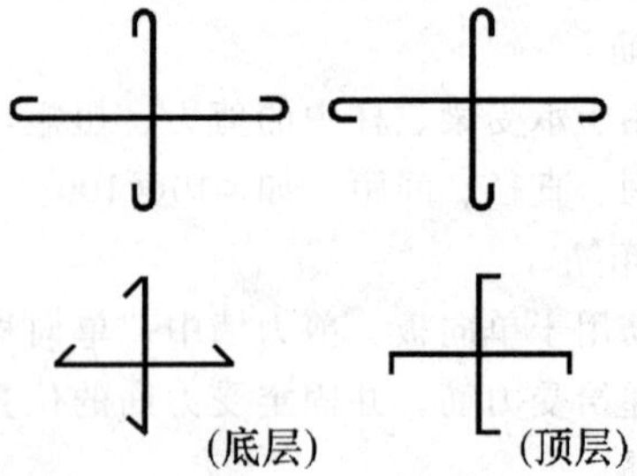 (底层) (顶层)
2	钢筋混凝土墙体配双层钢筋时,在配筋立面图中,远面钢筋的弯钩应向上或向左,近面钢筋的弯钩则向下或向右(JM表示近面,YM表示远面)	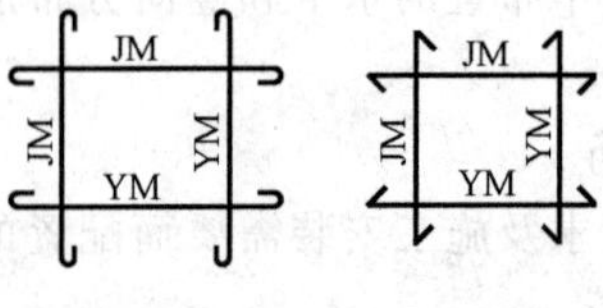

续表

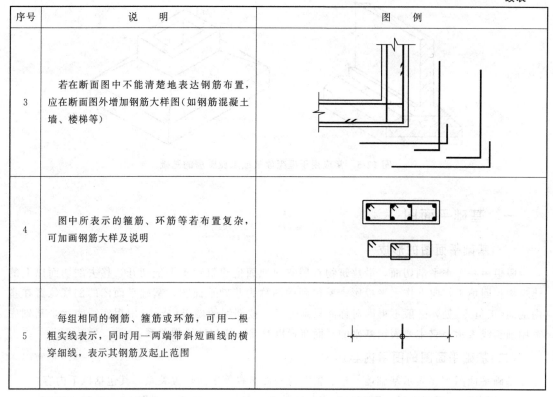

序号	说 明	图 例
3	若在断面图中不能清楚地表达钢筋布置，应在断面图外增加钢筋大样图（如钢筋混凝土墙、楼梯等）	
4	图中所表示的箍筋、环筋等若布置复杂，可加画钢筋大样及说明	
5	每组相同的钢筋、箍筋或环筋，可用一根粗实线表示，同时用一两端带斜短画线的横穿细线，表示其钢筋及起止范围	

（三）弯钩的表示方法

为了增强钢筋与混凝土的粘结力，表面光圆的钢筋两端需要做弯钩。弯钩的形式及表示方法如图 12-4 所示。

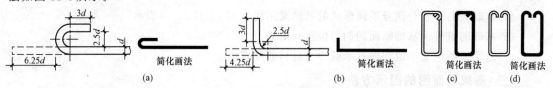

图 12-4 钢筋的弯钩
(a)半圆弯钩；(b)直角弯钩；(c)封闭式；(d)开口式

单元二 基础图

基础（图 12-5）是房屋地面以下的，承受将房屋全部载荷传递给地基的房屋主要构件之一。常见的形式有条形基础、独立基础、筏片基础、箱式基础及桩基等。

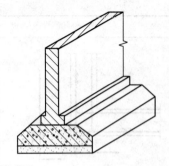 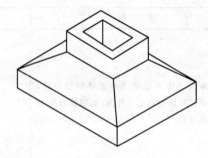

图 12-5　常应用于框架建筑或工业厨房的基础

一、基础平面图

(一)基础平面图的形成

假想用一个水平剖切面,沿建筑物首层室内地面把建筑物水平剖切开,移去剖切面以上的建筑物和回填土,向下作水平投影,所得到的图称为基础平面图。基础平面图的剖视位置在室内地面(正负零)处,一般不得因对称而只画一半。被剖切的墙身(或柱)用粗实线表示,基础底宽用细实线表示。它主要表示基础的平面布置以及墙、柱与轴线的关系。

(二)基础平面图的图示内容

基础平面图主要表示基础墙、柱、留洞及构件布置等平面位置关系。其包括以下内容:

(1)图名和比例　基础平面图的比例应与建筑平面图相同。常用比例为1∶100和1∶200。

(2)基础平面图应标出与建筑平面图相一致的定位轴线及其编号和轴线之间的尺寸。

(3)基础的平面布置　基础平面图应反映基础墙、柱、基础底面的形状、大小及基础与轴线的尺寸关系。

(4)基础梁的布置与代号　不同形式的基础梁用代号 JL1、JL2、…表示。

(5)基础的编号、基础断面的剖切位置和编号。

(6)施工说明　用文字说明地基承载力及材料强度等级等。

(三)基础平面图的图示方法

(1)在基础平面图中,采用的比例、图例以及定位轴线编号与轴线尺寸应与建筑平面图一致。

(2)在基础平面图中,需画出剖切到的基础墙、柱等的轮廓线、投影可见的基础底部的轮廓线以及基础梁等构件,而对其他编辑部、如垫层、砌砖大放脚的轮廓线均省略不画。

(3)在基础平面图中,凡基础的宽度、墙厚、大放脚的形式、基础底面标高及尺寸等有不同时,常分别采用不同的断面剖切符号来表示详图的剖切位置及编号。

(4)基础平面图中的外部尺寸一般只注两道,即开间、进深等各轴线间的尺寸和首尾轴线间的总尺寸。

(四)基础平面图的识读

条形基础平面图的主要内容及阅读方法如下。

1. 图名、比例和轴线

基础平面图的绘图比例、轴线编号及轴线间的尺寸必须同建筑平面图一样。

基础的平面布置,即基础墙、柱和基础底面的形状、大小及其与轴线的关系。

2. 基础梁的位置和代号

主要了解基础哪些部位有梁,根据代号可以统计梁的种类、数量和查阅梁的详图。

3. 地沟与孔洞

由于给水、排水的要求,常常设置地沟或在地面以下的基础墙上预留孔洞。在基础平面图中用虚线表示地沟或孔洞的位置,并注明大小及洞底的标高。

4. 基础平面图中剖切符号及其编号

在不同的位置,基础的形状、尺寸、埋置深度及与轴线的相对位置不同,需要分别画出它们的断面图(基础详图)。在基础平面图中要相应地画出剖切符号,并注明断面图的编号。

条形基础平面图示意如图12-6所示。

二、基础详图

不同类型的基础,其详图的表示方法有所不同。如条形基础的详图一般为基础的垂直剖面图;独立基础的详图一般应包括平面图和剖面图。

(一)基础详图的形成

在基础某一处用铅垂剖切平面,沿垂直定位轴线方向切开基础所得到的断面图,称为基础详图,如图12-7所示。

(二)基础详图的图示内容

(1)不同构造的基础应分别画出其详图,当基础构造相同仅部分尺寸不同时,也可用一个详图表示,但需标出不同部分的尺寸。基础断面图的边线一般用粗实线画出,断面内应画出材料图例。若是钢筋混凝土基础,则只画出配筋情况,不画出材料图例。

(2)图名与比例。

(3)轴线及其编号。

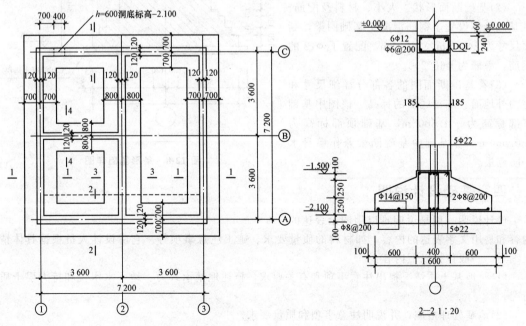

图 12-6 条形基础平面图示意   图 12-7 条形基础详图

(4)基础的详细尺寸,基础墙的厚度,基础的宽、高,垫层的厚度等。

(5)室内、外地坪标高及基础底面标高。

(6)基础及垫层的材料、强度等级、配筋规格及布置。

(7)防潮层、圈梁的做法和位置。

(8)施工说明等。

(三)基础详图的图示方法

基础详图一般采用1:20、1:25、1:30等较大的比例绘制,并尽可能与基础平面图画在同一张图纸上。对于独立基础,除画出基础的断面图外,通常还要画出平面详图用以表明有关平面尺寸等内容。

详图若为通用图,轴线圆圈内可不予编号。

(四)基础详图的识读

(1)根据基础平面图中的详图剖切符号或基础代号,查阅基础详图。

(2)了解基础断面形状、大小、材料以及配筋等。

(3)了解基础断面的详细尺寸和室内外地面及基础底面的标高等。

(4)了解砖基础防潮层的设置、位置及材料要求。

(5)了解基础梁的尺寸及配筋内容。

例:识读图12-8所示的条形基础详图。

(1)看图名、比例。由图12-8可知,该图为条形基础1—1断面图。该基础为砖基础,轴线与基础墙中心线重合;砖基的大放脚为9级,每级高度为120 mm、60 mm间隔设置,两侧内缩65 mm、60 mm间隔设置;基础垫层为C20混凝土垫层,厚度为100 mm,宽度为1 500 mm。

(2)基础断面形状、大小、材料及配筋。该基础墙体设置了钢筋混凝土基础圈梁,断面尺寸为240 mm×240 mm,配置了φ12的钢筋,箍筋为φ6@200。

(3)看基础断面图的各部分详细尺寸和室内外地面、基础底面的标高。该图中基础底部标高为-1.500 m,基础顶部标高为-0.660 m;本基础中基础圈梁兼作墙身水平防潮层。

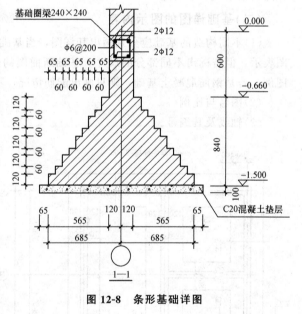

图 12-8 条形基础详图

四、基础设计说明

设计说明一般是说明难以用图示表达的内容和易用文字表达的内容,如材料的质量要求、施工注意事项等。它由设计人员根据具体情况编写,一般包括以下内容:

(1)对地基土质情况提出注意事项和有关要求,概述地基承载力、地下水水位和持力层土质情况。

(2)地基处理措施,并说明注意事项和质量要求。

(3)对施工方面提出验槽、钎探等事项的设计要求。

(4)垫层、砌体、混凝土、钢筋等所用材料的质量要求。
(5)防潮(防水)层的位置、做法，构造柱的截面尺寸、材料、构造，混凝土保护层厚度等。

单元三 结构平面图

一、结构平面图的形成与用途

结构平面图是假想沿着楼板面(只有结构层，尚未做楼面面层)将建筑物水平剖开，所作的水平剖面图。结构平面图表示各层梁、板、柱、墙、过梁和圈梁等的平面布置情况，以及现浇楼板、梁的构造与配筋情况及构件间的结构关系。

结构平面图为施工中安装梁、板、柱等各种构件提供依据，同时为现浇构件立模板、绑扎钢筋、浇筑混凝土提供依据。

二、楼面结构平面图

1. 楼层结构平面图的形成

楼层结构平面图是假想用一个剖切平面沿着楼板上皮水平剖开后，移走上部建筑物后作水平投影所得到的图样。主要表示该层楼面中的梁、板的布置，构件代号及构造做法等，如图12-9所示。

(1)轴线：结构平面图上的轴线应和建筑平面图上的轴线编号和尺寸完全一致。

(2)墙身线：在结构平面图中，剖到的梁、板、墙身可见轮廓线用中粗实线表示；楼板可见轮廓线用粗实线表示；楼板下的不可见墙身轮廓线用中粗虚线表示；可见的钢筋混凝土楼板的轮廓线用细实线表示。

2. 梁板(楼板)平面图阅读的内容(读图步骤)

(1)图名、比例。

(2)各结构平面标准层，梁、柱、墙等承重构件的平面位置及构件的定位轴线(结构平面图的轴线网应与相应建筑平面一致，且注明图名，楼层号应与建施图统一)。

若为装配式楼盖，应识读出各区格板中预制板的类型、型号、数量等；若为现浇楼盖，应识读出各区格板的板厚、板面标高及配筋；屋面采用结构找坡时，还应识读出屋脊线的位置，屋脊及檐口处的结构标高。

(3)上人孔、烟道与通风道、管道等预留洞口的位置及尺寸，洞口周边加强等构造措施。装配式楼盖中的预留孔处应设置现浇板带，或构件预制时预留，一般不允许事后开洞。

(4)各构件所采用的混凝土强度等级。

(5)节点详图的剖切符号或索引符号。

(6)说明文字等。

3. 梁板(楼板)图识读要点

(1)对照相应建筑平面图，检查轴线编号、轴线尺寸、构件定位尺寸是否正确，有无遗漏。

(2)结合建施图检查各区格板四周梁、柱(构造柱)、剪力墙的布置是否正确。

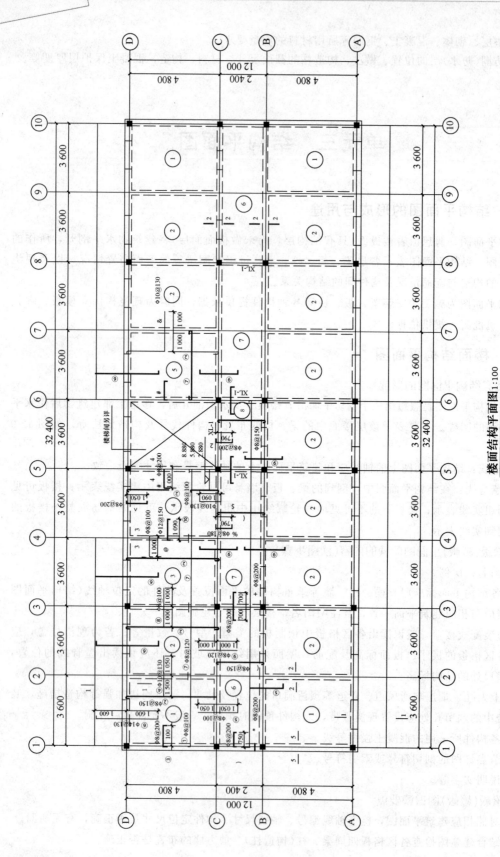

图 12-9 楼面结构平面图

(3) 结合建施图查看楼、电梯间的位置、各种预留孔洞的位置、洞口加筋、水箱位置及编号是否正确(屋面有水箱时)，雨篷、挑檐、空调搁板等位置是否正确，有无遗漏。

(4) 根据建施图的建筑标高和楼面粉刷做法，检查板面结构标高是否正确，标注有无遗漏。

(5) 预制楼板(屋)盖时，应检查各区格板预制构件的数量、型号，明确板的搁置方向，板缝的大小应满足施工要求，当板支座处遇构造柱时，宜设置现浇板带。当预制板套用标准图时，应查阅标准图集，了解施工要求等。

(6) 现浇楼板(屋)盖时，应检查各区格板板底钢筋、支座负筋以及分布钢筋的直径、间距、钢筋种类及支座负筋的切断点位置，查看有无错误或遗漏。

(7) 阅读说明及详图，并与建筑详图和结构说明对照，检查有无矛盾。同时结合结构说明的阅读，全面并准确阅读楼(屋)面板结构平面图。

4. 楼板平面图的画法

(1) 图名为标准层结构平面图或 $m \sim n$ 层结构平面图，如果相同可只画出一个平面布置图。如平面对称可采用对称画法，用细实线画一对相交的对角线表示。

(2) 一般与建筑平面图的比例相同。

(3) 尺寸标注标出与建筑平面图一致的定位轴线间的尺寸和总尺寸。

(4) 图线要求如下：

构件(楼板、梁)的可见轮廓线——中实线；

不可见构件(墙、梁)的轮廓线——中虚线；

(5) 剖切到的钢筋混凝土柱涂黑并注写相应的代号。

三、屋面结构平面图

屋面结构平面图是表示屋面承重构件平面布置的图样。它与楼面结构平面图基本相同，但要表示出上人孔、通风道等预留孔洞的位置等。

单元四　钢筋混凝土构件详图

钢筋混凝土构件详图是加工制作钢筋、浇筑混凝土的依据，其内容包括模板图、配筋图和钢筋表三部分。各种钢筋的形式及在梁、板、柱中的位置及其形状，如图 12-10 所示。

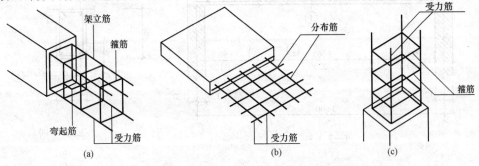

图 12-10　钢筋混凝土梁、板、柱配筋示意
(a) 梁；(b) 板；(c) 柱

一、模板图

模板图是为浇筑构件的混凝土绘制的。其主要表达构件的外形尺寸、预埋件的位置、预留孔洞的大小和位置。对于外形简单的构件,一般不必单独绘制模板图,只需在配筋图中把构件的尺寸标注清楚即可。对于外形较复杂或预埋件较多的构件,一般要单独画出模板图。

模板图的图示方法就是按构件的外形绘制的视图,外形轮廓线用中粗实线绘制,如图 12-11 所示。

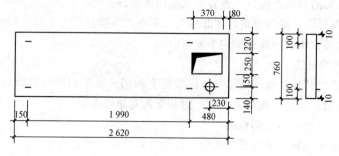

图 12-11 模板图

二、配筋图

配筋图是指钢筋混凝土构件(结构)中的钢筋配置图。其主要表示构件内部所配置钢筋的形状、大小、数量、级别和排放位置。配筋图又可分为立面图、断面图和钢筋详图三种。

(1)立面图。立面图是假定构件为一透明体而画出的一个纵向正投影图。其主要表示构件中钢筋的立面形状和上下排列位置。通常构件外形轮廓用细实线表示,钢筋用粗实线表示。如图 12-12(a)表示。当钢筋的类型、直径、间距均相同时,可只画出其中的一部分,其余省略不画。

(2)断面图。断面图是指构件横向剖切投影图。其主要表示钢筋的上下和前后的排列、箍筋的形状等内容。凡构件的断面形状及钢筋的数量、位置有变化之处,均应画出其断面图。断面图的轮廓为细实线,钢筋横断面用黑点表示,如图 12-12(b)所示。

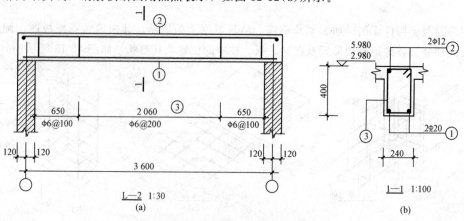

图 12-12 钢筋简支梁配筋图
(a)立面图;(b)断面图

(3)钢筋详图。钢筋详图是指按规定的图例画出的一种示意图。其主要表示钢筋的形状,以便于钢筋下料和加工成型。同一编号的钢筋只画一根,并注出钢筋的编号、数量(或间距)、等级、直径及各段的长度和总尺寸。

为了区分钢筋的等级、形状、大小,应将钢筋予以编号。钢筋编号是用阿拉伯数字注写在直径为 6 mm 的细实线圆圈内,并用引出线指到对应的钢筋部位。同时,在引出线的水平线段上注出钢筋标注内容。

三、钢筋表

为便于编制施工预算和统计用料,在配筋图中还应列出钢筋表。表 12-5 为某钢筋混凝土简支梁钢筋用表。表内应注明构件代号、构件数量、钢筋编号、钢筋简图、直径、长度、数量、总数量、总长和质量等。对于比较简单的构件,可不画钢筋详图,只列钢筋表。

表 12-5 简支梁钢筋表

编号	钢筋简图	规格	长度	根数	重量
①	3790	Φ20	3 790	2	
②	3790	Φ12	3 950	2	
③	190 350	Φ6	1 180	23	
总质量					

注:此表应与图 12-12 钢筋混凝土简支梁配筋图结合阅读。

单元五　混凝土结构施工图平面整体表示方法简介

为提高设计效率、简化绘图、改革传统的逐个构件表达的烦琐设计方法,我国推出了国家标准图集《混凝土结构施工图平面整体表示方法制图规则和构造详图》(22G101)。

混凝土结构平面整体表示方法是把结构构件的尺寸和配筋等,整体直接表达在该构件的结构平面布置图上,再配绘标准构造详图,构成完整的结构施工图,简称"平法"制图。在平面上表示各构件尺寸和配筋值的方式,有平面注写方式(标注梁)、列表注写方式(标注柱和剪力墙)和截面注写方式(标注柱和梁)三种。

《混凝土结构施工图平面整体表示方法制图规则和构造详图》(22G101)系列图集包括基础顶面以上的现浇混凝土柱、剪力墙、梁、板(包括有梁楼盖和无梁楼盖)等构件的平法制图规则和标准构造详图两大部分。其中,平法制图规则既是设计者完成平法施工图的依据,也是施工人员、监理人员准确理解和实施平法施工图的依据。

一、柱平法施工图表示方法

柱平法施工图是在柱平面布置图上采用列表注写方式或截面注写方式表达,并按规定注明各结构层的楼面标高、结构层高及相应的结构层号,尚应注明上部结构嵌固部位的位置。

1. 柱列表注写方式

柱列表注写方式是在柱平面布置图上（一般只需采用适当比例绘制一张柱平面布置图，包括框架柱、转换柱、芯柱等），分别在同一编号的柱中选择一个（有时需要选择几个）截面标注几何参数代号；在柱表中注写柱编号、柱段起止标高、几何尺寸（含柱截面对轴线的偏心情况）与配筋的具体数值，并配以各种柱截面形状及其箍筋类型图的方式，来表达柱平法施工图。柱表注写内容规定如下：

(1) 注写柱编号。柱编号由类型代号和序号组成，应符合表 12-6 的规定。

表 12-6 柱编号

柱类型	代号	序号
框架柱	KZ	××
转换柱	ZHZ	××
芯柱	XZ	××

注：编号时，当柱的总高、分段截面尺寸和配筋均对应相同，仅截面与轴线的关系不同时，仍可将其编为同一柱号，但应在图中注明截面与轴线的关系。

(2) 注写各段柱的起止标高。自柱根部往上以变截面位置或截面未变但配筋改变处为界分段注写。

梁上起框架柱的根部标高系指梁顶面标高；剪力墙上起框架柱的根部标高系指墙顶面标高。从基础起的柱，其根部标高系指基础顶面标高。

当屋面框架梁上翻时，框架柱顶标高应为梁顶标高。

芯柱的根部标高系指根据结构实际需要而定的起始位置标高。

(3) 对于矩形柱，注写柱截面尺寸 $b×h$ 及与轴线关系的几何参数代号 b_1、b_2 和 h_1、h_2 的具体数值，需对应于各段柱分别注写。其中，$b=b_1+b_2$，$h=h_1+h_2$。当截面的某一边收缩变化至与轴线重合或偏到轴线的另一侧时，b_1、b_2、h_1、h_2 中的某项为零或为负值。

对于圆柱，表中 $b×h$ 一栏改用在圆柱直径数字前加 d 表示。为表达简单，圆柱截面与轴线的关系也用 b_1、b_2 和 h_1、h_2 表示，并使 $d=b_1+b_2=h_1+h_2$。

对于芯柱，根据结构需要，可以在某些框架柱的一定高度范围内，在其内部的中心位置设置（分别引注其柱编号）。芯柱中心应与柱中心重合，并标注其截面尺寸，按 22G101 图集标准构造详图施工；当设计者采用与标准构造详图不同的做法时，应另行注明。芯柱定位随框架柱，不需要注写其与轴线的几何关系。

(4) 注写柱纵筋。当柱纵筋直径相同，各边根数也相同时（包括矩形柱、圆柱和芯柱），将纵筋注写在"全部纵筋"一栏中；除此之外，柱纵筋分角筋、截面 b 边中部筋和 h 边中部筋三项分别注写（对于采用对称配筋的矩形截面柱，可仅注写一侧中部筋，对称边省略不注，对于采用非对称配筋的矩形截面柱，必须每侧均注写中部筋）。

(5) 注写箍筋类型号及箍筋肢数。在箍筋类型栏内注写按规定的箍筋类型号与肢数。箍筋肢数可有多种组合，应在表中注明具体的数值：m、n 及 Y 等。

(6) 注写柱箍筋，包括钢筋级别、直径与间距。用斜线"/"区分柱端箍筋加密区与柱身非加密区长度范围内箍筋的不同间距。施工人员需根据标准构造详图的规定，在规定的几种长度值中取其最大者作为加密区长度。当框架节点核心区内箍筋与柱端箍筋设置不同时，应在括号中注明核心区箍筋直径及间距。

柱列表注写示例如图 12-13 所示。

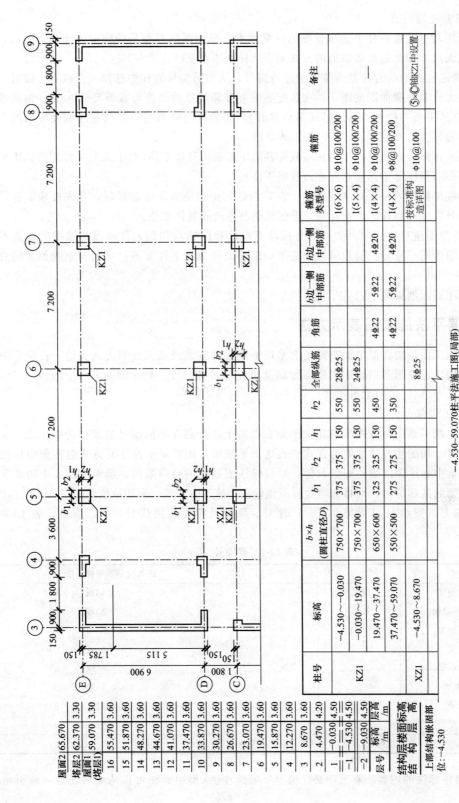

图 12-13 采用柱列表注写方式表达的柱平法施工图例

2. 柱截面注写方式

柱截面注写方式是在柱平面布置图的柱截面上，分别在同一编号的柱中选择一个截面，以直接注写截面尺寸和配筋具体数值的方式来表达柱平法施工图。

(1)对除芯柱外的所有柱截面按规定进行编号，从相同编号的柱中选择一个截面，按另一种比例原位放大绘制柱截面配筋图，并在各配筋图上继其编号后再注写截面尺寸 $b \times h$、角筋或全部纵筋(当纵筋采用一种直径且能够图示清楚时)、箍筋的具体数值，以及在柱截面配筋图上标注柱截面与轴线关系 b_1、b_2、h_1、h_2 的具体数值。

当纵筋采用两种直径时，需再注写截面各边中部筋的具体数值(对于采用对称配筋的矩形截面柱，可仅在一侧注写中部筋，对称边省略不注)。

当在某些框架柱的一定高度范围内，在其内部的中心位置设置芯柱时，首先按规定进行编号，继其编号后注写芯柱的起止标高、全部纵筋及箍筋的具体数值。

(2)在柱截面注写方式中，如柱的分段截面尺寸和配筋均相同，仅截面与轴线的关系不同时，可将其编为同一柱号。但此时，应在未画配筋的柱截面上注写该柱截面与轴线关系的具体尺寸。

柱截面注写示例如图 12-14 所示。

二、梁平法施工图表示方法

梁平法施工图是指在梁平面布置图上采用平面注写方式或截面注写方式表达。在梁平法施工图中，应按规定注明各结构层的顶面标高及相应的结构层号。对于轴线未居中的梁，应标注其偏心定位尺寸(贴柱边的梁可不注)。

1. 平面注写方式

梁施工图的平面注写方式是指在梁平面布置图上，分别在不同编号的梁中选一根梁，在其上注写截面尺寸和配筋具体数值的方式来表达梁平法施工图。梁平面注写方式包括集中标注与原位标注，集中标注表达梁的通用数值，原位标注表达梁的特殊数值。当集中标注中的某项数值不适用于梁的某部位时，则将该项数值原位标注。施工时，原位标注取值优先。

(1)梁编号。梁编号由梁类型代号、序号、跨数及有无悬挑代号组成，应符合表 12-7 的规定。

表 12-7　梁编号

梁类型	代号	序号	跨数及是否带有悬挑
楼层框架梁	KL	××	(××)、(××A)或(××B)
楼层框架扁梁	KBL	××	(××)、(××A)或(××B)
屋面框架梁	WKL	××	(××)、(××A)或(××B)
框支梁	KZL	××	(××)、(××A)或(××B)
托柱转换梁	TZL	××	(××)、(××A)或(××B)
非框架梁	L	××	(××)、(××A)或(××B)
悬挑梁	XL	××	(××)、(××A)或(××B)
井字梁	JZL	××	(××)、(××A)或(××B)

注：(××A)为一端有悬挑，(××B)为两端有悬挑，悬挑不计入跨数。

(2)梁集中标注的内容，有五项必注值及一项选注值(集中标注可以从梁的任意一跨引出)，规定如下：

1)梁编号，见表 12-7，该项为必注值。

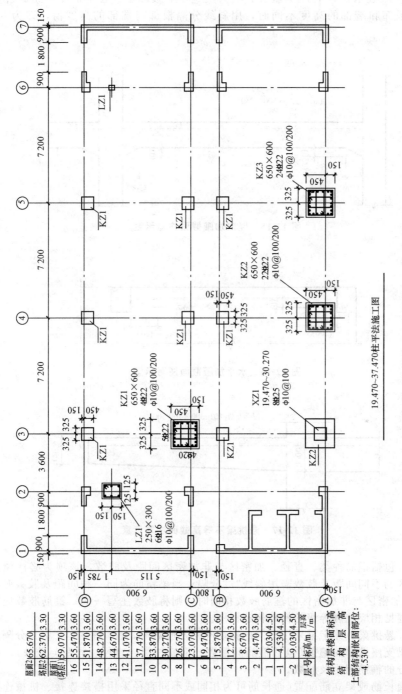

图 12-14 采用截面注写方式表达的柱平法施工图示例

2)梁截面尺寸,该项为必注值。当为等截面梁时,用 $b \times h$ 表示;当为竖向加腋梁时,用 $b \times h \, Y c_1 \times c_2$ 表示,其中 c_1 为腋长,c_2 为腋高(图 12-15);当为水平加腋梁时,一侧加腋时用 $b \times h \, PY c_1 \times c_2$ 表示,其中 c_1 为腋长,c_2 为腋宽,加腋部位应在平面图中绘制(图 12-16);当有悬挑梁且根部和端部的高度不同时,用斜线分隔根部与端部的高度值,即为 $b \times h_1 \times h_2$(图 12-17)。

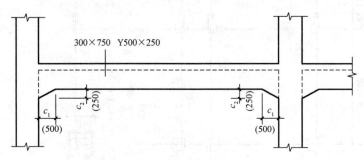

图 12-15 竖向加腋截面注写示意

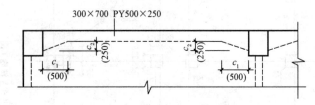

图 12-16 水平加腋截面注写示意

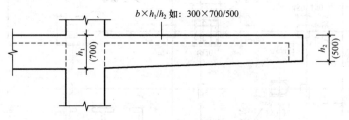

图 12-17 悬挑梁不等高截面注写示意

3)梁箍筋,包括钢筋种类、直径、加密区与非加密区间距及肢数,该项为必注值。箍筋加密区与非加密区的不同间距及肢数需用斜线"/"分隔;当梁箍筋为同一种间距及肢数时,则不需用斜线"/";当加密区与非加密区的箍筋肢数相同时,则将肢数注写一次;箍筋肢数应写在括号内。加密区范围见相应抗震等级的标准构造详图。

非框架梁、悬挑梁、井字梁采用不同的箍筋间距及肢数时,也用斜线"/"将其分隔开来。注写时,先注写梁支座端部的箍筋(包括箍筋的箍数、钢筋种类、直径、间距与肢数),在斜线后注写梁跨中部分的箍筋间距及肢数。

4)梁上部通长筋或架立筋配置(通长筋可为相同或不同直径采用搭接连接、机械连接或焊接的钢筋),该项为必注值。所注规格与根数应根据结构受力要求及箍筋肢数等构造要求而定。当同排纵筋中既有通长筋又有架立筋时,应用加号"+"将通长筋和架立筋相连。注写时需将角部纵筋写在加号的前面,架立筋写在加号后面的括号内,以示不同直径及与通长筋的区别。当全部采用架立筋时,则将其写入括号内。

当梁的上部纵筋和下部纵筋为全跨相同,且多数跨配筋相同时,此项可加注下部纵筋的配筋值,用分号";"将上部与下部纵筋的配筋值分隔开来。

5)梁侧面纵向构造钢筋或受扭钢筋配置,该项为必注值。当梁腹板高度 $h_w \geqslant 450$ mm 时,需配置纵向构造钢筋,所注规格与根数应符合规范规定。此项注写值以大写字母 G 打头,接续注写设置在梁两个侧面的总配筋值,且对称配置。

当梁侧面需配置受扭纵向钢筋时,此项注写值以大写字母 N 打头,接续注写配置在梁两个侧面的总配筋值,且对称配置。受扭纵向钢筋应满足梁侧面纵向构造钢筋的间距要求,且不再重复配置纵向构造钢筋。

6)梁顶面标高高差,该项为选注值。梁顶面标高高差是指相对于结构层楼面标高的高差值;对于位于结构夹层的梁,则指相对于结构夹层楼面标高的高差。有高差时,需将其写入括号内,无高差时不注。

【注意】 当某梁的顶面高于所在结构层的楼面标高时,其标高高差为正值;反之,为负值。

(3)梁原位标注的内容规定如下:

1)梁支座上部纵筋,该部位含通长筋在内的所有纵筋:

①当上部纵筋多于一排时,用斜线"/"将各排纵筋自上而下分开。

②当同排纵筋有两种直径时,用加号"+"将两种直径的纵筋相联,注写时将角部纵筋写在前面。

③当梁中间支座两边的上部纵筋不同时,须在支座两边分别标注;当梁中间支座两边的上部纵筋相同时,可仅在支座的一边标注配筋值,另一边省去不注(图12-18)。

④对于端部带悬挑的课,其上部纵筋注写在悬挑梁根部支座部位。当支座两边的上部纵筋相同时,可仅在支座的一边标注配筋值。

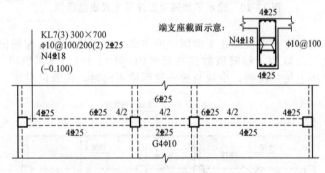

图 12-18 大小跨梁的注写示意

2)梁下部纵筋:

①当下部纵筋多于一排时,用斜线"/"将各排纵筋自上而下分开。

②当同排纵筋有两种直径时,用加号"+"将两种直径的纵筋相联,注写时角筋写在前面。

③当梁下部纵筋不全部伸入支座时,将不伸入梁支座的下部纵筋数量写在括号内。

④当梁的集中标注中已按规定分别注写了梁上部和下部均为通长的纵筋值时,则不需在梁下部重复做原位标注。

⑤当梁设置竖向加腋时,加腋部位下部斜纵筋应在支座下部以 Y 打头注写在括号内(图12-19),本图集中,框架梁竖向加腋构造适用于加腋部位参与框架梁计算,其他情况设计者应另行给出构造。当梁设置水平加腋时,水平加腋内上、下部斜纵筋应在加腋支座上部以 Y 打头注写在括号内,上下部斜纵筋之间用斜线"/"分隔(图12-20)。

3)当在梁上集中标注的内容(即梁截面尺寸、箍筋、上部通长筋或架立筋,梁侧面纵向构造钢筋或受扭纵向钢筋,以及梁顶面标高高差中的某一项或几项数值)不适用于某跨或某悬挑部分时,则将其不同数值原位标注在该跨或该悬挑部位,施工时应按原位标注数值取用。

当在多跨梁的集中标注中已注明加腋,而该梁某跨的根部却不需要加腋时,则应在该跨原位标注等截面的 $b \times h$,以修正集中标注中的加腋信息(图12-19)。

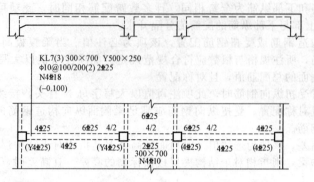

图 12-19 梁竖向加腋平面注写方式表达示例

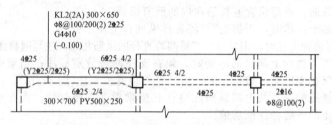

图 12-20 梁水平加腋平面注写方式表达示例

4) 附加箍筋或吊筋,将其直接画在平面图中的主梁上,用线引注总配筋值。对于附加箍筋,设计尚应注明附加箍筋的肢数,箍筋肢数注在括号内(图 12-21)。当多数附加箍筋或吊筋相同时,可在梁平法施工图上统一注明,少数与统一注明值不同时,再原位引注。

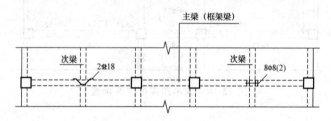

图 12-21 附加箍筋和吊筋的画法示例

梁平面注写方式示例如图 12-22 所示。

注:本图四个梁截面是采用传统表示方法绘制,用于对比按平面注写方式表达的同样内容。当实际采用平面注写方式表达时,不需绘制梁截面配筋和图 5-27 中的相应截面号。

2. 截面注写方式

梁平法截面注写方式是在分标准层绘制的梁平面布置图上,分别在不同编号的梁中各选择一根梁用剖面号引出配筋图,并在其上注写截面尺寸和配筋具体数值的方式来表达梁平法施工图。

(1) 对所有梁按表 12-7 的规定进行编号,从相同编号的梁中选择一根梁,用剖面号引出截面位置,再将截面配筋详图画在本图或其他图上。当某梁的顶面标高与结构层的楼面标高不同时,尚应继其梁编号后注写梁顶面标高差(注写规定与平面注写方式相同)。

(2) 在截面配筋详图上注写截面尺寸 $b \times h$、上部筋、下部筋、侧面构造筋或受扭筋以及箍筋的具体数值时,其表达形式与平面注写方式相同。

(3) 截面注写方式既可以单独使用,也可与平面注写方式结合使用。

梁截面注写方式示例如图 12-23 所示。

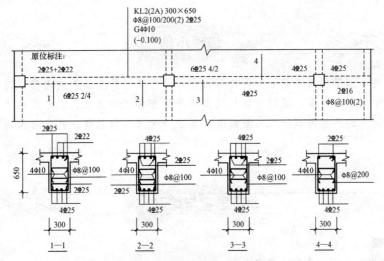

图 12-22 梁平面注写方式示例

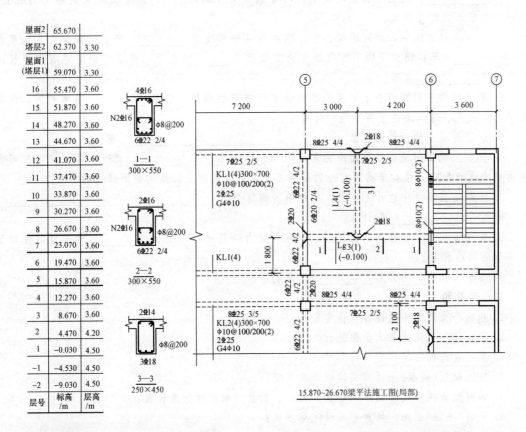

图 12-23 采用截面注写方式表达的梁平法施工图示例

模块小结

本模块主要介绍了钢筋混凝土构件的画法和尺寸标注结构施工图的内容、楼层结构平面图整体标注的图示方法与要求,混凝土结构施工图平面整体表示方法。文章结构大体采用:××图的形成→××图的图示内容→××图的图示方法→××图的识读,并在有关内容后面介绍了识读的案例。

思考与练习

一、填空题

1. 建筑结构施工图的内容主要包括_____、_____和_____三部分。
2. _____一般设置在梁的受压区,与纵向受力钢筋平行,用于固定梁内钢筋的位置,并与受力筋形成钢筋骨架。
3. 在结构平面图中,剖到的梁、板、墙身可见轮廓线用_____表示;楼板可见轮廓线用_____表示;楼板下的不可见墙身轮廓线用_____表示;可见的钢筋混凝土楼板的轮廓线用_____表示。
4. 屋面结构平面图是表示屋面承重构件平面布置的图样,它与_____基本相同,但要表示出上人孔、通风道等预留孔洞的位置等。
5. 钢筋混凝土构件详图包括_____、_____和_____三部分。
6. 柱平法施工图是在柱平面布置图上采用_____或_____表达,并按规定注明各结构层的楼面标高、结构层高及相应的结构层号,还应注明上部结构嵌固部位的位置。
7. 按钢筋在构件中的作用不同,构件中的钢筋分为_____、_____、_____、_____等。
8. 架立筋一般设置在梁的受压区,与纵向受力钢筋平行,用于_____的位置,并与受力筋形成钢筋骨架。
9. 在结构图中,通常用_____表示钢筋。

二、简答题

1. 基础平面图的图示内容包括哪些?
2. 基础详图识读的基本步骤是什么?
3. 基础设计说明包括哪些内容?
4. 简述梁板(楼板)平面图阅读的读图步骤。
5. 如何配置构件内部钢筋的形状、大小、数量、级别和排放位置?
6. 何谓"平法"制图?其有哪几种注写方式?
7. 什么是柱列表注写方式?

三、实训题

结合结构施工图进行识图训练。

模块十三 室内设备施工图

知识目标

(1) 了解设备施工图的分类、组成与特点,掌握常用图例与符号。
(2) 掌握施工图的图示内容和图示方法。
(3) 掌握室内给水排水施工图、采暖施工图及电气施工图的识读方法。

能力目标

(1) 能够读懂系统平面图和轴测图。
(2) 会进行室内给水排水施工图、采暖施工图及电气施工图的识读。

素养目标

(1) 培养爱岗敬业的优秀品质及团结协作的能力。
(2) 培养新技能、新知识的学习能力和解决实际问题的能力。
(3) 培养符合实际岗位的动手操作能力。

建筑设备既是保障一幢房屋能够正常使用的必备条件,也是房屋的重要组成部分。整套的设备工程一般包括给水排水设备、供暖设备、电气设备等。

单元一 室内给水排水施工图

一、给水排水系统施工图常用图例

室内给水排水施工图是表示房屋中卫生器具、给水排水管道及其附件的类型、大小以及与房屋的相对位置和安装方式的工程图。在给水排水系统的施工图中,一般都采用规定的图形符号来表示,表13-1列出了一些常用的图例符号。

表13-1 给水排水施工图常用图例

序号	名称	图例	序号	名称	图例
1	生活给水管	────J────	5	浴盆	

续表

序号	名称	图例	序号	名称	图例
2	废水管	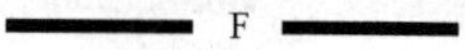 —— F ——	6	盥洗槽	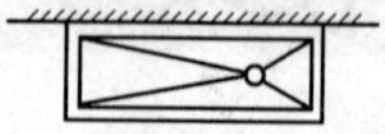
3	污水管	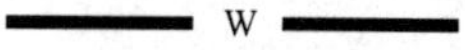 —— W ——	7	壁挂式小便器	
4	立式洗脸盆		8	蹲式大便器	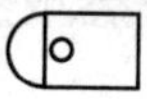
9	坐式大便器	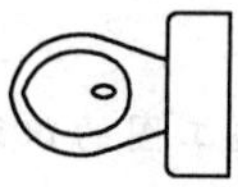	15	卧式水泵	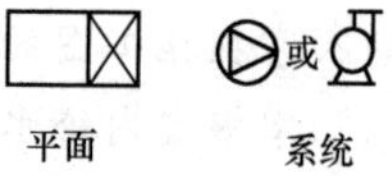 平面　系统
10	小便槽		16	水表	
11	污水池		17	水表井	
12	清扫口	 平面　系统	18	阀门井 检查井	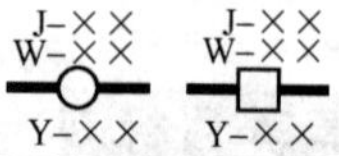 J—××　J—×× W—××　W—×× Y—××　Y—××
13	圆形地漏	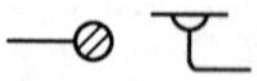	19	浮球阀	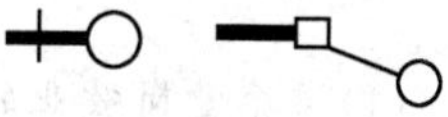 平面　系统
14	水嘴	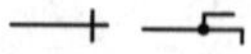 平面　系统	20	立管检查口	

二、室内给水排水施工图的分类、组成与表达特点

1. 给水排水施工图的分类及组成

给水排水工程图是建筑工程图的组成部分，按其内容及作用的不同，可分为室内给水排水工程图和室外给水排水工程图两大类。

(1)室内给水排水工程图(又称建筑给水排水施工图)主要表示一幢建筑内或一片小区内建筑物的生活、生产、消防给水设施和生活、生产污废水及屋面雨、雪水排除设施。它包括平面图、系统图、屋面雨水平面图、剖面图、详图等。本章主要讲室内给水排水工程图。

(2)室外给排水工程图表示的范围较广，它可表示一幢建筑物外部的给水排水工程，也可表示一个厂区(建筑小区)或一个城市的给水排水工程。其内容可包括平面图、高程图、纵断面图、详图。

2. 给水排水施工图的表达特点

(1)给水排水施工图中的平面图、详图等，均采用正投影法绘制。

(2)给水排水系统图宜按45°正面斜轴测投影法绘制。管道系统图应与平面图布图方向一致，并宜按比例绘制。当局部管道按比例不易表示清楚时，可不按比例绘制。

(3)给水排水施工图中管道附件和设备等，一般采用统一图例表示。

(4)给水及排水管道一般采用单线画法，以粗线绘制。

(5)有关管道的连接配件属规格统一的定型工业产品,在图中均不予画出。

(6)在给水排水施工图中,管道类别应以汉语拼音字母表示。

(7)给水排水施工图中,管道设备的安装应与土建施工图相互配合,尤其在留洞、预埋件、管沟等方面对土建的要求,须在图纸上注明。

三、室内给水排水施工图的图示内容和图示方法

室内给水排水工程施工图主要反映一幢建筑物内给水、排水管道的走向和建筑设备的布置情况。室内给水方式、排水体制、管道敷设形式、给水升压设备和污水局部处理构筑物等,均可在图纸上表达出来。

(一)管道平面布置图

1. 管道平面布置图的内容

管道平面布置图表明建筑物内给排水管道、用水设备、卫生器具、污水处理构筑物等的各层平面布置。其包括以下几个方面的内容:

(1)建筑物内用水房间的平面分布情况。

(2)卫生器具、热交换器、贮水罐、水箱、水泵、水加热器等建筑设备的类型、平面布置、定位尺寸。

(3)污水局部构筑物的种类和平面位置。

(4)给水和排水系统中的引入管、排出管、干管、立管、支管的平面位置、走向、管径规格、系统编号、立管编号以及室内外管道的连接方式等。

(5)管道附件的平面布置、规格、型号、种类以及敷设方式。

(6)给水管道上水表的位置、类型、型号以及水表前后阀门的设置情况。

2. 管道平面布置图的画法

(1)绘制房屋平面图。室内给水排水管道画在房屋平面图上,房屋平面图只需画出与管道布置和用水设备有关的房间。底层平面图必须单独画出,楼层的用水设备和管道布置完全相同时,可只画一个平面图。对于不同布置的楼层,则需分别画出。

绘制房屋建筑平面图一般用细实线画主要的墙、柱、门、窗等位置,门窗不必注出代号,门可不画开启方向只画出门洞,窗可只画图例不画窗台。只画部分房屋平面图时,必须将这些房间的定位轴线用细点画线画出,其编号与房屋建筑平面图的定位轴线编号相同。

管道平面布置图的比例可根据需要放大,也可与房屋建筑平面图比例相同。

(2)绘制建筑设备平面图。卫生器具、用水设备、水泵、水箱等建筑设备在房屋建筑平面图中一般均已布置好,可直接抄绘于管道平面布置图上。如果房屋建筑平面图上没有绘制,可由给水排水设计人员直接画在管道平面布置图上,各类设备均采用中实线绘制,不标注尺寸,如有特殊需要时,可标注相应中心线定位尺寸。

(3)绘制管道。给水和排水管道在平面图上,不分管径大小一律用单线表示法表示,给水管画成粗实线,排水管画成粗虚线。

管道上的各种管件、阀门、附件等,均用图例表示。平面布置图中,管道一般不必标注管径、长度和坡度。为了便于与系统图对照,管道应按系统加以标记和编号。给水管道以每一个引入管为一个系统,排水管道以每一个排出管或几条排出管汇集至室外检查井为一个系统。系统编号的标志是在10 mm的圆圈内过中心画一条水平线,水平线上用大写汉语拼音字母表示管道类别。

给水立管和排水立管一般用涂黑的小圆圈表示。当建筑物内穿过一层及多于一层楼的立管,其数量多于一个时,宜标注立管编号。

(二)管道系统轴测图

1. 管道系统轴测图的内容

室内给水和排水管道系统轴测图通常采用斜等轴测图形式,主要表明管道的立体走向,其内容主要包括以下几项:

(1)表明自引入管、干管、立管、支管至用水设备或卫生器具的给水管道的空间走向和布置情况。

(2)表明自卫生器具至污水排出管的空间走向和布置情况。

(3)管道的规格、标高、坡度,以及系统编号和立管编号。

(4)水箱、加热器、热交换器、水泵等设备的接管情况、设置标高、连接方式。

(5)管道附近的设置情况。

(6)排水系统通气管设置方式,与排水管道之间的连接方式,伸顶通气管上的通气帽的设置及标高。

(7)室内雨水管道系统的雨水斗与管道连接形式,雨水斗的分布情况,以及室内地下检查井的设置情况。

2. 管道系统轴测图的画法

给水管道用粗实线表示,排水管道用粗虚线表示。画图时,第一步画立管,定出地坪线、各层地面线及屋面线;第二步,画给水引入管或污水排出管,同时将建筑物外墙位置画出来;第三步,从立管上引出各横管及支管;第四步,在横向管道上画出给水系统的水龙头、冲洗水箱、淋浴喷头,在排水管道系统中画清扫口、地漏、存水弯、连接支管等。第五步,标注管径、标高、坡度等数字。

3. 管道系统轴测图的尺寸标注

给水排水管道的管径以"mm"为单位进行标注,并且只写代号不写单位。在给水管道的直线管段中,只需在管径发生变化的分支点的起端和终端的管段旁注出管径,中间管段可以不标注。对于在主管上分支的支管,需在三通或四通的起点标注管径。

管道系统轴测图上应标注底层地面、各楼层地面及屋面标高。室内给水排水管道的标高均为管中心标高,给水管道要标注引入管、各层水平管段、阀门、水龙头、用水设备连接支管、淋浴器莲蓬头、水箱进水管及出水管等的标高。排水管道要标注排出管、各层水平横支管的起点标高,检查口与通气管上通气帽的标高以及检查井井底标高。

(三)详图

室内给水排水管道的平面布置图和系统轴测图都是用图例表示的,它只能显示管道的布置、走向等情况,因此,对于卫生器具、用水设备、泵及其附属设备的安装及管道的连接,以管道局部节点的详细构造、安装要求等,还都必须绘制详图。

详图采用的比例通常较大,一般为1:20~1:10,图要画得详细,各部分尺寸要准确。材料的名称、规格也要注写清楚。

四、室内给水排水施工图的识读

室内给水排水管道施工图识读时,应以系统为单位,沿水流方向看下去,即给水管道的看图顺序是自引入管、干管、立管、支管至用水设备或卫生器具的进水接口(或水龙头);排水管道的看图顺序是自器具排水管(有的为存水弯)、排水横支管、排水立管至排出管。

在房屋内部,凡需要用水的房间,均需要配以卫生设备和给水用具。图 13-1 所示为某学生宿舍的室内给水管网平面布置图，其主要表示供水管线的平面走向以及各用水房间所配备的卫生设备和给水用具。

从图 13-1(a)中可以看出，给水引入管通过室外阀门井后引入楼内，形成地下水平干管，再由墙角处三根立管上来，由水平支管沿两侧墙面纵向延伸，分别经过四个蹲式大便器和盥洗槽；另一侧水平支管分别经过一个小便槽和拖布盆，以及两个淋浴间，然后由立管处再向上层各屋供水。地漏的位置和各给水用具均已在图中标出，故按照给水管的平面顺序较容易看懂该图。请读者试着识读图 13-1(b)。

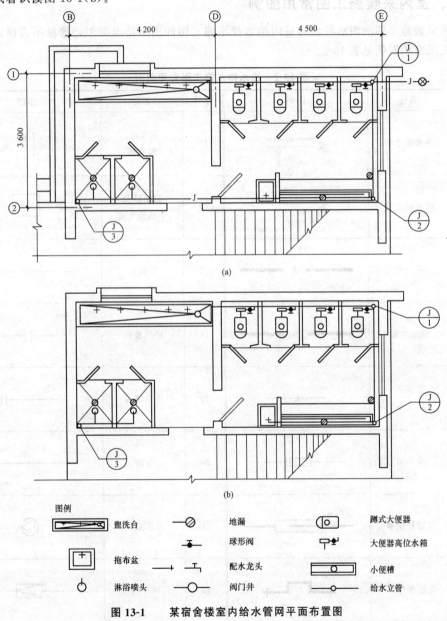

图 13-1　某宿舍楼室内给水管网平面布置图
(a)底层给水管网平面布置图；(b)二、三层给水管网平面布置图

单元二　室内采暖施工图

一、室内采暖施工图常用图例

室内采暖施工图的图示特点与室内给水排水施工图的图示特点类似，这里不再详述。室内采暖施工图常用图例见表13-2。

表13-2　给水排水施工图常用图例

序号	名称	图例	序号	名称	图例
1	热水给水管	或 ——RJ——	15	集气罐、放气阀	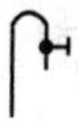
2	热水回水管	或 ——RH——	16	散热器及手动放气阀	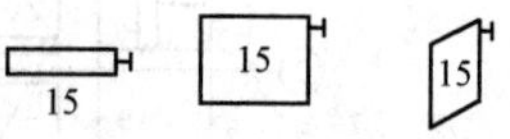 15　15　15
3	蒸汽管	——Z——	17	活接头	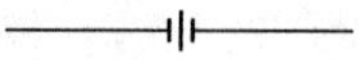
4	凝结水管	——N——	18	法兰连接	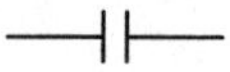
5	管道固定支架	 ※	19	法兰堵盖	
6	补偿器	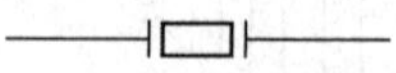	20	管堵	
7	套管补偿器		21	水泵	
8	方形伸缩器		22	减压阀	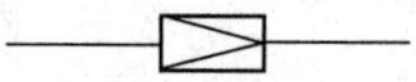

续表

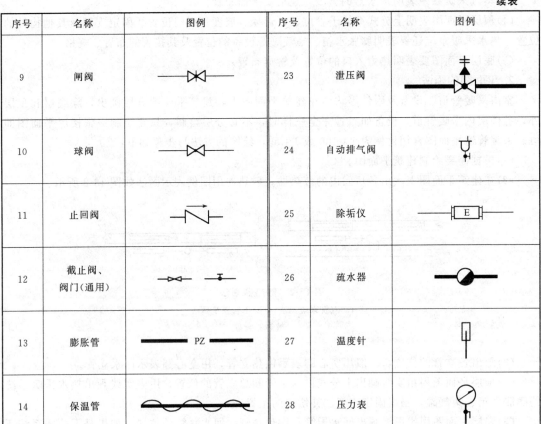

二、室内采暖施工图的分类与组成内容

采暖工程可分为室内和室外两大部分。室内部分表示一幢建筑物的供暖工程，其工程图含有供暖系统平面图、系统轴测图和详图等；室外部分表示一个区域的供暖管网，其工程图含有总平面图、管道横剖面图、管道纵剖面和详图等。以上两部分均有设计及施工说明，其主要内容有热源、系统方案及用户要求等设计依据，以及材料和施工等要求。

室内采暖管道施工图一般由平面图、系统图和详图组成。采暖设备、管路、阀门及管路附件等都用图例表示，画在建筑图上，因此，室内采暖管道施工图与室内给水排水管道施工图一样，具有示意性和对建筑物依附性的特点，在画图和看图时必须充分注意到这些特点。

三、室内采暖施工图的图示内容和图示方法

(一) 管道平面图

1. 平面图的内容

室内采暖管道平面图表明管道、附件及散热器在建筑物内的平面位置及相互关系。其可分为底层平面图、楼层平面图及顶层平面图三种。其主要内容如下：

(1) 散热器或热风机的平面位置、散热器种类、片数及安装方式，即散热器是明装、暗装或半暗装。

(2) 立管的位置及编号，立管与支管和散热器的连接方式。

(3)蒸汽采暖系统表明疏水器的类型、规格及平面布置。

(4)顶层平面图表明上分式系统干管位置、管径、坡度、阀门位置、固定支架及其他构件的位置。热水采暖系统还要表明膨胀水箱、集气罐等设备的位置及其接管的布置、规格。

(5)底层平面图要表明热力入口的位置及管道布置。

2. 平面图的画法

室内采暖管道、设备及附件等均画在建筑平面图上，建筑平面图分层画出，除底层和顶层外，各楼层内采暖管道、设备如布置完全一样时，不必分层绘制，只要绘制一张楼层平面图即可。采暖管道平面图常用比例为1∶100或1∶50，绘图的方法与步骤如下：

(1)根据需要绘制建筑平面图。

(2)在建筑平面图上画出各房间内的散热器，散热器用图例表示画法如图13-2所示。

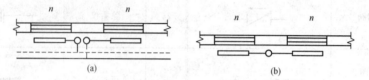

图 13-2　散热器画法
（a）双管系统画法；（b）单管系统画法
n——散热器数量

(3)画出各立管的位置，一般用实心圆表示供热立管，用空心圆表示回水立管。

(4)顶层平面图用粗实线画出上分式供水干管和总立管的位置，用中实线画出热水采暖系统的膨胀水箱、集气罐，画出固定支架、补偿器的位置。

(5)底层平面图用粗虚线画出回水干管和供热总管、回水总管的位置，如果是下分式系统还要画出供水干管的位置，画出固定支架、补偿器的位置，如有过门装置、放水装置等要画出这些装置的位置及阀门、附件等。底层的热力入口比较简单时，将热力入口装置上的控制阀门、仪表、附件等按设置要求画出来。

(6)管道要注明管径、坡度，每根立管都标注立管编号，立管编号用直径为8～10 mm的圆圈内注阿拉伯数字表示。

（二）管道系统图

1. 系统图的内容

系统图是表示采暖系统空间布置情况和散热器连接形式的立体轴测图，反映系统的空间形式。其主要内容如下：

(1)从热力入口至系统出口的管道总立管、供水(汽)干管、立管、散热器支管、回(凝结)水干管之间的连接方式、管径、水平管道的标高、坡度及坡向。

(2)散热器、膨胀水箱、集气罐等设备的位置、规格、型号及接管的管径、阀门的设置。

(3)与管道安装相关的建筑物的尺寸，如各楼层的标高、地沟位置及标高等也要表示出来。

热水供暖系统膨胀水箱冒水的原因如下：

(1)膨胀水箱设置的位置低，系统运行时满足不了压力波动的需求。无论是自然循环热水供暖系统，还是机械循环热水供暖系统，膨胀水箱都应设置在系统的最高点。膨胀水箱在系统运行时，起着容纳膨胀水箱容量、定压（机械循环）排气（自然循环）的作用。自然循环膨胀水箱的位置应高于系统 3 m 以上，机械循环膨胀水箱的位置应高于系统 2 m 以上。

（2）膨胀水箱与供暖系统连接的位置不正确。自然循环热水供暖系统膨胀水箱应与供水立管相连，位于系统的最高端，水平干管低头安装，膨胀水箱起排气的作用；机械循环热水供暖系统的膨胀水箱与回水干管相连，膨胀管设置在循环水泵吸水口前 1.5~2.0 m，膨胀水箱起定压作用。

（3）膨胀水箱容积小，容纳不了系统膨胀水箱容量。随着供暖系统的扩大，热源担负的负荷增加。

（4）供暖系统附属设备选择不合理，循环水泵扬程太大。

2. 系统图的画法

在采暖系统中，系统图用单线绘制，与平面图比例相同。系统采用前实后虚的画法，表达前后的遮挡关系。系统图上标注各管段管径的大小，水平管的标高、坡度、散热器及支管的连接情况，对照平面图可反映系统的全貌。

（1）散热器的画法及数量、规格的标注如图 13-3 所示。

（2）系统图中的重叠、密集处可断开引入绘制，如图 13-3 所示。

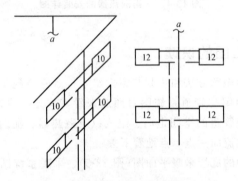

图 13-3　系统图中散热器画法及标注

（三）详图

采暖平面图和系统图难以表达清楚而又无法用文字加以说明的问题，可以用详图表示。详图包括标准图、节点详图和安装详图。

1. 标准图

在设计中，有的设备、器具的制作和安装，某些节点的结构做法和施工要求是通用的、标准的，因此，设计时直接选用国家和地区的标准图集及设计院的重复使用图集，不再绘制这些详细图样，只在设计图纸上注出选用的图号，即通常使用的标准图。有些图是施工中通用的，但非标准图集中使用的，所以，习惯上人们将这些图与标准图集中的图一并称为重复使用图。

2. 节点详图

节点详图是用放大的比例尺，画出复杂节点的详细结构，一般包括用户入口、设备安装、分支管大样、过门地沟等。

3. 安装详图

图 13-4 所示是一组散热器的安装详图。图中表明散热器支管与散热器和立管之间的连接形式，散热器与地面、墙面之间的安装尺寸、结合方式及结合件本身的构造等。

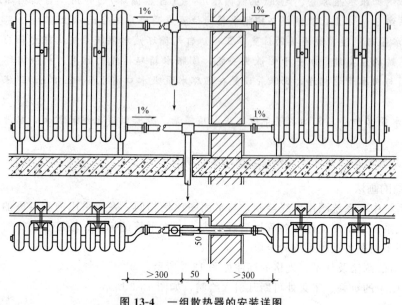

图 13-4 一组散热器的安装详图

四、室内采暖施工图的识读

室内采暖管道施工图的识读方法和步骤与室内给水排水管道施工图的识读方法和步骤基本相同。识读时，必须将平面图与管道系统图对照起来看，首先看建筑物的朝向、分间、楼梯、出入口等情况，然后搞清楚管道的空间走向、组成以及散热器、辅助设备等的基本情况，看图时从热力入口开始，沿介质流向一点一点地看下去。

现以某学院学生公寓中的底层采暖平面图（图 13-5）、采暖系统图（图 13-6）为例，说明室内采暖施工图的识读方法。

(1) 通过半面图对建筑平面布置情况进行了解：了解建筑物总长、总宽及建筑轴线情况。学生公寓总长为 32.9 m，总宽为 15.5 m，东西向定位轴线为 ①～⑩，南北向定位轴线为 Ⓐ～Ⓓ。了解建筑物朝向、出入口和分间情况。该建筑物坐北朝南，建筑出入口有两处，其中一处在 ⑤～⑥ 轴线之间，并设楼梯通向二楼，另一处在 Ⓑ～Ⓒ 轴线之间。一层有 16 个房间，其余各层有 17 个房间，大小面积相等。

(2) 掌握散热器的布置情况。本例散热器全部在各个房间靠窗户一侧、靠墙布置。散热器的片数都标注在散热器图例内或边上，一层和四层各房间内散热器均为 12 片，二、三层各房间内散热器均为 11 片。

(3) 了解室内采暖系统形式及热力入口情况。通过对系统图的识读，可知本例是双管上分式热水采暖系统，热媒干管由南向北穿过 Ⓐ 轴外墙进入楼内。

(4) 了解管路系统的空间走向、立管设置、标高、管径、坡度等。

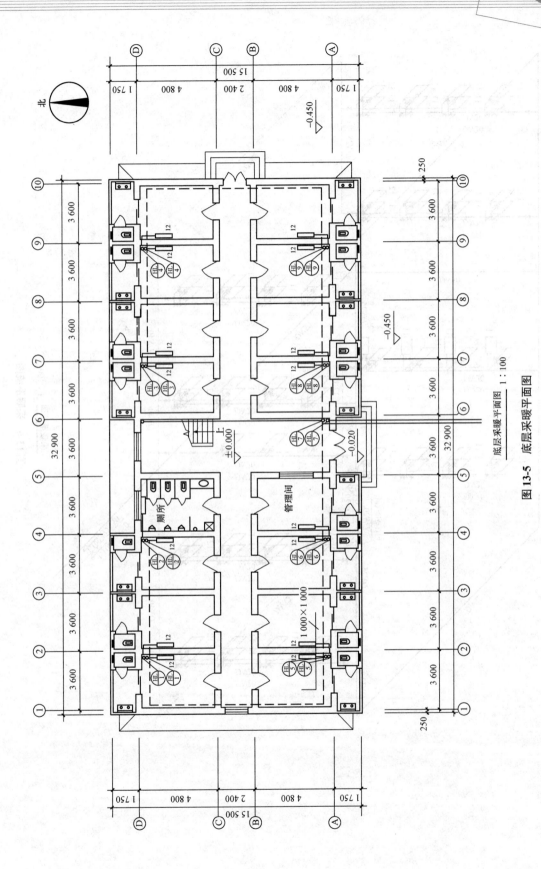

图13-5 底层采暖平面图

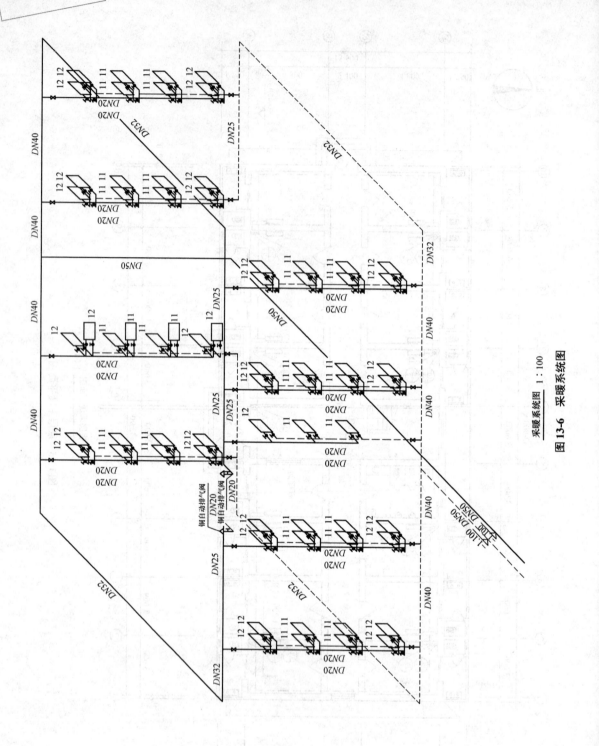

图 13-6 采暖系统图

单元三 室内电气施工图

一、室内电气施工图常用图例和符号

图形符号是构成电气图的基本单元。电气工程图形符号的种类很多，一般都画在电气系统图、平面图、原理图和接线图上，用于标明电气设备、装置、元器件及电气线路在电气系统中的位置、功能和作用。

建筑电气工程图中通用的图形符号见表13-3。

表13-3 建筑电气工程图形符号

序号	常用图形符号		说明	应用类别	序号	常用图形符号		说明	应用类别
	形式1	形式2				形式1	形式2		
1			导线组（示出导线数，如示出三根导线）	电路图、接线图、平面图、总平面图、系统图	11			进入线束的点（本符号不适用于表示电气连接）	电路图、接线图、平面图、总平面图、系统图
2			软连接		12			电阻器，一般符号	
3			端子		13			电容器，一般符号	
4			端子板	电路图	14			半导体二极管，一般符号	电路图
5			T型连接	电路图、接线图、平面图、总平面图、系统图	15			发光二极管，一般符号	
6			导线的双T连接		16			双向三级闸流晶体管	
7			跨接连接（跨越连接）		17	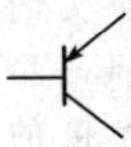		PNP晶体管	
8			阴接触件（连接器的）、插座	电路图、接线图、系统图	18			电机，一般符号，见注2	电路图、接线图、平面图、系统图
9			阳接触件（连接器的）、插头	电路图、接线图、平面图、系统图					
10			定向连接		19	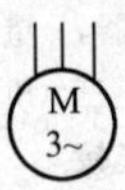		三相笼式感应电动机	电路图

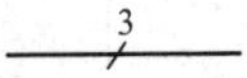

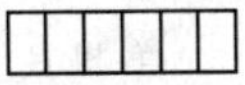

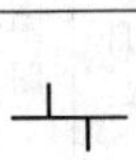

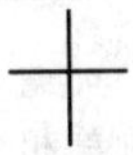

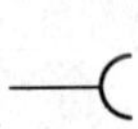

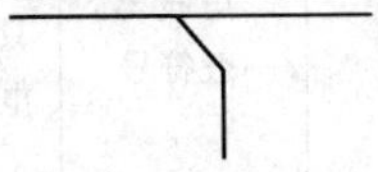

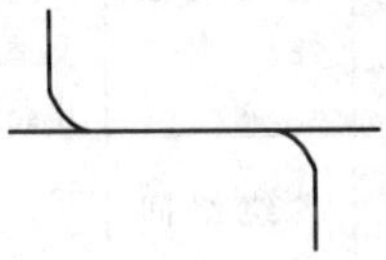

265

续表

序号	常用图形符号 形式1	常用图形符号 形式2	说明	应用类别	序号	常用图形符号 形式1	常用图形符号 形式2	说明	应用类别
20			单相笼式感应电动机有绕组分相引出端子	电路图	28			具有分接开关的三相变压器，星形—三角形连接	电路图、接线图、平面图、系统图 形式2只适用于电路图
21			三相绕线式转子感应电动机		29			三相变压器，星形—星形—三角形连接	电路图、接线图、系统图 形式2只适用于电路图
22			双绕组变压器，一般符号（形式2可表示瞬时电压的极性）	电路图、接线图、平面图、总平面图、系统图 形式2只适用于电路图	30			自耦变压器，一般符号	电路图、接线图、平面图、总平面图、系统图 形式2只适用于电路图
23			绕组间有屏蔽的双绕组变压器		31			单相自耦变压器	
24			一个绕组上有中间抽头的变压器		32			三相自耦变压器，星形连接	电路图、接线图、系统图 形式2只适用于电路图
25			星形—三角形连接的三相变压器	电路图、接线图、平面图、总平面图、系统图 形式2只适用于电路图	33			可调压的单相自耦变压器	
26			具有4个抽头的星形—星形连接的三相变压器		34			三相感应调压器	电路图、接线图、系统图 形式2只适用于电路图
27			单相变压器组成的三相变压器，星形—三角形连接		35			电抗器，一般符号	

续表

序号	常用图形符号 形式1	常用图形符号 形式2	说明	应用类别	序号	常用图形符号 形式1	常用图形符号 形式2	说明	应用类别
36			电压互感器	电路图、接线图、系统图 形式2只适用于电路图	42			具有两个铁心，每个铁心有一个次级绕组的三个电流互感器，见注3	电路图、接线图、系统图 形式2只适用于电路图
37			电流互感器，一般符号	电路图、接线图、平面图、总平面图、系统图 形式2只适用于电路图	43		L1、L3	两个电流互感器，导线L1和导线L3；三个次级引线引出	电路图、接线图、系统图
38			具有两个铁心，每个铁心有一个次级绕组的电流互感器，见注3，其中形式2中的铁心符号可以略去	电路图、接线图、系统图 形式2只适用于电路图	44		L1、L3	具有两个铁心，每个铁心有一个次级绕组的两个电流互感器，见注3	电路图、接线图、系统图 形式2只适用于电路图
					45			物件，一般符号	电路图、接线图、平面图、系统图
					46				
39			在一个铁心上具有两个次级绕组的电流互感器，形式2中的铁心符号必须画出	电路图、接线图、系统图 形式2只适用于电路图	47	注4			
					48			有稳定输出电压的变换器	电路图、接线图、系统图
40			具有三条穿线一次导体的脉冲变压器或电流互感器		49			频率由f1变到f2的变频器（f1和f2可用输入和输出频率的具体数值代替）	电路图、接线图、系统图
41			三个电流互感器（四个次级引线引出）		50			直流/直流变换器	电路图、接线图、系统图

续表

序号	常用图形符号 形式1	常用图形符号 形式2	说明	应用类别	序号	常用图形符号 形式1	常用图形符号 形式2	说明	应用类别
51			整流器	电路图、接线图、系统图	64			延时断开的动合触点（当带该触点的器件被释放时，此触点延时断开）	
52			逆变器		65			延时断开的动断触点（当带该触点的器件被吸合时，此触点延时断开）	
53			整流器/逆变器						
54			原电池长线代表阳极，短线代表阴极						
55			静止电能发生器，一般符号	电路图、接线图、平面图、系统图	66			延时闭合的动断触点（当带该触点的器件被释放时，此触点延时闭合）	电路图、接线图
56			光电发生器	电路图、接线图、系统图	67			自动复位的手动按钮开关	
57			剩余电流监视器		68			无自动复位的手动旋转开关	
58			动合（常开）触点，一般符号；开关，一般符号	电路图、接线图	69			具有动合触点且自动复位的蘑菇头式的应急按钮开关	
59			动断（常闭）触点						
60			先断后合的转换触点						
61			中间断开的转换触点	电路图、接线图	70			带有防止无意操作的手动控制的具有动合触点的按钮开关	
62			先合后断的双向转换触点						

续表

序号	常用图形符号 形式1	形式2	说明	应用类别	序号	常用图形符号 形式1	形式2	说明	应用类别
71	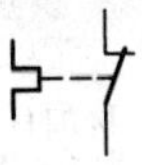		热继电器,动断触点	电路图、接线图	82			剩余电流动作断路器	电路图、接线图
72	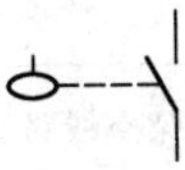		液位控制开关,动合触点	电路图、接线图	83			带隔离功能的剩余电流动作断路器	
73	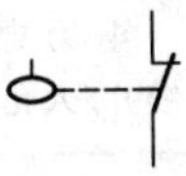		液位控制开关,动断触点		84			继电器线圈,一般符号;驱动器件,一般符号	
74	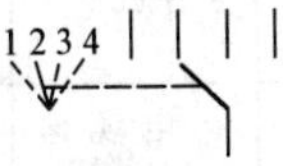		带位置图示的多位开关,最多四位	电路图	85			缓慢释放继电器线圈	
75			接触器;接触器的主动合触点(在非操作位置上触点断开)		86			缓慢吸合继电器线圈	
76			接触器;接触器的主动断触点(在非操作位置上触点闭合)		87			热继电器的驱动器件	
77			隔离器	电路图、接线图	88			熔断器,一般符号	电路图、接线图
78			隔离开关		89			熔断器式隔离器	
79			带自动释放功能的隔离开关(具有由内装的测量继电器或脱扣器触发的自动释放功能)		90			熔断器式隔离开关	
					91			火花间隙	
					92			避雷器	
80			断路器,一般符号		93			多功能电器控制与保护开关电器(CPS)(该多功能开关器可通过使用相关功能符号表示可逆功能、断路器功能、隔离功能、接触器功能和自动脱扣功能。当使用该符号时,可省略不采用的功能符号要素)	电路图、系统图
81			带隔离功能断路器						

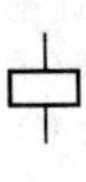

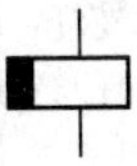

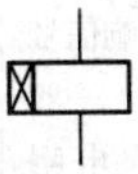

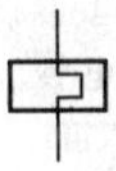

269

续表

序号	常用图形符号 形式1	常用图形符号 形式2	说明	应用类别	序号	常用图形符号 形式1	常用图形符号 形式2	说明	应用类别
94		Ⓥ	电压表	电路图、接线图、系统图	106		•	接闪杆	接线图、平面图、总平面图、系统图
95		Wh	电度表（瓦时计）		107		○—	架空线路	
96		Wh	复费率电度表（示出二费率）		108		▭	电力电缆井/人孔	总平面图
97		⊗	信号灯，一般符号，见注5	电路图、接线图、平面图、系统图	109		⊟	手孔	
98		⌒	音响信号装置，一般符号（电喇叭、电铃、单击电铃、电动汽笛）		110			电缆梯架、托盘和槽盒线路	平面图、总平面图
					111			电缆沟线路	
99		⌒	蜂鸣器		112			中性线	
100		□	发电站，规划的	总平面图	113			保护线	
101		▨	发电站，运行的		114			保护线和中性线共用线	电路图、平面图、系统图
102		⊟	热电联产发电站，规划的		115			带中性线和保护线的三相线路	
103		▨	热电联产发电站，运行的		116			向上配线或布线	
104		○	变电站、配电所，规划的（可在符号内加上任何有关变电站详细类型的说明）		117			向下配线或布线	
					118			垂直通过配线或布线	平面图
					119			由下引来配线或布线	
					120			由上引来配线或布线	
105		⊘	变电站、配电所，运行的		121		⊙	连接盒；接线盒	

续表

序号	常用图形符号 形式1	常用图形符号 形式2	说明	应用类别	序号	常用图形符号 形式1	常用图形符号 形式2	说明	应用类别
122		MS	电动机启动器，一般符号	电路图、接线图、系统图 形式2适用于平面图	134			三联单控开关	平面图
123		SDS	星-三角启动器		135			n联单控开关，n＞3	
124		SAT	带自耦变压器的启动器		136			带指示灯的开关（带指示灯的单联单控开关）	
125		ST	带可控硅整流器的调节-启动器		137			带指示灯双联单控开关	
126			电源插座、插孔，一般符号（用于不带保护极的电源插座），见注6	平面图	138			带指示灯的三联单控开关	
					139			带指示灯的n联单控开关，n＞3	
127	3		多个电源插座（符号表示三个插座）		140			单极限时开关	
128			带保护极的电源插座		141	SL		单极声光控开关	
129			单相二、三极电源插座		142			双控单极开关	
130			带保护极和单极开关的电源插座		143			单极拉线开关	
					144			风机盘管三速开关	
131			带隔离变压器的电源插座（剃须插座）	平面图	145			按钮	
					146			带指示灯的按钮	
132			开关，一般符号（单联单控开关）		147			防止无意操作的按钮（例如借助打碎玻璃罩进行保护）	
133			双联单控开关						

续表

序号	常用图形符号 形式1	常用图形符号 形式2	说 明	应用类别	序号	常用图形符号 形式1	常用图形符号 形式2	说 明	应用类别
148	⊗		灯，一般符号，见注7		155	⊢─┤		荧光灯，一般符号（单管荧光灯）	
149	E		应急疏散指示标志灯		156	⊢═┤		二管荧光灯	
150	→		应急疏散指示标志灯（向右）		157	⊢≡┤		三管荧光灯	
151	←		应急疏散指示标志灯（向左）	平面图	158	⊢n╱┤		多管荧光灯，n>3	平面图
152	⇄		应急疏散指示标志灯（向左、向右）		159	⊢─┤		单管格栅灯	
153	✕		专用电路上的应急照明灯		160	⊢═┤		双管格栅灯	
154	⊠		自带电源的应急照明灯		161	⊢≡┤		三管格栅灯	
					162	⊙		投光灯，一般符号	
					163	⊗→		聚光灯	
					164	⌂		风扇；风机	

二、室内电气工程图的分类与组成内容

（一）电气工程图分类

电气工程图是阐述电气工程的结构和功能，描述电气装置的工作原理，提供安装接线和维护使用信息的施工图。电气工程图按照工程性质，可分为变配电工程图、电力线路工程图、动力与照明工程图、建筑物防雷与接地工程图、建筑电气设备控制工程图、建筑弱电系统工程图等。

（二）电气工程图组成及内容

由于每一项电气工程的规模不同，所以反映该项工程的电气图种类和数量也不尽相同，通常一项工程的电气工程图由以下几部分组成。

1. 首页

首页内容包括电气工程图的图纸目录、图例、设备明细表、设计说明等。图纸目录内容有序号、图纸名称、图纸编号、图纸张数等。图例使用表格的形式列出该系统中使用的图形符号或文字符号，通常只列出本套图纸中所涉及的一些图形符号或文字符号。设备材料明细表只列

出该电气工程所需要的设备和材料的名称、型号、规格和数量等。设计说明（施工说明）主要阐述电气工程设计的依据、工程的要求和施工原则、建筑特点、电气安装标准、安装方法、工程等级、工艺要求及有关设计的补充说明等。

2. 电气总平面图

电气总平面图是在建筑总平面图上表示电源及电力负荷分布的图样，主要表示各建筑物的名称或用途、电力负荷的装机容量、电气线路的走向及变配电装置的位置、容量和电源进户的方向等。通过电气总平面图可了解该项工程的概况，掌握电气负荷的分布及电源装置等。

一般大型工程都有电气总平面图，中、小型工程则由动力平面图或照明平面图代替。

3. 电气系统图

电气系统图是用单线图表示电能或电信号接回路分配出去的图样，主要表示各个回路的名称、用途、容量以及主要电气设备、开关元件与导线电缆的规格型号等。通过电气系统图可以知道该系统的回路个数及主要用电设备的容量、控制方式等。建筑电气工程中系统图用得很多，动力、照明、变配电装置、通信广播、电缆电视、火灾报警、防盗保安、微机监控、自动化仪表等都要用到系统图。

4. 电气平面图

电气平面图是表示电气设备与线路平面位置的图纸，是进行建筑电气设备安装的重要依据。电气平面图包括外电总电气平面图和各专业电气平面图。外电总电气平面图是以建筑总平面图为基础，绘出变电所、架空线路、地下电力电缆等的具体位置并注明有关施工方法的图纸；专业电气平面图有变电所电气平面图、动力电气平面图、照明电气平面图、防雷与接地平面图等。由于电气平面图缩小的比例较大，因此不能表现电气设备的具体位置，只能反映电气设备之间的相对位置关系。

5. 设备布置图

设备布置图表示各种电气设备平面与空间的位置、安装方式及其相互关系。一般由平面图、立面图、断面图、剖面图及各种构件详图等组成，设备布置图一般都是按照三面视图的原理绘制的，与机械工程图没有原则性区别。

6. 控制原理图

控制原理图是单独用来表示电气设备、元件控制方式及其控制线路的图纸，主要表示电气设备及元件的启动、保护、信号、联锁、自动控制及测量等。通过查看控制原理图可以知道各设备元件的工作原理、控制方式，掌握建筑物功能实现的方法等。

7. 二次接线图

二次接线图是与控制原理图配套的图纸，用来表示设备元件外部接线以及设备元件之间接线。通过接线图可以知道系统控制的接线及控制电缆、控制线的走向及布置等。动力、变配电装置、火灾报警、防盗保安、微机监控、自动化仪表、电梯等都要用到接线图。

8. 大样图

大样图一般用来表示某一具体部位或某一设备元件的结构或具体安装方法。通过大样图可以了解该项工程的复杂程度。一般非标准的控制柜、箱，检测元件和架空线路的安装等都要用到大样图，大样图通常均采用标准通用图集，其中剖面图也是大样图的一种。

9. 电缆清册

电缆清册是用表格的形式表示该系统中电缆的规格、型号、数量、走向、敷设方法、头尾接线部位等内容，一般使用电缆较多的工程均有电缆清册，简单的工程通常没有电缆清册。

10. 主要设备材料表及预算

电气材料表是将某一电气工程所需的主要设备、元件、材料和有关数据列成表格，表示其名称、符号、型号、规格、数量、备注等内容。应将电气材料表与图联系起来阅读，根据建筑电气施工图编制的主要设备材料和预算，作为施工图设计文件提供给建筑单位。

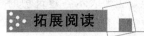

什么是绿色照明？它的作用是什么？

绿色照明是指通过科学的照明设计，采用高效率、长寿命、安全和性能稳定的照明电器产品，最终建成环保、高效、舒适、安全、经济和有益于环境与提高人们的工作、学习及生活质量的照明系统。实施绿色照明工程就是通过采用合理的照明设计来提高能源的有效利用率，达到节约能源、减少照明费用、减少电工建设工程、减少有害物质的排放和溢出及保护人类生存环境的目的。

三、室内电气工程图的识读

(一)识读程序

识读电气工程图，应按照一定的顺序进行阅读，才能比较迅速、全面地读懂图纸，完全实现读图的意图和目的。建筑电气工程图的阅读顺序是按照设计总说明、电气总平面图、电气系统图、电气平面图、控制原理图、二次接线图和分项说明、图例、电缆、设备清册、大样图、设备材料表和其他专业图样并进，如图 13-7 所示。

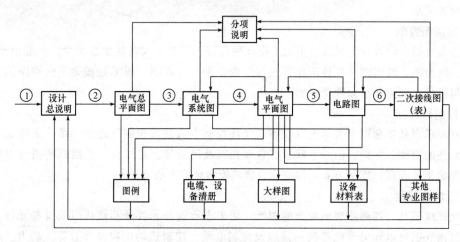

图 13-7 读图程序示意图

(二)阅读要点

1. 设计说明

(1)工程规模概况、总体要求、采用的标准规范、标准图册及图号、负荷级别、供电要求、电压等级、供电线路及杆号、电源进户要求和方式、电压质量、弱电信号分贝要求等。

(2)系统保护方式及接地电阻要求、系统防雷等级、防雷技术措施及要求、系统安全用电技术措施及要求、系统对过电压和跨步电压及漏电采取的技术措施。

(3)工作电源与备用电源的切换程序及要求,供电系统短路参数,计算电流,有功负荷,无功负荷,功率因数及要求,电容补偿及切换程序要求,调整参数,试验要求及参数,大容量电动机启动方式及要求,继电保护装置的参数及要求,母线联络方式,信号装置,操作电源和报警方式。

(4)高低压配电线路类型及敷设方法要求、厂区线路及户外照明装置的形式、控制方式;某些具体部位或特殊环境(爆炸及火灾危险、高温、潮湿、多尘、腐蚀、静电和电磁等)安装要求及方法;系统对设备、材料、元件的要求及选择原则,动力及照明线路的敷设方法与要求。

(5)供配电控制方式、工艺装置控制方法及其联锁信号、检测、调节系统的技术方法与调整参数、自动化仪表的配置和调整参数、安装要求及其管线敷设要求、系统联动或自动控制的要求及参数、工艺系统的参数及要求。

(6)弱电系统的机房安装要求、供电电源的要求、管线敷设方式、防雷接地要求及具体安装方法,探测器、终端及控制报警系统安装要求,信号传输分贝要求,调整及试验要求。

(7)铁构件加工制作和控制盘柜制作要求,防腐要求,密封要求,焊接工艺要求,大型部件吊装要求,混凝土基础工程施工要求,强度等级、设备冷却管路试验要求,蒸馏水及电解液配制要求,化学法降低接地电阻剂配制要求等非电气的有关要求。

(8)所有图中交代不清,不能表达或没有必要用图表示的要求、标准、规定、方法等。

(9)除设计说明外,其他每张图上的文字说明或注明的个别、局部的一些要求等,如相同或同一类别元件的安装标高及要求等。

(10)土建、暖通、设备、管道、装饰、空调制冷等专业对电气系统的要求或相互配合的有关说明、图样,如电气竖井、管道交叉、抹灰厚度、基准线等。

2. 电气总平面图

(1)建筑物名称、编号、用途、层数、标高、等高线,用电设备容量及大型电动机容量、台数,弱电装置类别,电源及信号进户位置。

(2)变配电所位置及电压等级、变压器台数及容量、电源进户位置及方式,架空线路走向、杆塔杆型及路灯、拉线布置,电缆走向、电缆沟及电缆井的位置、回路编号、电缆根数,主要负荷导线截面面积及根数,弱电线路的走向及敷设方式,大型电动机、主要用电负荷位置以及电压等级、特殊或直流用电负荷位置、容量及其电压等级等。

(3)系统周围环境、河道、公路、铁路、工业设施、电网方位及电压等级、居民区、自然条件、地理位置、海拔等。

(4)设备材料表中的主要设备材料的规格、型号、数量、进货要求及其他特殊要求等。

(5)文字标注和符号意义,以及其他有关说明和要求等。

3. 电气系统图

(1)进线回路数及编号、电压等级、进线方式(架空、电缆)、导线及电缆规格型号、计算方式、电流电压互感器及仪表规格型号与数量、防雷方式及避雷器规格型号与数量。

(2)进线开关规格型号及数量、进线柜的规格型号及台数、高压侧联络开关规格型号。

(3)变压器规格型号及台数、母线规格型号及低压侧联络开关(柜)规格型号。

(4)低压出线开关(柜)的规格型号及台数、回路数用途及编号、计量方式及表计、有无直控电动机或设备及其规格型号与台数、启动方式、导线及电缆规格型号,同时对照单元系统图和平面图查阅送出回路是否一致。

(5)有无自备发电设备或 UPS,其规格型号、容量与系统连接方式及切换方式、切换开关及线路的规格型号、计算方式及仪表。

(6)电容补偿装置的规格型号及容量、切换方式及切换装置的规格型号。

4. 动力系统图

(1)进线回路编号、电压等级、进线方式、导线电缆及穿管的规格型号。

(2)进线盘、柜、箱、开关、熔断器及导线规格的型号、计量方式及表计。

(3)出线盘、柜、箱、开关、熔断器、导线的规格型号、回路个数、用途、编号及容量,穿管规格、启动柜或箱的规格型号、电动机及设备的规格型号容量、启动方式,同时核对该系统动力平面图回路标号与系统图是否一致。

(4)自备发电设备或 UPS 情况。

(5)电容补偿装置情况。

5. 照明系统图

(1)进线回路编号、进线线制(三相五线、三相四线、单相两线制)、进线方式、导线电缆及穿管的规格型号。

(2)照明箱、盘、柜的规格型号、各回路开关熔断器及总开关熔断器的规格型号、回路编号及相序分配、各回路容量及导线穿管规格、计量方式及表计、电流互感器规格型号,同时核对该系统照明平面图回路标号与系统图是否一致。

(3)直控回路编号、容量及导线穿管规格、控制开关型号规格。

(4)箱、柜、盘有无漏电保护装置,其规格型号、保护级别及范围。

(5)应急照明装置的规格型号、台数。

6. 弱电系统图

弱电系统图通常包括通信系统图、广播音响系统图、电缆电视系统图、火灾自动报警及消防系统图、保安防盗系统图等,阅读时,要注意并掌握以下内容:

(1)设备的型号规格及数量,电源装置的型号规格,总配线架或接线箱的型号规格及接线对数、外线进户对数、进户方式及导线电缆保护管型号规格。

(2)各分路出线导线对数,各房间插孔数量、导线及保护管型号规格,同时对照平面布置图逐房间进行核对。

(3)各系统之间的联络关系和联络方式。

(三)阅读步骤

电气工程图的阅读应按以下三个步骤进行。

1. 粗读

粗读就是将施工图从头到尾大概浏览一遍,主要了解工程的概况,做到心中有数。粗读主要是阅读电气总平面图、电气系统图、设备材料表和设计说明。

2. 细读

细读就是仔细阅读每一张施工图,并重点掌握以下内容:

(1)每台设备和元件安装位置及要求。

(2)每条管线缆走向、布置及敷设要求。

(3)所有线缆连接部位及接线要求。

(4)所有控制、调节、信号、报警工作原理及参数。

(5)系统图、平面图及关联图样标注一致、无差错。

(6)系统层次清楚、关联部位或复杂部位清楚。

(7)土建、设备、采暖、通风等其他专业分工协作明确。

3. 精读

精读就是将施工图中的关键部位及设备、贵重设备及元件、电力变压器、大型电机及机房设施、复杂控制装置的施工图重新仔细阅读,系统熟练地掌握中心作业内容和施工图要求。

模块小结

本模块主要讲述了室内设备包括室内给水排水、室内采暖及室内电气施工图识读。室内给水排水系统施工图主要包括设备系统平面图、轴测图、详图和施工说明。平面图用于表明给水排水系统的平面布置;轴测图表明给水排水系统的空间布置情况;识读详图时,应着重掌握详图上的各种尺寸及其要求。

室内供暖系统施工图包括供暖系统平面图、轴测图、详图和施工说明。平面图主要体现供暖系统的平面布置;轴测图用正面斜轴投影绘制,识读时与平面图对照即可看出供暖系统的空间相互关系;详图体现各供暖部件的尺寸、构造及安装要求。

电气系统施工图的识读顺序一般按照电流的走向进行,这样可以使系统一目了然,提高识图速度,便于掌握。

思考与练习

一、填空题
1. 给水排水施工图中的平面图、详图等,均采用_____绘制。
2. 给水及排水管道一般采用_____画法,以粗线绘制。
3. 绘制房屋建筑平面图一般用_____线画主要的墙、柱、门、窗等位置。
4. 给水管道和排水管道在平面图上不分管径大小,一律用单线表示法表示,给水管画成粗实线,排水管画成_____线。
5. 给水立管和排水立管一般用_____的小圆圈表示,当建筑物内穿过一层及多于一层楼的立管,其数量多于一个时,宜标注立管编号。
6. 室内给水排水管详图采用的比例通常较大,一般为_____,图要画得详细,各部分尺寸要准确。
7. 室内采暖管道平面图可分_____、_____及_____。
8. 弱电系统图通常包括_____、_____、_____及_____等。

二、简答题
1. 给水排水施工图的表达特点有哪些?
2. 什么是管道平面布置图?其包括哪些内容?
3. 如何绘制建筑设备平面图?
4. 管道系统轴测图尺寸标注有何要求?
5. 如何识读室内给水排水施工图?
6. 室内采暖管道平面图绘制的基本方法与步骤是什么?
7. 室内管道系统图包括哪些内容?
8. 详述室内采暖管道施工图的识读方法和步骤。
9. 电气工程图由哪几个部分组成?
10. 电气工程图阅读的基本顺序是什么?
11. 阅读电气工程图的基本步骤是什么?

三、实训题
结合室内设备施工图进行识图训练。

参 考 文 献

[1] 何铭新. 画法几何及土木工程制图[M]. 武汉：武汉理工大学出版社，2003.
[2] 李必瑜. 建筑构造[M]. 北京：中国建筑工业出版社，2005.
[3] 张小平. 建筑识图与房屋构造[M]. 武汉：武汉理工大学出版社，2005.
[4] 王晓琴. 工程制图与图学思维方法[M]. 武汉：华中科技大学出版社，2005.
[5] 郑贵超，赵庆双. 建筑构造与识图[M]. 北京：北京大学出版社，2009.
[6] 褚振文. 建筑识图[M]. 北京：中国建筑工业出版社，2009.
[7] 梁利生，汪荣林. 地基与基础[M]. 北京：冶金工业出版社，2011.
[8] 罗尧治. 建筑结构[M]. 北京：中央广播电视大学出版社，2011.
[9] 闫培明. 建筑识图与建筑构造[M]. 大连：大连理工大学出版社，2011.
[10] 鲍凤英. 怎样识读建筑施工图[M]. 北京：金盾出版社，2011.
[11] 段丽萍. 建筑结构平面表示法识读与实训[M]. 北京：化学工业出版社，2012.